Joachim Eberle

Verwitterung, Pedogenese und Bodenverbreitung
am Liefde- und Bockfjord (Nordwestspitzbergen)

STUTTGARTER GEOGRAPHISCHE STUDIEN

Herausgegeben von Wolf Dieter Blümel, Christoph Borcherdt, Wolf Gaebe und Roland Hahn

Band 121

Joachim Eberle

Untersuchungen zur Verwitterung, Pedogenese und Bodenverbreitung in einem hochpolaren Geosystem (Liefdefjord und Bockfjord/ Nordwestspitzbergen)

Mit 42 Abbildungen, 31 Tabellen, 33 Photographien und 3 Kartenbeilagen

Stuttgart 1994

Geographisches Institut der Universität Stuttgart

Es ist die Stille, der absolute Friede
und das Gefühl vollständiger Freiheit.

(Roald Amundsen)

Für Elke, Sven und meine Eltern

D 93

ISBN   3-88028-121-1

ISSN   0343-7906

Herstellungsleitung: Bernhard Eitel

Druck: Schnelldruck Ernst Grässer,
        Humboldtstr. 1, 76131 Karlsruhe

VORWORT

Die vorliegende Arbeit wurde im Rahmen des SPE-Projektes der Deutschen Forschungsgemeinschaft (DFG) erstellt. Für die Finanzierung der Aufenthalte in Spitzbergen und der analytischen Auswertung bin ich der DFG zu großem Dank verpflichtet.

Herrn Prof.Dr.W.D.BLÜMEL danke ich für das entgegengebrachte Vertrauen, für konstruktive Kritik und die kameradschaftliche Hilfe bei den Geländearbeiten im Sommer 1990. Als Hauptkoordinator des Projektes sorgte er darüberhinaus für den reibungslosen Ablauf der SPE-Kampagnen. Seine organisatorischen Qualitäten und sein uneigennütziger Einsatz für das Wohl der ganzen Expeditionsmannschaft - vor Ort sowie hinter den Kulissen am Schreibtisch - waren Garant für den erfolgreichen und harmonischen Verlauf der Forschungsarbeiten am Liefdefjord.

Für die perfekte logistische Leitung der Expedition und seinen enormen persönlichen Einsatz möchte ich Herrn Dr.U.GLASER (Geographisches Institut der Universität Würzburg) meinen besonderen Dank aussprechen. Er hat die Funktion des Basislagers, die Versorgung der Aussenlager sowie ungezählte Bootstransfers ermöglicht. Ohne diese Unterstützung hätten große Teile der Forschungsarbeiten nicht realisiert werden können.

Durch die Bereitstellung der Kartengrundlagen und Luftbildvergrößerungen, Höhenbestimmungen sowie den Druck der Bodenkarte hat die Arbeitsgruppe Geodäsie unter Prof.Dr. G.HELL (Fachhochschule Karlsruhe) wesentlich zum Gelingen dieser Arbeit beigetragen. Die computerkartographische Umsetzung des Kartenentwurfs erfolgte durch Herrn Prof.Dr. K.BRUNNER und Herrn Dipl.-Ing.U.KLEIM (Universität der Bundeswehr, München). Dafür ein großes Dankeschön.

Meinem Freund und Kollegen Herrn Prof.Dr.D.THANNHEISER (Geographisches Institut der Universität Hamburg) möchte ich für die gute Zusammenarbeit während der drei Feldkampagnen danken. Durch seine vegetationsgeographischen Fachkenntnisse und seine langjährige Arktiserfahrung konnte er mir immer wieder wichtige Anregungen geben. Außerdem verdanke ich Ihm und Herrn B.FISTAROL die Reinzeichnung der Bodenkartierung am Sverrefjell.

Meine Stuttgarter Kollegen Frau Dr.L.WEBER und Herr Dr.B.EITEL haben bei den Arbeiten im Gelände kameradschaftlich mitgeholfen. Frau Dr.L.WEBER bin ich darüber hinaus für die Unterstützung bei den Laborarbeiten, die Bereitstellung der C- und N-Werte sowie die fachliche Diskussion dankbar.

Die Ergebnisse der Arbeitsgruppe Geologie bildeten eine wichtige Grundlage meiner Untersuchungen. Herrn Dipl.-Geol. K. PIEPJOHN und Herrn Dipl.-Geol. M.MÖLLER (Geologisches Institut der Universität Münster) danke ich für die stete Hilfsbereitschaft vor Ort aber auch während der Auswertungsarbeiten. Bei klimatologischen Fragen wurde ich von Herrn Dipl.-Phys.D.SCHERER (Geographisches Institut der Universität Basel) unterstützt.

Die Laborarbeiten am Geographischen Institut in Stuttgart wurden unter Leitung von Frau K.LETZGUS organisiert und großteils gemeinsam mit Frau N.WALTER durchgeführt. Ihnen beiden und allen an dieser Stelle nicht namentlich genannten Hilfskräften gilt mein besonderer Dank für die gewissenhafte Bearbeitung der vielen Proben.

Die röntgenographischen Untersuchungen wurden von Herrn Dr.K.H.PAPENFUß (Institut für Bodenkunde und Standortlehre der Universität Hohenheim) ermöglicht. Ich möchte ihm nicht nur für das Überlassen der Röntgenanlage, sondern auch für die stete Bereitschaft zur Besprechung und Diskussion der Ergebnisse aufrichtig danken. Desweiteren danke ich Herrn Dr.R.JAHN und Herrn Dr.M.ZAREI (Universität Hohenheim) für die Unterstützung in Fragen der Andosolgenese.

Die Erstellung der Bodendünnschliffe erfolgte im geomorphologischen Labor der Universität Tübingen. Danken möchte ich hier besonders meinem Freund und Kollegen Herrn Dipl.-Geogr.R.TEICHMANN sowie Herrn Priv.Doz.Dr.D.BURGER.

Bei spezifischen schwermineralogischen Fragen wurde ich dankenswerterweise von Herrn Prof.Dr.K.WALENTA und seinen Mitarbeitern (Mineralogisches Institut der Universität Stuttgart) unterstützt.

Der fachliche Rat von Herrn Dipl.-Ing.J.HEINEMANN (Geographisches Institut Stuttgart) und seine Hilfe bei der Erstellung mehrerer Abbildungen waren für mich sehr wertvoll.

Meine Arbeit wurde durch ein 2-jähriges Stipendium des Landes Baden-Württemberg gefördert. Dafür und für die Unterstützung von Seiten der Gesellschaft für Erd- und Völkerkunde in Stuttgart möchte ich mich an dieser Stelle bedanken.

Dem Gouverneur von Svalbard und den Mitarbeitern des Norsk Polar Instituts sei für Ihre logistische Unterstützung sowie die Genehmigung der Arbeiten im Nationalpark Nordwest-Spitzbergen gedankt.

Für die Aufnahme der Arbeit in die Reihe STUTTGARTER GEOGRAPHISCHE STUDIEN danke ich den Herausgebern.

Meiner Frau Elke danke ich für das Verständnis und die Geduld, mit welcher Sie die Fertigstellung der Arbeit begleitet hat.

INHALTSVERZEICHNIS

6

8

VERZEICHNIS DER ABBILDUNGEN

9

10

VERZEICHNIS DER TABELLEN

VERZEICHNIS DER PHOTOS

1 EINLEITUNG

Die vorliegende Arbeit entstand im Rahmen der Geowissenschaftlichen Spitzbergen-Expeditionen (SPE) 1990 bis 1992. Die Idee zu einem interdisziplinären Forschungsprojekt "Stofftransporte Land-Meer in polaren Geosystemen - Liefdefjord, Nordwestspitzbergen" wurde vom Deutschen Arbeitskreis für Polargeographie 1986 bzw. 1987 entwickelt. Unter der koordinierenden Leitung von Prof.Dr.W.D.BLÜMEL und mit Unterstützung der Deutschen Forschungsgemeinschaft (DFG) wurde das Projekt zwischen 1989 und 1992 verwirklicht. Arbeitsgruppen zahlreicher Universitäten Westdeutschlands, aus der Schweiz und Norwegen waren daran beteiligt. Leitmotiv des Projektes war die Untersuchung eines zusammenhängenden Systems terrestrischer und mariner Geosysteme und ihrer Wechselbeziehungen (s. LESER, BLÜMEL & STÄBLEIN 1988; BLÜMEL 1993). Die Arbeitsgruppe der Universität Stuttgart war dabei mit der Thematik "Bodenbildung und Verwitterung" im Teilprojekt Geoökologie vertreten. Zwischenergebnisse aller Arbeitsgruppen wurden auf einem Berichtskolloquium im Januar 1992 in Stuttgart vorgestellt und veröffentlicht (BLÜMEL et al. 1992, 1993).

1.1 Zielsetzung dieser Arbeit

Die Kenntnisse über chemische Verwitterungsprozesse und Bodenbildungen in polaren Regionen sind noch immer sehr lückenhaft (s. 1.2). Flächenhafte Untersuchungen des Bodenmusters fehlen bisher fast völlig. Ohne genaue Kenntnis der Genese des komplexen Geosystems "Boden" kann auch in hochpolaren Regionen das Gesamtökosystem und die in ihm ablaufenden Stofftransporte nur unzureichend erfasst und verstanden werden. Ein Hauptziel dieser Arbeit ist daher, Art und Intensität der Verwitterungsmerkmale, Ursachen unterschiedlicher Verwitterungsintensitäten sowie die räumliche Verbreitung der Böden und ihrer Ausgangssubstrate zu untersuchen. Dies beinhaltet einerseits eine großräumige Inventarisierung des Bodenmusters, andererseits sehr spezifische bodenkundliche und mineralogische Analysen an ausgewählten Leitprofilen. Die Schwerpunkte der vorliegenden Arbeit lassen sich daher auch in zwei Fragenkomplexen wie folgt zusammenfassen:

▸ Welche Bedeutung haben Landschaftsentwicklung und Substratgenese für die Pedogenese und Bodenverbreitung? Welche Eigenschaften haben die Ausgangssubstrate? In welcher Weise beeinflusst die rezente periglaziale Geomorphodynamik die in situ-Verwitterung und das Bodenmuster?

▸ Welche Bodenbildungen und Verwitterungsmerkmale lassen sich auf den unterschiedlichen petrographischen und geomorphologischen Einheiten des Untersuchungsgebietes nachweisen? Zu welchen Veränderungen der lithogenen Merkmale kommt bzw. kam es im Zuge der Pedogenese?

Im Verlauf der Untersuchungen stellte sich immer wieder die Frage, inwieweit die nachgewiesenen pedogenen Verwitterungsmerkmale mit den rezenten klimatischen bzw. edaphischen Verhältnissen erklärt werden können oder aber Ergebnis einer intensiveren Vorzeitverwitterung sind?

Ein weiteres Ziel der Arbeit ist die kritische Bewertung von Möglichkeiten und Grenzen der angewandten Untersuchungsmethoden. Im Mittelpunkt steht dabei der qualitative und quantitative Aussagewert bodenchemischer und sedimentologischer Analysen. Auch bezüglich der Systematik polarer Böden ist eine ausführlichere Diskussion notwendig (s. 3.4).

Wenngleich die Charakterisierung standortökologischer Eigenschaften der untersuchten Bodenprofile nicht das Thema dieser Arbeit ist, lassen sich insbesondere unter Einbeziehung der im Rahmen von SPE durchgeführten vegetationsgeographischen Studien (THANNHEISER 1992) einige grundlegende Aussagen machen. In Ergänzung dieser Arbeit werden Untersuchungen der organischen Auflage und Fragen der Humifizierung in einer eigenständigen Studie bearbeitet (WEBER, in Vorbereitung).

Mit den durchgeführten Bodenkartierungen wird im wesentlichen die Absicht verfolgt, eine Übersicht des Bodenmusters im Arbeitsgebiet vorzulegen. Insofern kann die erstellte Bodenkarte als Grundlage und Resultat der oben ausgeführten Fragenkomplexe angesehen werden. Die Kenntnis des rezenten, teilweise sehr differenzierten Bodenmusters arktischer Regionen ist für die zukünftige Beurteilung möglicher klimatisch bedingter Veränderungen in der

Pedosphäre unumgänglich. Nur wenn der Istzustand bekannt ist, können Veränderungen dieses Zustandes erkannt und in ihrem Ausmaß bewertet werden (s. SCHARPENSEEL et al. 1990).

1.2 Forschungsstand

Mit seinem "Beitrag zur Kenntnis arktischer Böden insbesondere Spitzbergens" konnte BLANCK bereits 1919 die Wirksamkeit chemischer Verwitterung in hocharktischen Regionen nachweisen. Seine Analysen an Boden- und Gesteinsproben aus Westspitzbergen belegen erstmals geringfügige Lösungs- und Oxidationsprozesse. 1926 setzten BLANCK et al. diese Untersuchungen im Isfjord fort und stellten fest, daß besonders auf sandigen und quarzitischen Gesteinen eine deutliche Dekarbonatisierung und Oxidationsverwitterung stattgefunden hatte (s. auch MEINARDUS 1930). BLANCK (1919, 1928) ging bei seinen Arbeiten auch bereits der Frage nach, welche Stellung diese Verwitterungsformen im Vergleich zu Böden arider und humider Klimaregionen aufweisen. Der Ähnlichkeit von Bodenbildungen warmarider und kaltarider Regionen wurde erst sehr viel später wieder Aufmerksamkeit geschenkt (stellv. MECKELEIN 1972; CLARIDGE & CAMPBELL 1982). Die Frage nach dem Alter der Verwitterungsbildungen wurde von BLANCK (1919) und MEINARDUS (1930) ebenfalls bereits gestellt, wobei beide Autoren in den von ihnen untersuchten Böden die Wirksamkeit eines postglazialen Wärmeoptimums vermuteten.

Obwohl also bereits in den zwanziger Jahren erste grundlegende Erkenntnisse zur arktischen Pedogenese in Spitzbergen erarbeitet wurden, kam es in der Folgezeit kaum zu weiteren Arbeiten in diesem Raum. Für die Physische Geographie wurde Spitzbergen das klassische Arbeitsgebiet der Glazial- und Periglazialgeomorphologie. Aus der Vielzahl der Arbeiten, die sich mit den Erscheinungen der Frostmusterformen und der periglazialen Geomorpho-dynamik beschäftigten, sollen hier insbesondere frühe Arbeiten von MORTENSEN (1930) und POSER (1931) sowie die umfangreichen Ergebnisse der Stauferlandexpeditionen (BÜDEL 1960, 1987; FURRER 1969; WIRTHMANN 1964) erwähnt werden. Diese intensi-ven Forschungsarbeiten in Südostspitzbergen mögen mit dazu beigetragen haben, daß sich die Vorstellung von den Polargebieten als reine Frostschutzzone mit vielfältigen Sortie-rungserscheinungen und einem differenzierten Mikrorelief allgemein durchsetzte. Die

Dominanz physikalischer Verwitterungs- und Sortierungsprozesse sowie die modellhafte Ausprägung des periglazialen Formenschatzes in vielen Bereichen der Polargebiete erklären, warum Untersuchungen dieser Phänomene besonders vorangetrieben wurden. Sowohl in ältere als auch in neuere Lehrbücher (stellv. CAILLEUX & TAYLOR 1954; WEISE 1983) gingen die Erkenntnisse BLANCKs (1919) nicht ein. Bodenbildung in Polargebieten wird vielfach auch heute noch gleichgesetzt mit periglazialen Sortierungsformen, den sogenannten "Frostmusterböden" (s. 3.4.1).

Während sich die Geographen aus den oben genannten Gründen nur wenig mit bodengeographischen Fragestellungen in Polargebieten beschäftigt haben, gibt es für das geringe Interesse der Bodenkundler an hochpolaren Regionen andere Gründe. In den meisten Ländern der Erde wird die Bodenkunde von Agrarwissenschaftlern betrieben und ist damit sehr stark auf Nutzungsprobleme und angewandte Fragestellungen ausgerichtet. Die Böden der Hocharktis sind verständlicherweise bezüglich dieser bodenkundlichen Arbeitsrichtung nicht von Interesse.

Große Fortschritte in der Kenntnis arktischer Böden wurden ab den sechziger Jahren insbesondere in der sibirischen und kanadischen Arktis gemacht. Da weite Bereiche Kanadas und Russlands oberhalb des Polarkreises liegen, wurden dort Forschungsarbeiten wesentlich intensiver betrieben als etwa in Westeuropa. Die Arbeiten von TEDROW et al. (1958, 1968, 1974) in Alaska und Kanada sowie Untersuchungen russischer Wissenschaftler (stellv. IVANOVA & ROZOV 1962; IGNATENKO 1971) haben die Grundlage zum Verständnis der teilweise differenzierten Pedogenese in arktischen Regionen gelegt. TEDROW (1968, 1974) führte eine Zonierung der arktischen Böden ein, die sich an der unterschiedlichen Intensität bodenbildender Prozesse - etwa dem Podsolierungsgrad - orientiert. Seine Untersuchungen haben gezeigt, daß in weiten Teilen der Polargebiete bodenbildende Prozesse ablaufen, die denen der gemäßigten und borealen Klimazone vergleichbar sind, wenngleich ihre Intensität wesentlich geringer ist. Auch aus Grönland wurden schließlich erste bodengeographische und bodenkundliche Studien veröffentlicht (stellv. UGOLINI 1966; STÄBLEIN 1977a). Die Arbeit von WALKER & PETERS (1977) in der kanadischen Arktis gehört zu den wenigen flächenhaften Bodenuntersuchungen der Polargebiete.

Die Aussage von TEDROW (1977: 461) "an understanding of soil genesis in Svalbard is complicated by the solifluction processes and generally unstable conditions" zeigt, wie stark die kryogene Dynamik das Bild Spitzbergens prägt. In Spitzbergen wurden in den letzten 50 Jahren nur wenige, zumeist punktuelle pedogenetische Untersuchungen durchgeführt. Verständlicherweise konzentrierten sich diese Arbeiten auf gut erreichbare Gebiete um die größeren Siedlungen Longyearbyen und Ny Ålesund (HERZ & ANDREAS 1966; FORMAN & MILLER 1984; MANN & SLETTEN & UGOLINI 1986). Bei geoökologischen Untersuchungen im Bereich des Kongsfjordes (REMPFLER 1989; WÜTHRICH 1989) und in Südspitzbergen (SEMMEL 1969; LESER & SEILER 1986) wurden ebenfalls einzelne Bodenprofile bearbeitet. Mit der Arbeit von UGOLINI & SLETTEN (1988) wurden erstmals zwei Bodenprofile aus Nordspitzbergen (Wijdefjord, Wahlenbergfjord) beschrieben und bezüglich ihres Verwitterungsgrades analysiert. Darüber hinaus sind aus Nordspitzbergen keine bodengeographischen Untersuchungen bekannt geworden.

Beim Vergleich der großen Anzahl geologischer, geomorphologischer und vegetationsgeographischer Forschungsarbeiten in Spitzbergen wird besonders deutlich, wie lückenhaft bis heute die bodengeographischen Befunde aus diesem Raum sind (s. NORSK POLARINSTITUTT 1991; THANNHEISER & MÖLLER 1992). Diese Tatsache ist insofern erstaunlich, da aus dem Bereich der Antarktis in den letzten 15 Jahren eine größere Zahl an Arbeiten zu Verwitterungsfragen publiziert wurden (stellv. TEDROW & UGOLINI 1966; CAMPBELL & CLARIDGE 1969, 1977, 1987; BOCKHEIM 1979; MIOTKE & HODENBERG 1980; BLÜMEL 1986, 1989). Die schwierige Erreichbarkeit und logistische Probleme können daher nicht allein für das Fehlen entsprechender Untersuchungen in Spitzbergen verantwortlich gemacht werden.

2 ARBEITSGEBIET

2.1 Lage und naturräumliche Rahmenbedingungen

Das Untersuchungsgebiet liegt im Nordwesten Spitzbergens zwischen 79°25' und 79°45' nördlicher Breite und zwischen 12°30'und 13°40' östlicher Länge. Kerngebiet der Untersuchungen ist die Germaniahalvöya (-Halbinsel), die im Norden und Nordwesten vom Liefdefjord und im Osten und Südosten vom Wood- bzw. Bockfjord eingeschlossen wird (Teilgebiete **A** u. **B** in Abb. 1). Das Basislager der Expedition befand sich an der Nordküste der Germaniahalvöya am Liefdefjord etwa 80 Kilometer nordöstlich (Luftlinienentfernung) der norwegischen Forschungsstation Ny Ålesund. Die Größe des Untersuchungsgebietes erforderte die Anlage mehrerer Außenlager, die meist gemeinsam mit anderen Arbeitsgruppen genutzt wurden (s. Abb. 1). Mit Hilfe von Schlauchbooten wurden die bis zu 40 Kilometer vom Basislager entfernten Standorte erreicht.

Die geologische Übersichtskarte (Abb. 2) zeigt die petrographischen Großeinheiten des Untersuchungsgebietes, die von der Arbeitsgruppe Geologie der Universität Münster nach ihren tektonischen und geologischen Gegebenheiten kartiert wurden (PIEPJOHN et al. 1992; MÖLLER 1991). Für die pedologischen Untersuchungen war insbesondere die bereits im Sommer 1989 erfolgte geologische Übersichtskartierung eine wichtige Voraussetzung (THIEDIG & PIEPJOHN 1990).

Das Arbeitsgebiet läßt sich in zwei geologische Haupteinheiten gliedern. Zum einen sind dies die Gesteinsformationen des **kaledonischen Basements (Hecla Hoek)**, die vorwiegend westlich des Basislagers anstehen. Es handelt sich dabei um unterschiedlich metamorphe Gesteine, die von Glimmerschiefern über Gneise und Migmatite bis zu Marmoren reichen (s. GJELSVIK 1979). Die andere geologische Großeinheit wird von **Sedimentgesteinen des unteren Devons** gebildet, die in einem N-S streichenden Grabensystem zwischen Raudfjord im Westen und Wijdefjord im Osten aufgeschlossen sind (HJELLE & LAURITZEN 1982). Die Mächtigkeit dieser postkaledonischen Sedimentgesteine wird auf über 7000 Meter geschätzt (MURASCOV & MOKIN 1979). Die klastischen Sedimentgesteine der **Wood Bay-Gruppe** sind dabei im Arbeitsgebiet besonders weit verbreitet. Der gesamte Ost- und Südteil der Germaniahalvöya, die Reinsdyrflya und die Kronprinshögda (östliche Begrenzung des

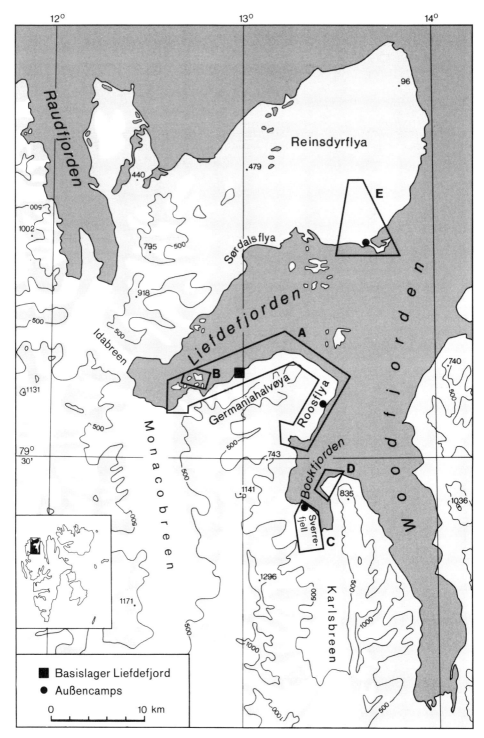

Abb. 1: Lage der verschiedenen Teiluntersuchungsgebiete. A (Germaniahalvöya), B (Lernerinseln), C (Sverrefjell), D (Kapp Kjeldsen), E (Reinsdyrflya).

19

Bockfjordes) werden von Sand-, Silt-, und Tonsteinen der Wood Bay-Gruppe aufgebaut (s. Abb. 1 u. 2). Im Bereich des Basislagers steht eine ältere Serie der Devongesteine, die Siktefjell-Formation, an. Sie wird neuerdings von GJELSVIK & ILYES (1991) der **Red Bay-Gruppe** zugeordnet und setzt sich vorwiegend aus mittel- bis feinkörnigen Sandsteinen sowie verschiedenen Konglomeraten zusammen. Die Grenze zwischen kaledonischem Basement und den devonischen Sedimentgesteinen verläuft etwa 600 Meter westlich des Basislagers (s. Abb. 2).

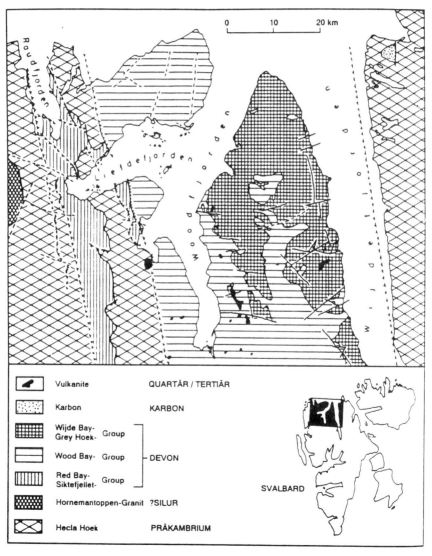

Abb. 2: Geologische Übersichtskarte von Nordwestspitzbergen (aus: PIEPJOHN et al. 1992: 38).

Als geologische Besonderheit Spitzbergens treten im hinteren Bockfjord **quartäre Vulkanite** auf, die am Sverrefjell ihre größte Verbreitung aufweisen. Der Vulkan und die ihm vorgelagerte Küstenebene stellen ein eigenes, sehr spezifisches Teiluntersuchungsgebiet dar (Gebiet C, s. Abb. 1). Die chemische Zusammensetzung der Sverre-Vulkanite zeigt nach Untersuchungen von SKJELKVÅLE et al. (1989) die typischen Merkmale eines alkalibasaltischen Intraplatten-Vulkanismus (s. Kap. 6.1). Eine ausführliche Betrachtung der petrographischen und mineralogischen Eigenschaften der unterschiedlichen geologischen Einheiten erfolgt gebietsspezifisch in den Kapiteln 4 bis 6.

Im größten Teil des Untersuchungsgebietes werden die anstehenden Gesteine von **quartären Decksedimenten** überlagert. Dabei handelt es sich um glaziale, periglaziale, glazifluviale und marine Sedimente, die häufig polygenetisch entstanden sind und daher meist eine sehr komplexe petrographische Zusammensetzung aufweisen. Fast überall bilden diese quartären Sedimente das Ausgangsmaterial der Böden. Bodenbildungen, die durch eine in situ-Verwitterung des anstehenden Festgesteins und ohne Einfluß von Fremdmaterial entstanden sind, treten im Arbeitsgebiet nur untergeordnet auf (s. 4.6.2.2). Diese Tatsache läßt sich besonders deutlich mit Hilfe der Schwermineralzusammensetzung des Feinbodens der untersuchten Profile belegen (Tab. 1). Aufgrund der sehr unterschiedlichen petrographischen Provinzen im Arbeitsgebiet gibt das Schwermineralspektrum wichtige Hinweise auf Ferntransporte und erlaubt Rückschlüsse auf die Genese und Homogenität der Ausgangssubstrate (vgl. dazu Kap. 4.3; 5.1; 5.2 und 6.1).

Die sehr unterschiedlichen petrographischen Eigenschaften der im Arbeitsgebiet anstehenden Gesteine (s.o.) spiegeln sich auch im **Großformenschatz** wider. Die morphologisch resistenteren Gesteine des kaledonischen Basements bilden schroffe, alpinotype Gipfelformen bis über 1000 m.ü.M. mit beachtlichen Wandbildungen und grobblockigen Sturzhalden. Glazial überformte Flachbereiche zeigen dagegen ein ausgeprägtes Rundhöckerrelief, das sich mit den jüngeren marinen Reliefeinheiten verzahnt (Bereiche westlich des Basislagers und auf im Gebiet B, s. Abb. 1). Aufgrund ihrer geringeren Verwitterungsresistenz bilden die Devongesteine weitaus weniger markante Gipfelformen, die mit konvexen Oberhängen und langgestreckten bis konkaven Mittel- und Unterhängen ins Küstenvorland abfallen (Gebiete östlich des Basislagers und Gebiet D, s. Abb. 1). Die riesige Flachform der Reinsdyrflya stellt eine Besonderheit im Großformenschatz Nordwestspitzbergens dar (Gebiet E, s. Abb. 1).

Tab. 1: Übersicht der Schwermineralgesellschaften in Sedimenten und Böden der verschiedenen Teiluntersuchungsgebiete (s. Abb. 1 und Tab. A3.1 bis A3.3 im Anhang).

Teilgebiet ► ------------------------- Mineral(-gruppe) ▼	Sverre- Vorland (C)	Roosflya, Kjeldsen (A, D)	östlich Basecamp (A)	Reins- dyrflya (E)	Lerner, Monaco (A, B)	Geologisches Herkunfts- gebiet
Zirkon	x	x	xx	x	xx	Devonische Sedi-
Turmalin	x	xx	xxx	x	xxx	mentgesteine und
Rutil	-	x	xx	x	x	kaledonisches Basement
Anatas	-	o	o	o	o	Vorwiegend
Titanit	x	x	x	o	x	kaledonisches
Granat	xxx	xx(x)	xx(x)	xxxx	xxxx	Basement
Epidotgruppe	x	x(x)	xx	xx	xx	(Klinopyroxen-
Sillimanit	o	x	xx	x	xx	gruppe z.T.
Andalusit	o	x(x)	xx	xx	xx	auch
Hornblende	xxxx	xxxx	xxx	xxx	xx(x)	vulkanischer
Klinopyroxen	xxx	xx	xx	xx	xx	Herkunft)
Bas.Hornblende	o	o	-	-	-	
Titanaugit	xxxx	xxx	-	o	-	Leitminerale des
Orthopyroxen	xxx	xx	-	x	-	Sverre-
Olivin	xx	x	-	-	-	Vulkanismus
Spinell	xx	x	-	o	-	
Opake Minerale	xx	xxx	xxxx	xxx	xxx	

- nicht vorhanden	o < 1%	x 1-5%	xx 6-10%	xxx 11-20%	xxxx > 20%

Anmerkung:
Die lichtmikroskopische Bestimmung reichte bei einigen Mineralen für eine sichere Identifizierung nicht aus. Daher wurden die Vertreter der Orthopyroxene (Bronzit, Hypersthen, Enstatit) und der Klinopyroxene (Diopsid, Augit, Aegerinaugit) jeweils als Gruppe zusammengefasst. Bei den Klinopyroxenen dominiert ein diopsitischer Pyroxen. Auch die Epidotgruppe (Epidot, Zoisit, Klinozoisit) wurde nicht weiter differenziert. In der Gruppe der Hornblenden überwiegen eindeutig die Vertreter der Hastingsit-Tschermakit-Reihe (grüne und bräunliche Minerale). Vertreter der Aktinolithreihe treten ebenfalls auf. Im Bereich des Sverrefjell wurden ganz vereinzelt Mineralkörner entdeckt, die aufgrund ihrer optischen Eigenschaften als basaltische Hornblenden anzusprechen sind.

Die **klimatischen Verhältnisse** des Untersuchungsgebietes sind - in Anbetracht der Breitenlage bei fast 80°N - als außergewöhnlich günstig zu bezeichnen. Neben der Insellage Spitzbergens ist insbesondere ein entlang der Westküste strömender Ausläufer des Golfstroms (Westspitzbergenstrom) dafür verantwortlich, daß hier (Station Ny Ålesund) zwischen 1971 und 1980 noch Jahresmitteltemperaturen von -5,8° gemessen wurden (s. STEFFENSEN 1982). Die Monate Juni bis September weisen positive Mitteltemperaturen auf, der Juli mit + 5,2° den höchsten Wert. Die Niederschlagsmittelwerte an dieser dem Untersuchungsgebiet am nächsten gelegenen Station betragen für den gleichen Zeitraum 385 mm (s. STEFFENSEN 1982).

Die Übertragbarkeit dieser Werte auf das Gebiet des Liefdefjordes ist insofern problematisch, da sich der Untersuchungsraum im Lee der Westspitzbergenkette befindet, die mit über 1000 Meter hohen Gipfeln eine ausgesprochene Wetterscheide ("Föhneffekte") darstellt. Liefde- und Bockfjord öffnen sich im Gegensatz zu anderen Fjorden Nordwestspitzbergens nicht direkt nach Norden zum Polarmeer. Die inneren Bereiche beider Fjorde liegen dadurch hinter hohen Bergketten in geschützter Position und können als Klimaoasen Nordwestspitzbergens bezeichnet werden (vgl. Abb. 1). In Tabelle 2 sind Klimadaten aufgeführt, die im Rahmen der SPE-Expeditionen 1990/91 im Basislager am Liefdefjord ermittelt wurden (s. SCHERER et al. 1993). Sie erlauben zwar keine so weitgehende Interpretation wie sie etwa auf der Basis langjähriger Mittelwerte möglich wäre, doch geben die Daten sicherlich eine recht gute Vorstellung von den thermischen und hygrischen Bedingungen während der Sommermonate. Die Untersuchungsergebnisse der am SPE-Projekt beteiligten Klimatologen und Botaniker weisen übereinstimmend auf Jahresniederschläge von nur wenig über 200 mm in den Innerfjordbereichen des Arbeitsgebietes hin (freundl. mdl. Mitt. E. PARLOW und D. THANNHEISER). Damit würde sich das Untersuchungsgebiet weniger thermisch als vielmehr hygrisch von der Westküste (Golfstromeinfluß) unterscheiden.

Tab. 2: Klimadaten von Messungen der Station "Basislager" während der Untersuchungs-
kampagnen 1990 und 1991 (aus: SCHERER et al. 1993).

Zeitraum (1990/1991)	Globalstrahlung im Zeitraum (W/m^2)	Mitteltemperatur im Zeitraum (°C)	Niederschlag im Zeitraum(mm)
13.7 - 31.7.90	235	7,2	1,4
1.8 - 23.8.90	133	3,6	29,4
21.5 - 31.5.91	233	0,6	7,0
Juni 1991	288	1,7	5,4
Juli 1991	183	4,1	5,6
1.8 - 14.8.91	134	6,3	0,0

Das Untersuchungsgebiet ist **eines der nördlichsten Tundrengebiete der Erde**. THANN-
HEISER (1992) konnte bei Kartierungen und Vegetationsaufnahmen im Arbeitsgebiet 104
Gefäßpflanzenarten nachweisen, von denen 70 auf der Germaniahalvöya häufig verbreitet
sind. ELVEBAKK (1989) belegt bei seinen vegetationskundlichen Untersuchungen im hinteren Bockfjord die nördlichste Verbreitung mehrerer Pflanzenarten. Die Kartierung des
Deckungsgrades der Vegetation (THANNHEISER 1992) zeigt, daß bis in Höhen von 200
m.ü.M. vielfach über 50% der Oberfläche vegetationsbedeckt sind. Auszunehmen sind davon
rezente Schwemmfächer und Gletschervorfelder. Bis etwa 300 m.ü.M. reicht immer noch
eine Fleckentundra, oberhalb davon beginnt endgültig die Frostschuttzone. Insbesondere im
Bereich der verwitterungsresistenteren kaledonischen Gesteine werden aber noch bis in Höhen
von über 1000 m.ü.M. zum Teil dichte Flechtenrasen angetroffen. Solche Bereiche wurden
jedoch im Rahmen dieser Untersuchungen nicht bearbeitet. Feuchtstandorte mit entsprechenden Pflanzengesellschaften (z.B. Bryum-Gesellschaften) treten im Arbeitsgebiet nur kleinflächig auf.

Die **glaziale und postglaziale Klima- und Vereisungsgeschichte** sowie die damit verbunde-
nen glazialisostatischen Bewegungen (Entstehung der Strandterrassen) wurden in vielen Teilen
Spitzbergens bereits untersucht (stellv. FEYLING-HANSSEN 1965; GLASER 1968;
BOULTON 1979; SALVIGSEN & NYDAL 1981; HEQUETTE 1989). Trotz teilweise unterschiedlicher Auffassungen über das Zentrum und Ausmaß der weichselzeitlichen Maximalvereisung sowie der anschließenden Deglaziationsphasen (Zusammenstellung bei
SZUPRYCZYNSKI 1978) stimmen neuere Arbeiten dahingehend überein, daß eine spät-
weichselzeitliche Vereisung nur mäßig ausgebildet war und große Bereiche der küstennahen
Vorländer seit mindestens 10000 Jahren eisfrei sind (stellv. SALVIGSEN & ÖSTERHOLM
1982; ÖSTERHOLM 1986). Auch Hinweise auf wärmere Klimaphasen im Holozän wurden
in verschiedenen Teilen Spitzbergens bereits gefunden (stellv. FORMAN & MILLER 1984).
Für das Gebiet des Liefdefjords und die Frage des möglichen Alters der Bodenbildungen sind
insbesondere die Arbeit von SALVIGSEN & ÖSTERHOLM (1982) sowie die Untersuchung-
en während der SPE90-Kampagne (FURRER et al. 1991, 1992) von Bedeutung. Auf diese
Ergebnisse wird an anderer Stelle noch einzugehen sein (s. 5.2 u. 7.4).

2.2 Abgrenzung der Teiluntersuchungsgebiete

Die bodengeographischen Arbeiten konzentrierten sich zunächst auf Bereiche der Tundra und Fleckentundra der Germaniahalvöya (SPE'90,91). Die Bodenkartierung (s. Bodenkarte im Anhang) umfasst damit weitgehend jene Bereiche, die auch vegetationsgeographisch kartiert wurden (THANNHEISER 1992). Aus der Frostschuttzone wurden lediglich einige Gesteins- und Sedimentproben für mineralogische und chemische Vergleichsuntersuchungen entnommen. Die Schwerpunkte der Profilaufnahme innerhalb des **Teilgebietes A** liegen östlich des Basislagers (Gesteine der Wood Bay- und Red Bay-Gruppe, Profile 1/n) und auf der Roosflya im Südosten der Germaniahalvöya (Gesteine der Wood Bay-Gruppe, Profile 4/n). Die Untersuchungen im Bereich des kristallinen Basements wurden vorwiegend auf den Lernerinseln (**Teilgebiet B**, s. Abb. 1), zum Teil auch westlich des Basislagers durchgeführt (Profile 2/n).

Die Arbeitsschwerpunkte der Kampagne SPE91 lagen im hinteren Bockfjord (**Teilgebiet C und D**) sowie auf der Reinsdyrflya (**Teilgebiet E**, s. Abb. 1). Die Reinsdyrflya (Gesteine der Wood Bay-Gruppe, Profile 7/n) bot sich wegen ihrer besonderen Landschaftsentwicklung und geomorphologischen Sonderstellung als Vergleichsraum zu den devonisch geprägten Bereichen der Germaniahalvöya an. **Teilgebiet C** (Profile 6/n) umfasst das Vorland des Sverre-Vulkans und wurde aufgrund der spezifischen petrographischen Verhältnisse (Alkalibasalte) im hinteren Bockfjord in die Untersuchungen miteinbezogen (s. Abb.1 u. 2). Für dieses Teiluntersuchungsgebiet wurde außerdem eine eigenständige Bodenkarte erstellt (s. Abb. 40), die im gleichen Maßstab angelegt wurde, wie die im selben Gebiet durchgeführte Vegetationskartierung (EBERLE & THANNHEISER & WEBER 1993a). Im **Teilgebiet D** (Kapp Kjeldsen, s. Abb. 1) verzahnen sich in Strandterrassen pyroklastische Sedimente mit devonischen und kristallinen Gesteinen, weswegen auch hier einige Profile bearbeitet wurden (Profile 5/n).

Die Auswahl der Teiluntersuchungsgebiete erfolgte nach petrographischen und geomorphologischen Kriterien. Auf diese Weise war es möglich, den Einfluß von Petro- und Morphovarianz auf die Substrat- und Pedogenese möglichst umfassend zu analysieren. Wenn im folgenden die Darstellung der Untersuchungsergebnisse zunächst in Anlehnung an die drei geologischen Haupteinheiten (**Devongesteine, kaledonisches Basement, Vulkanite**) des

Arbeitsgebietes erfolgt (s. Kap. 4-6), so bedeutet dies keinesfalls eine vorweggenommene, als übergeordnet eingestufte Bedeutung des Geofaktors "Gestein" für die Bodenbildung. Die Grobgliederung der Untersuchungsergebnisse nach den geologischen Einheiten ist jedoch zunächst aus Gründen der Übersichtlichkeit naheliegend. Welche Faktoren oder Gesetzmäßigkeiten letztendlich für die differenzierte Bodenbildung und Verwitterung im Arbeitsgebiet verantwortlich sind, soll im Anschluß an die Vorstellung der Einzelergebnisse in Form einer Gesamtsynthese dargelegt werden (s. 7).

3 METHODIK

3.1 Vorgehensweise und Begründung

Neben den petrographischen Eigenschaften der anstehenden Gesteine ist die Untersuchung der quartären Landschafts- und Substratgenese, sowie die Berücksichtigung der aktuellen Geomorphodynamik, eine wichtige Voraussetzung für das Verständnis und die Analyse der Verwitterung und Bodenbildung im Arbeitsgebiet. Diese Vorgehensweise erlaubt nicht nur eine bessere Unterscheidung von pedogenen und nicht-pedogenen Profilmerkmalen, sondern erfasst zugleich die Böden als dynamische Kompartimente des gesamten Geosystems. In Gebieten mit vergleichsweise schwach ausgeprägten chemischen Stoffveränderungen kommt der genauen Unterscheidung lithogener und pedogener Bodenmerkmale eine besonders große Bedeutung zu (s. BLUME & RÖPER 1977: 25). Mit den Analysen wird nicht die Absicht verfolgt, die Standorte unter geoökologischen Gesichtspunkten zu charakterisieren. Vielmehr steht gemäß der Thematik dieser Arbeit die Bodengenese und das Ausmaß der in situ-Verwitterung des Mineralbodens im Vordergrund (s. 1.1).

Untersuchungsmethoden, die sich in anderen Klimaregionen bewährt haben, bedürfen in Polargebieten einer besonderen Überprüfung hinsichtlich ihrer Selektivität und Aussagekraft sowie dementsprechend einer vorsichtigen Interpretation. Der dieser Arbeit zugrunde liegende methodische Ansatz beinhaltet daher eine Kombination bodenchemischer, mineralogischer und bodenmikromorphologischer Analysen. Auf diese Weise wird eine Überprüfung von Einzelergebnissen durch unabhängige, teils quantitative, teils qualitative Untersuchungsmethoden ermöglicht. Gleichzeitig erfordert ein solches diversifiziertes Vorgehen jedoch, die Probenzahl pro Analyseart möglichst gering zu halten. Die Anwendung aller Analysemethoden muß sich daher auf ausgewählte Leitprofile in den verschiedenen petrographischen und geomorphologischen Einheiten beschränken. Dieses Vorgehen erlaubt sehr zuverlässige qualitative, jedoch nur eingeschränkt quantitative Aussagen.

Aufgrund der gewählten Maßstabsebene und der Zielsetzung dieser Arbeit, die eine bodengeographische Gesamtcharakterisierung des Untersuchungsgebietes ermöglichen soll (s. 1.1), war eine quantitative Aussage zu Verwitterungsraten oder gar eine Stoffbilanzierung nicht vorgesehen. Dies bleibt vielmehr Aufgabe kleinräumiger Untersuchungen auf Testfeldern, wie sie etwa von der Arbeitsgruppe Geoökologie (LESER et al. 1992) durchgeführt wurden.

Einsatz von Feldmethoden und Laboranalytik unterlagen auch technisch bedingt gewissen Einschränkungen.

3.2 Geländearbeiten

Die **Kartierung der Bodengesellschaften** im Gelände erfolgte mit Hilfe von Luftbildvergrößerungen (ca. 1:5000) auf Orthophotokarten des Maßstabs 1:25000 (BRUNNER & HELL 1993). Aufgrund der hohen Qualität der photographischen Aufnahmen waren Substrat- und Bodenwechsel teilweise direkt (z.B. Feuchteunterschiede) oder indirekt (Vegetation) an Grauwertänderungen im Bild zu erkennen (vgl. ELLIS 1980). Durch umfangreiche Geländebegehungen und zahlreiche Schürfgruben wurde die Bildauswertung und Abgrenzung der Kartiereinheiten überprüft. Die pedologisch bedeutsamen Bereiche der Germaniahalvöya wurden im Maßstab 1:25000 kartiert (s. Bodenkarte Blatt 1 und 2 im Anhang). Desweiteren wurden im Bockfjord das Vorland des Sverrefjell und im Liefdefjord Teile der Lernerinseln in Detailkartierungen (ca. 1:5000) erfasst (s. Abb. 27, 29 u. 40).

Die **Auswahl der Leitprofile** erfolgte in Anlehnung an die auskartierten Bodengesellschaften. Soweit möglich wurde eine Verknüpfung der Profile nach dem Catenaprinzip angestrebt. Die Profilansprache erfolgte entweder an Schürfgruben oder an natürlichen Aufschlüssen (Terrassenkanten, Taleinschnitte) entsprechend den Vorgaben der Bodenkundlichen Kartieranleitung (AG BODENKUNDE 1982). Ergänzend wurden Auftautiefe und die aktuelle Bodentemperatur einzelner Horizonte erfasst. Die genaue Farbbestimmung mit Hilfe der Munsell Soil Color Chart (1975) wurde wegen der extremen Texturunterschiede an trockenen Proben (meist erst im Labor) durchgeführt.

Für den Großteil der analytischen Arbeiten wurden horizontweise Schüttproben entnommen, wobei bereits bei der Probennahme auf Homogenität (z.B. bzgl. des Skelettgehaltes) geachtet wurde. Für mikromorphologische Untersuchungen wurden an einigen Leitprofilen ungestörte Proben, aus zwei Profilen des Untersuchungsgebietes C auch Volumenproben entnommen

(DIN 19683, Blatt 4). Die Proben wurden soweit möglich im Basislager vorgetrocknet und anschließend luftdicht und lichtgeschützt verpackt.

Vergleichende **Messungen der Saugspannung** wurden an wenigen unterschiedlich drainierten Standorten über die Dauer des Aufenthaltes durchgeführt (Grundlage DIN 19682, Blatt 4). Die Installation der Tensiometer erfolgte in verschiedenen Tiefen, wobei jeweils 2-3 Tensiometer in gleicher Tiefe plaziert wurden. Aufgrund der hohen Skelettanteile der Böden und der Kürze des Messbetriebes sind die gemessenen pF-Werte nur sehr eingeschränkt interpretierbar.

3.3 Laboranalytik

Im Labor wurden die Proben bei $105\,^{\circ}C$ getrocknet, auf 2 mm abgesiebt und der Skelettgehalt gravimetrisch bestimmt. Röntgenographische Untersuchungen erfolgten an luftgetrocknetem Feinbodenmaterial. Die Ergebnisse der chemischen Analysen beruhen alle auf Mittelwerten von mindestens 2 Analysen (Doppelbestimmung).

3.3.1 Bodenchemische Analysen

Die **Messung der pH-Werte** erfolgte potentiometrisch gemäß SCHLICHTING & BLUME (1966: 93) in einer 0,01 m $CaCl_2$-Lösung z.T. zusätzlich in H_2O (s. Tab. A2.1 bis A.2.6).

Die **Karbonatbestimmung** erfolgte mit Hilfe der Scheiblermethode (SCHLICHTING & BLUME 1966: 107). Sie wurde nur an solchen Proben durchgeführt, die aufgrund der Geländeaufnahme und ihres pH-Wertes nennenswerte $CaCO_3$-Gehalte erwarten ließen.

Der **Gesamtkohlenstoff** (Ct) einiger Proben wurde nach Erhitzen und Oxidation im Sauerstoffstrom infrarotspektroskopisch (CWA 5003, Firma LEYBOLD) am Mineralogischen Institut der Universität Karlsruhe bestimmt. Der **Gesamtstickstoff** (Nt) wurde mit Hilfe der KJELDAHL-Methode ermittelt (DIN 19684 Blatt 4; SCHLICHTING & BLUME 1966: 124).

Die Bestimmung des **oxalatlöslichen Eisens** [Fe(o)] erfolgte nach Behandlung mit oxalsaurem NH_4-Oxalat (Tamm's Reagenz) gemäß den Angaben von SCHWERTMANN (1964). Im selben Extrakt wurden bei einigen wenigen Proben auch die Elemente Mangan, Aluminium und Silicium gemessen. Die Extraktion mit **Dithionit/Citrat-Lösung** (HOLMGREN 1967) diente zur Bestimmung des gesamten "pedogenen" Eisens [Fe(d)]. Nach Untersuchungen von LOVELAND (1988: 108) ist die Gefahr methodischer Fehler der Kaltextraktion nach HOLMGREN (1967) geringer einzuschätzen als bei einer Heißextraktion nach MEHRA & JACKSON (1960). Für beide Extraktionen wurden Experimente zur Selektivität durchgeführt (s. WEBER & BLÜMEL 1992). Die Ergebnisse dieser Tests zeigen, daß erst nach zweimaliger Extraktion mit Dithionit/Citrat-Lösung der größte Teil des Fe(d) (90-95%) erfasst ist. Für die Bestimmung des Fe(o) genügt hingegen eine einmalige Extraktion (SCHWERTMANN 1964; WEBER & BLÜMEL 1992). Allerdings treten substratspezifische Probleme bei beiden Extraktionen auf, die an anderer Stelle zu erläutern sind (s. 4.5.2.1 u. 6.3.2). Alle Eisenwerte wurden mittels der Flammentechnik am AAS gemessen (Arbeitsbedingungen: Luft/Acetylen, Gasfluß: 0,9 l/min, Wellenlänge: 372 nm, Bandpass: 0,5 nm, ohne Hintergrundkorrektur).

An circa 30 Proben aus verschiedenen Teilen des Untersuchungsgebietes wurden mittels der Röntgenfluoreszenzanalyse (RFA) **Gesamtelementgehalte** bestimmt (stellv. JONES 1986). Das staubfein gemahlene Probenmaterial wurde zu Pulvertabletten gepresst. Unter Verwendung einer Cr-Röhre wurden die Elemente Si, Al, Mg, Mn, Ca, K, Na, P, Fe, Ti und Zr bestimmt (s. Tab. A4 im Anhang).

3.3.2 Sedimentologische und bodenmineralogische Untersuchungen

Die **Korngrößenanalysen** erfolgten mit Hilfe der Naßsiebung und Pipettanalyse nach KÖHN (DIN 19683, Bl. 1 und 2). Sofern erforderlich wurde zuvor Humus und Karbonat zerstört. Die Dispergierung des Probenmaterials wurde durch die Zugabe einer 0,4 n Natriumpyrophosphatlösung und Ultraschallbehandlung gewährleistet. Bei einem Fehler > 5% (Abweichung von der Einwaage) wurde die Analyse wiederholt.

Bodenmineralogische Untersuchungen des gesamten Mineralspektrums wurden an unterschiedlichen Kornfraktionen - vorwiegend der Mittel- und Feinsandfraktion - durchgeführt (unbehandelt und nach HCl-Behandlung). Neben dem Mineralspektrum und den Kornformen wurden pedogene und lithogene Merkmale der Mineralkörner lichtmikroskopisch untersucht (stellv. CADY et al. 1986).

Schwermineralogische Analysen der Feinsandfraktion wurden an etwa 40 Profilen im Arbeitsgebiet durchgeführt. Die Probenvorbereitung erfolgte in Anlehnung an BOENIGK (1983). Oxidische und karbonatische Kornüberzüge wurden durch 5-10-minütiges Kochen in ca. 20 % HCl entfernt, um eine sichere mikroskopische Identifikation zu gewährleisten. Die Abtrennung der Schwermineralfraktion erfolgte in Bromoform ($CHBr_3$, spez. Gewicht 2,89 g/cm^3). Die Schwerminerale wurden auf Objektträgern in Mountex (Firma Merck, n = 1,67) eingebettet. Es wurden jeweils zwei Präparate erstellt und in Abhängigkeit von der Komplexität des Kornspektrums 100-300 Körner/Präparat unter dem Polarisationsmikroskop (Olympus BH-2) ausgezählt (s. TRÖGER 1969; MÜLLER & RAITH 1981; BOENIGK 1983; MANGE & MAURER 1991).

Die **Röntgenbeugungsanalysen** (RBA) erfolgten an ausgewählten Pulver- (Schluff- und Tonfraktion) und Texturpräparaten (Tonfraktion) auf einem Siemens Diffraktometer unter Verwendung einer Cu-Röhre mit CuKa-Strahlung. Die Tonfraktion wurde auf Keramikträgern, bei sehr tonarmen Proben zusätzlich auf Glasträgern, analysiert. Um die Tonmineralzusammensetzung sicher identifizieren zu können, wurden die Mg-belegten Texturpräparate unterschiedlichen Behandlungen unterzogen (Glycerinbehandlung, Erhitzen auf 300 bis 580° z.T. auch K-Belegung, Dithionit- bzw. Oxalatbehandlung und HCl-Behandlung). Die erhaltenen Reflexe wurden qualitativ ausgewertet (stellv. BRINDLEY & BROWN 1980; MOORE & REYNOLDS 1989; HEIM 1990). Die röntgenographische Analyse der Pulverpräparate diente zur Kontrolle der lichtmikroskopischen Auswertung und zur Bestimmung von solchen Komponenten, die sich aufgrund ihrer optischen Eigenschaften (z.B. opakes Verhalten) mikroskopisch nicht sicher identifizieren ließen.

Für die **mikromorphologische Untersuchung** von ungestörten Gefügeproben wurden Bodendünnschliffe angefertigt. Dabei wurde weitgehend nach der Methode von ALTEMÜLLER (1962) verfahren. Die lufttrockenen Proben wurden unter Vakuum mit Vestopal getränkt und 2-3 Monate getrocknet. Die Herstellung der Dünnschliffe erfolgte mit Hilfe einer Diamantsäge und eines Präzisionsschleifgerätes (Logitech LP 30). Unter dem Polarisationsmikroskop (Olympus BH-2) wurden die Schliffe qualitativ ausgewertet (stellv. ADAMS et al. 1986; PICHLER & SCHMITT-RIEGRAF 1987).

3.4 Bodensystematik

3.4.1 Allgemeine Bemerkungen zur Klassifikation polarer Böden

Bei der Ansprache und Klassifikation der Böden in Polargebieten treten ähnliche Probleme wie in anderen Regionen der Erde auf (s. RIEGER 1974). Eine Vielzahl lokaler Boden-klassifikationen und nicht systematischer Benennungen einzelner Bodentypen erschweren häufig überregionale Vergleiche oder machen sie unmöglich. Eine gute Übersicht der wich-tigsten Bodenklassifikationen für die Arktis sowie ihrer historischen Entwicklung wurde von TEDROW (1977: 115 ff) zusammengestellt. Wenig hilfreich für eine systematische Boden-ansprache ist die in der deutschsprachigen Literatur noch sehr gebräuchliche Bezeichnung "Frostmusterboden". Bereits GORODKOV (1939, Zitat in TEDROW 1977: 115) wies darauf hin, daß solche auf rein mechanischer Sortierung beruhenden Erscheinungen keine Boden-bildungen darstellen, sondern lediglich Formen des Mikroreliefs sind. Trotzdem werden Begriffe wie "Streifenboden" oder "Polygonboden" auch noch in der neueren Literatur (stellv. MÜCKENHAUSEN 1985; WEISE 1983) verwendet. Die häufig fehlende Differen-zierung zwischen periglazialen Sortierungsformen und durch in situ-Verwitterung ent-standenen Böden, spiegelt letztendlich das weitgehende Fehlen systematischer Boden-untersuchungen in Polargebieten wider (s. 1.2). Durch die begriffliche Unterscheidung von Formen des Mikroreliefs (Solifluktionsformen, Kryoturbationsformen) und Böden i.e.S. (s. KUNTZE et al. 1988) kann bereits ein Großteil der vorhandenen Anspracheprobleme ver-mieden werden.

Die Entwicklung einer zonalen Bodenklassifikation in Anlehnung an die Vegetationszonierung der Polargebiete und die unterschiedliche Intensität bodenbildender Prozesse wurde für die sibirische Arktis insbesondere von IVANOVA & ROZOV (1962) vorangetrieben. TEDROW et al. (1958, 1968) entwickelten in Anlehnung an die russischen Systeme ebenfalls eine zonale Klassifikation. Diese zonalen Bodensystematiken haben in die modernen Bodenklas-sifikationen kaum Eingang gefunden, da die einzelnen Bodentypen nicht nach einheitlichen Kriterien und teilweise wenig differenziert abgegrenzt werden. Dennoch haben die Arbeiten von TEDROW (stellv. 1958, 1968, 1977) entscheidend dazu beigetragen, die Kenntnisse über Bodenbildungen der Arktis zu verbessern. Im Gegensatz zu den wenig gebräuchlichen Bezeichnungen "Tundra soil" oder "Polar desert soil" hat sich der von TEDROW & HILL (1955) erstmals beschriebene Bodentyp der "Arktischen Braunerde" (arctic brown soil) in der internationalen Literatur durchgesetzt. UGOLINI (1986a) weist auf die Vorteile der Zonierung arktischer Regionen bezüglich der sich ändernden pedologischen Prozesse hin, ohne dabei die neueren Klassifikationssysteme in Frage zu stellen.

Die modernen, internationalen Bodenklassifikationen (FAO-UNESCO legend 1974, 1988; USDA SOIL TAXONOMY 1975, 1992), aber auch die bodenkundliche Kartieranleitung (AG BODENKUNDE 1982) sind zumindest in ihren höheren Ordnungen weitgehend genetisch konzipiert und daher unabhängig von Klimazonierungen und spezifischen lokalen Besonderheiten einsetzbar. Die vielseitige Anwendungsmöglichkeit eines genetisch ausgerichteten Klassifikationssystems ist nach SCHLICHTING (1968: 230) besonders bei wenig entwickelten Böden von großem Vorteil, da sich neben pedogenen auch lithogene Merkmale auf hohem Niveau differenzieren lassen. Dies ist gerade für die vergleichsweise schwach entwickelten Böden der Polargebiete eine wichtige Voraussetzung. Außerdem eröffnen solche Klassifikationen, aufgrund ihres gestaffelten Ordnungsprinzips, die Möglichkeit einer Verständigung auf einem zunächst einfach gehaltenen Niveau. Dieser deduktive, von der einfachen zur spezielleren Bodenansprache führende Weg, erlaubt jedoch in gleicher Weise sehr weitgehende funktionale Aussagen (SCHROEDER & LAMP 1976).

Die Bezeichnung "Gelosol" oder "Cryosol" (s. SCHEFFER & SCHACHTSCHABEL 1992: 448) für Frostböden jeder Art sagt nichts aus über die im Auftauboden ablaufenden differenzierten pedogenen Prozesse, sondern bezieht sich ausschließlich auf die besonderen thermischen Verhältnisse in Böden hoher Breiten. Aus diesem Grund werden "Frostböden" nicht mehr als eigenständige Ordnung klassifiziert, sondern erscheinen lediglich als Unterordnungen in der internationalen Nomenklatur. Die Vorsilben "Gelic" (z.B. Gelic Cambisol) der FAO-Klassifikation und "Cry-" (z.B. Cryumbrept) der Soil Taxonomy weisen dabei auf das Vorhandensein von Permafrost hin. Dagegen beruht der in der Literatur häufig verwendete Zusatz "arktisch" (z.B. Arktische Braunerde bzw. arctic brown soil) auf keiner genetischen, sondern einer zonalen Abgrenzung (s.o.) und impliziert eine regionale Beschränkung solcher Bodenbildungen auf das Nordpolargebiet - eine Vorstellung, die durch neuere Arbeiten aus der Antarktis widerlegt wurde (stellv. BLÜMEL 1986; BOCKHEIM & UGOLINI 1990). Bei Verwendung einer zonalen Klassifikation wäre allenfalls die Bezeichnung "polare Braunerde" zulässig. In einer pedogenetisch angelegten Systematik ist eine solche Regionalisierung jedoch nicht sinnvoll (s. 3.4.2).

3.4.2 Systematik der Böden im Untersuchungsgebiet

Die Problematik der Bodensystematik ist kein Schwerpunkt dieser Arbeit, doch sollte die verwendete Bodenansprache einem möglichst großen Fachpublikum verständlich sein. Aus diesem Grund werden die Bodenprofile sowohl nach der international am weitesten verbreiteten FAO-Klassifikation (FAO-UNESCO 1974, 1988) als auch nach der in Deutschland gebräuchlichen Bodenklassifikation (AG BODENKUNDE 1982) angesprochen (s. Tab. 4). Vorteilhaft ist dabei die Tatsache, daß sich beide Klassifikationen einigermaßen parallelisieren lassen, was bei Verwendung der SOIL TAXONOMY (USDA 1975, 1992) oder der CANADIAN SOIL TAXONOMY (CANADIAN DEPARTEMENT OF AGRICULTURE 1978) nicht möglich gewesen wäre. Auf dieses Vorgehen könnte künftig verzichtet werden, wenn auch von geographischer Seite außerhalb des deutschsprachigen Raumes die FAO-Klassifikation konsequenter eingesetzt würde.

Auf den Zusatz "arktisch" wird aus den oben genannten Gründen verzichtet. So läßt sich beispielsweise die sehr allgemein gehaltene Definition des Bodentyps Braunerde (AG BODENKUNDE 1982: 218) ohne weiteres auf entsprechende Böden der Polargebiete übertragen. Schwach entwickelte Braunerden bzw. Verbraunungsprozesse treten in fast allen Klimazonen der Erde auf. Insofern steht auch der Anwendung einer genetischen Bodenklassifikation in kalten Regionen nichts im Wege. Das Vorhandensein von Permafrost und der Einfluß periglazialer Prozesse auf die Bodengenese wird jedoch von der bodenkundlichen Kartieranleitung (AG BODENKUNDE 1982) nicht erfasst. In die beiliegende Bodenkarte wurde daher die rezente Geomorphodynamik ergänzend aufgenommen.

Die folgende Gegenüberstellung der gängigen Bodenklassifikationen (SOIL TAXONOMY, FAO-UNESCO und AG BODENKUNDE) bezüglich der im Arbeitsgebiet auftretenden Hauptbodentypen soll den Vergleich mit anderen bodengeographischen Arbeiten in polaren

Breiten erleichtern (s. Tab. 3). Eine Parallelisierung der drei Klassifikationen ist allenfalls auf der Ebene der Hauptgruppen und Ordnungen möglich. Selbst dabei gibt es jedoch beim direkten Vergleich einzelner Bodentypen (z.b. beim Lockersyrosem) Probleme und kleinere Ungereimtheiten. Der Bodentyp des "Andosols" wird in der bodenkundlichen Kartieranleitung (AG BODENKUNDE 1982) bislang nicht berücksichtigt, so daß diese Böden in der vorliegenden Arbeit ausschließlich nach den Richtlinien der FAO (1988) klassifiziert wurden (s. Kap. 6).

Tab. 3: Gegenüberstellung der Hauptbodentypen des Arbeitsgebietes nach verbreiteten Bodenklassifikationen.

AG Bodenkunde * (Stand 1982)	FAO-UNESCO (Stand 1988)	US Soil Taxonomy ** (Stand 1992)
Syrosem [O] Ai-(Cv)-Cn	Lithi-gelic Leptosol [LPiq] OA-(Cw)-R	Lithic Cryorthent
Ranker [N] Ah-(Cv)-Cn	Umbri-gelic Leptosol [LPiu] Ah-(Cw)-R	Lithic Cryumbrept, Cryorthent
Rendzina [R] Ah-(Cv)-Cn	Rendzi-gelic Leptosol [LPik] Ahk-(Cwk)-R	Cryic Lithic Rendoll
Lockersyrosem [OL] Ai-Cv-DFB*	Gelic Leptosol [LPi] Gelic Regosol [RGi] OA-Cw-Ci	Lithic Cryopsamment Lithic Cryorthent
Regosol [Q] Ah-Cv-DFB*	Gelic Regosol [RGi] Ah-Cw-Ci	Cryorthent, Cryopsamment
Braunerde [B] Ah-Bv-(Cv)-(Cn)-DFB*	Gelic Cambisol [CMi] Ah-Bw-(Cw)-(Ci)-(R)	Cryochrept, Cryumbrept
Braunerde [B] Ah-Bv-(Cv)-(Cn)-DFB*	Gelic Andosol [ANi] Ah-Bw-(Cw)-Ci	Cryic Andisol
Gley [G] Ah-Go-Gr-DFB*	Gelic Gleysol [GLi] Ah-Bwg-(BCr)-Ci	Cryaquept
Moorgley [GH] Anmoorgley [GA] nH-Gr-DFB* ; GoAa-Gr-DFB*	Gelic Histosol [HSi] H-(HA)-Ci	Cryofolist, Cryohemist

* Die Bodenkundliche Kartieranleitung wurde um eine Bezeichnung für den Dauerfrostbodenhorizont (DFB) ergänzt.

** Die Soil Taxonomy bezeichnet Bodenbildungen in Gebieten mit Jahresmitteltemperaturen unter 0°C mit dem Zusatz "pergelic" (z.B. pergelic Cryorthent). Auf diese Ergänzung wird hier aus Gründen der Vereinfachung verzichtet.

35

Tab. 4: Bodentypenbezeichnungen gemäß der verwendeten Bodenklassifikationen. Eine exakte Parallelisierung beider Klassifikationen ist nicht möglich.

AG Bodenkunde (Stand 1982)	FAO-UNESCO (Stand 1988)
Syrosem (O)	Lithi-gelic Leptosol (LPiq)
Lockersyrosem (OL)	Gelic Leptosol (LPi)/ Gelic Regosol(RGi)
Regosol-Lockersyrosem (Q-OL)	Gelic Regosol (RGi)/ Gelic Leptosol(Lpi)
Ranker (N)	Umbri-gelic Leptosol (LPiu)
Syrosem-Ranker (O-N)	Umbri-gelic Leptosol (LPiu) lithic phase
Braunerde-Ranker (B-N)	Cambi-umbri Gelic Leptosol (LPiub)
Regosol (Q)	Gelic Regosol (RGi)
zum Regosol	Andi-gelic Regosol (RGia)
Braunerde-Regosol (B-Q)	Cambi-gelic Regosol (RGib)
Syrosem-Rendzina (Protorendzina) (O-R)	Rendzi-gelic Leptosol (LPik) lithic phase
Lockersyrosem-Rendzina (Regorendzina) (OL-R oder Q-R)	Rendzi-gelic Regosol (RGik)
Braunerde (B)	Gelic Cambisol (CMi)
Podsolige Braunerde (pB)	Cambi-gelic Podzol (PZib)
zur Braunerde	Gelic Andosol (ANi)
zum Regosol	Vitri-gelic Andosol (ANiz)
Gley (G)	Gelic Gleysol (GLi)
Regosol-Gley (Q-G)	Gelic Gleysol (GLi)
zum Gley	Andi-gelic Gleysol (GLia)
Anmoorgley (GA)	Umbri-gelic Gleysol (GLiu)
Moorgley (GH)	Histi-gelic Gleysol (GLih)

Anmerkung:

Die FAO-Klassifikation verwendet den Zusatz "Gelic", sofern der Permafrost in einer Tiefe von weniger als 2 Metern einsetzt. Während die Lage der Permafrosttafel in Lockersubstraten - insbesondere über den Wasserhaushalt - große Bedeutung für die Bodenbildung hat, ist diese Auswirkung in flachgründigen Böden über anstehendem Festgestein nicht vorhanden (Permafrostobergrenze liegt hier im Anstehenden). Der Zusatz "Gelic" sollte daher eigentlich nur verwendet werden, wenn der Permafrost für das Pedosystem relevant ist. Entsprechend könnte dann auch nach AG BODEN-KUNDE eine "Gelic Braunerde" von einer flachgründigen Braunerde über Festgestein unterschieden werden.

Eine ausführlichere Gegenüberstellung der in dieser Arbeit verwendeten Bodenklassifizierung ist Tabelle 4 zu entnehmen. In Ergänzung wird auf der beiliegenden Bodenkarte die Bezeichnung "Moosboden" verwendet. Es handelt sich dabei um vitale oder abgestorbene Moospolsterflächen, die im Arbeitsgebiet meist nur kleinräumig (feuchte Mulden und Rinnen) verbreitet sind. Mit Hilfe der verwendeten Klassifikationen lassen sich diese Bodenbildungen nicht erfassen. Solche initialen hydromorphen Böden weisen meist nur eine geringmächtige O-Lage auf (O-GCv-Profil). Sie wurden im Rahmen der vorliegenden Arbeit nicht näher untersucht.

Weiter entwickelte hydromorphe Böden werden den Gleyen (Gleysols) zugeordnet. Da die Permafrostoberfläche eine ständig vorhandene, wasserundurchlässige Schicht darstellt, kann das oberhalb der kontinuierlich gefrorenen Schicht fließende Wasser durchaus als Grund- bzw. Hangwasser bezeichnet werden (SCHEFFER & SCHACHTSCHABEL 1992: 171). Die Feuchtstandorte erhalten in der Regel den ganzen Sommer über - durch Gerinne an der Oberfläche oder Drainagespülung über der Permafrostoberfläche - eine Wasserzufuhr aus höher gelegenen Reliefpositionen. Typische Pseudogley- bzw. stagnic-Verhältnisse, mit einem Wechsel von Trocken- und Feuchtphasen - bedingt durch sich ändernde Niederschlags- und Verdunstungsverhältnisse - sind folglich nicht gegeben (s. KUNTZE et al. 1988: 490).

Die Bezeichnung "Kolluvium" i.e.S. (AG BODENKUNDE 1982: 231) wird nicht verwendet, da es sich bei den meisten Feinmaterialablagerungen um abluale, fluviale oder glazifluviale Lockersedimente und nicht um Solummaterial handelt.

4 SUBSTRATGENESE UND BODENBILDUNG IM BEREICH DEVONISCHER SEDIMENTGESTEINE

Die Old Red-Sedimente des Unterdevons bestimmen im Arbeitsgebiet den Aufbau des östlichen Teils der Germaniahalvöya (große Teile des Arbeitsgebietes A), der Reinsdyrflya (Arbeitsgebiet E) sowie der Kronprinshögda (Arbeitsgebiet D) zwischen Wood- und Bockfjord (s. Abb. 1 u. 2). Den weitaus größten Anteil haben dabei die Rotsedimente der Wood Bay-Gruppe (Kapp Kjeldsen-Formation), die aus Wechsellagerungen feinklastischer Sand-, Silt- und Tonsteine bestehen (s. FRIEND & MOODY-STUART 1972; THIEDIG & PIEPJOHN 1990). Neben der Wood Bay-Gruppe wird im Devon der Germaniahalvöya neuerdings nur noch die ältere Red Bay-Gruppe ausgegliedert, die im Bereich des Expeditions-Basislagers und im hinteren Liefdefjord ansteht (GJELSVIK & ILYES 1991). Zwischen den gelben, rötlichen und graugrünen Sand-, Silt-, und Tonsteinen sind in der Red Bay-Gruppe verbreitet konglomeratische Serien anzutreffen (MURASCOV & MOKIN 1979). Die Wood Bay-Gruppe weist gegenüber der Red Bay-Gruppe höhere Anteile feinklastischer Serien auf. Aufgrund ihrer weiten Verbreitung im Arbeitsgebiet liegt die überwiegende Anzahl der untersuchten Bodenprofile im Bereich der Wood Bay-Gesteine.

4.1 Mineralogie und Chemismus der Devongesteine

Mineralogisch bestehen die Rotsedimente der Wood Bay-Gruppe vorwiegend aus Quarz, Muskovit bzw. Sericit und teilweise silifizierten Gesteinsfragmenten. Die Quarzkörner der devonischen Sandsteine weisen angulare, selten subangulare Rundungsgrade auf. Die Kornoberflächen sind stark korrodiert und mit hämatitischen Pigmenten überzogen. Im Dünnschliff und im HCl-behandelten Streupräparat zeigen die häufig polykristallinen Quarze ihre typische undulöse Auslöschung.

Sowohl bei lichtmikroskopischer Auswertung von Streupräparaten als auch in Dünnschliffen waren in reinem Wood Bay-Material meist nur stark sericitisierte Feldspäte festzustellen. MÖLLER (1991: 71) konnte in Sand-, Silt- und Tonsteinen der Red Bay-Gruppe belegen, daß Plagioklas weitgehend zu Sericit umgewandelt wurde. GJELSVIK & ILYES (1991: 81) wiesen bei ihren Untersuchungen der graugrünen Sandsteine im Bereich des Liefdefjords sehr niedrige Feldspatanteile für das Gebiet der Germaniahalvöya nach. MÖLLER (1991: 82) ermittelte jedoch vereinzelt auch höhere Plagioklasanteile in diesen Gesteinen, was auf beachtliche Inhomogenitäten innerhalb der devonischen Serien hinweist. FRIEND & MOODY-STUART (1972) belegen in detaillierten Untersuchungen der Wood Bay-Sedimente ebenfalls sehr unterschiedliche Feldspatanteile, wobei allerdings Orthoklas im SPE-Untersuchungsgebiet nur untergeordnet vorkommt. In den Röntgendiffraktogrammen der Schluff- und Tonfraktion treten in allen untersuchten Proben Feldspat-Peaks auf, die aufgrund ihrer Reflexpositionen eher auf die Plagioklasgruppe hinweisen (s. Abb. 3, sowie BRINDLEY & BROWN 1980: 381 f.; MOORE and REYNOLDS 1989: 232). Plagioklase sind oft auch als Mikrokristalle in Gesteinsfragmenten enthalten und entziehen sich dadurch der lichtmikroskopischen Untersuchung (s. ADAMS et al. 1986: 12).

Desweiteren konnte in den devonischen Sedimentgesteinen röntgenographisch der farbgebende Hämatit sowie Illit bzw. Muskovit und Chlorit nachgewiesen werden (s. 4.5.3). Der Hämatitgehalt der Rotsedimente wird im Röntgendiffraktogramm durch die Peaks bei 2,7 und 2,5 Å erkennbar (s. Abb. 3 sowie BRINDLEY & BROWN 1980: 371). Die Sand- und Siltsteine

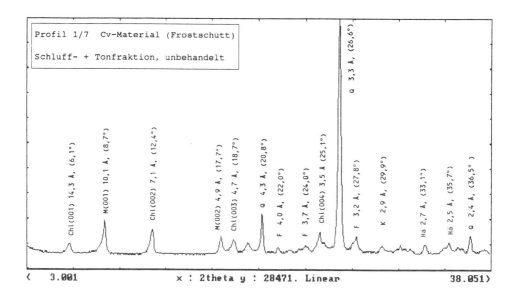

Abb. 3: Röntgendiffraktogramm (Pulveraufnahme) von Wood Bay-Frostschutt (Profil 1/7). Chlorit (Chl), Muskovit bzw. Illit (M), Quarz (Q), Plagioklas bzw. Feldspat undiff. (F), Hämatit (Hä), Kalzit (K). 2 Theta 3 - 38°.

der Wood Bay-Gesteine weisen nicht selten ein schwach karbonathaltiges Bindemittel auf, in einzelnen Gesteinsschichten sind sogar mehrere Zentimeter dicke kalzitische Kluftfüllungen vorhanden. Ein mehr oder weniger deutlicher Kalzit-Peak (2,9-3,04 Å, s. Abb. 3) tritt auch im Röntgendiffraktogramm der Wood Bay-Proben auf. In den graugrünen Siktefjellsandsteinen, die neuerdings der Red Bay-Gruppe zugeordnet werden, ermittelte MÖLLER (1991:60) Chloritgehalte bis 10 Vol.%. Hauptkomponenten dieser östlich und westlich des Basislagers anstehenden Gesteine sind Quarz, Sericit, Muskovit, Gesteinsfragmente und Erze (MÖLLER 1991). Der hohe Muskovitanteil der Devongesteine ist wohl größtenteils durch Sericitisierung von Feldspäten im Zuge der Diagenese entstanden. Aufgrund seiner hohen Dichte (2,77-2,88 g/cm^3, vgl. BOENIGK 1983) und oft vorhandener Erzeinschlüsse tritt Muskovit häufig auch im Schwermineralspektrum auf.

Die devonischen Sedimentgesteine zeigen sehr geringe Schwermineralgehalte (s. Tab. A3.1). Es dominieren alteritische und opake Komponenten (>80%). Das Spektrum der transparenten Minerale beschränkt sich fast ausschließlich auf die Minerale Rutil, Turmalin und Zirkon (RTZ-Gruppe, s. Tab. 1).

Die Tonmineral-Assoziation Illit/Chlorit ist nach FÜCHTBAUER (1988: 222) charakteristisch für ältere Rotsedimente. Hochkristalline Illite und Chlorite (s. Kap. 4.5.3), die starke Sericitisierung der Plagioklase, die Silifizierung von Gesteinsbruchstücken sowie die Schwermineralarmut weisen auf einen hohen Diagenesegrad der devonischen Sedimentgesteine hin (FÜCHTBAUER 1988: 212 f.). Infolgedessen kennzeichnet diese Gesteine insgesamt ein enges Mineralspektrum, was durch röntgenographische Analysen an Proben aus verschiedenen Teilen des Arbeitsgebietes bestätigt werden konnte. Trotz vorhandener petrographischer und fazieller Inhomogenitäten innerhalb der mächtigen Sedimentserien der Wood Bay- und Red Bay-Gruppe, ist daher eine weitergehende Differenzierung für die vorliegende Fragestellung nicht notwendig. Ein wesentlicher mineralogischer Unterschied zwischen beiden Gruppen besteht in den höheren Hämatitgehalten der Wood Bay-Gruppe und höheren Chloritgehalten v.a. der grünlichen Red Bay-Sandsteine. Die konglomeratischen Serien der Red Bay-Gruppe besitzen eine wesentlich komplexere mineralogische Zusammensetzung. Sie sind jedoch aufgrund ihrer nur lokalen Verbreitung im Untersuchungsgebiet für die bearbeiteten Bodenprofile kaum von Bedeutung.

Der Gesamtchemismus verschiedener devonischer Gesteins- und Sedimentproben (Cv-Horizonte) zeigt eine insgesamt recht einheitliche Zusammensetzung. Auf der Basis von 10 staubfein gemahlenen Proben aus verschiedenen devonischen Teiluntersuchungsgebieten ergaben sich folgende Mittelwerte:

Tab. 5: Gesamtchemismus (Mittelwerte in Gew.%) und Titan/Zirkon-Verhältnis von 10 Gesteins- und Bodenproben aus dem Bereich der devonischen Sedimentgesteine (vgl. auch Tab. A4 im Anhang).

Oxide(%) ▶	SiO_2	Al_2O_3	Fe_2O_3	MgO	K_2O	Na_2O	CaO	MnO	P_2O_5	TiO_2	ZrO_2	Σ	Ti/Zr
Wood Bay-Proben (7 Proben)	61,2	15,8	6,6	3,6	2,8	0,8	2,6	0,09	1,15	0,75	0,03	95,4	22,7
Red Bay-Proben (3 Proben)	64,7	14,1	5,8	2,0	2,7	0,6	1,4	0,12	1,16	0,71	0,09	93,4	17,3

Besonders beim Na_2O und CaO-Gehalt treten zwischen den einzelnen Proben sehr große Abweichungen auf (s. Tab. A4). Der Karbonatgehalt der Devongesteine ist in einzelnen Straten hoch, während andererseits viele Schichtglieder fast karbonatfrei sind. Die Eisengehalte erreichen in den Wood Bay-Gesteinen häufig über 7%. In allen Devongesteinen fallen beachtliche Kaliumgehalte auf, die mit den hohen Illit- bzw. Muskovit-Gehalten der Sedimentgesteine erklärt werden können. Das Titan-Zirkon Verhältnis liegt in vorwiegend von Red Bay beeinflussten Substraten etwas unter dem Wert der Wood Bay-dominierten Substrate (s. Tab. 5).

4.2 Geomorphologie der devonischen Teiluntersuchungsgebiete

Bedingt durch die geringe mechanische Verwitterungsresistenz der vorwiegend feinklastischen devonischen Sedimentgesteine wird der Großformenschatz von ausgeglichenen rundlichen Formen bestimmt. Steilhänge und größere Wandbildungen sind auf der mittelgebirgsartigen Germaniahalvöya die Ausnahme. Im Zentrum der Halbinsel erheben sich die Hauptgipfel Finnluva und Korken (755 bzw. 738 m.ü.M., s. Bodenkarte) in Höhen, die deutlich oberhalb der Tundrenzone liegen und somit geomorphodynamisch der Frostschuttzone zugerechnet werden können. Dies gilt auch für die Kronprinshögda (Teilgebiet D, s. Abb. 1 u. 4.6.3), wo sogar Gipfelhöhen bis über 1000 m.ü.M. erreicht werden. Im Gegensatz dazu steht das rumpfflächenartige Flachrelief der Reinsdyrflya, das mit einer Maximalhöhe von 96 m.ü.M. vollständig mit Tundravegetation bedeckt ist (s. 4.6.2).

Der Großformenschatz im Bereich der Devongesteine zeigt Merkmale unterschiedlicher Formungsphasen der quartären Landschaftsentwicklung. Mit teilweise über 45° steilen, konvexen Oberhängen, mäßig geneigten (bis 15°) und gestreckten Mittelhängen sowie konkav ausstreichenden, flachen Unterhängen (1-6°) weisen die Hangprofile der Germaniahalvöya vielerorts eine typische Dreiteilung auf. Die periglazialen Formungsaktivitäten haben es bisher nicht vermocht, das glazigene Vorzeitrelief vollständig zu überprägen. STÄBLEIN (1977b: 189) spricht in diesem Zusammenhang in Westgrönland von einer "modifizierten Weiterbildung der glazigenen Vorzeitformen". Auffallend ist die geringe fluviale Zerschneidung der Hänge, was auf vorwiegend flächenhafte Abtragungsprozesse schließen läßt (s. 4.4).

Die flachen Unterhänge finden ihre Begrenzung in mehr oder weniger ausgeprägten marinen Strandterrassen, die als eigenständige Reliefeinheiten im Küstenvorland in Erscheinung treten. Aufgrund der geomorphologischen Asymmetrie der Germaniahalvöya mit einem wesentlich flacheren Abfall auf der Südostseite (Roosflya) ist diese Abfolge von Reliefeinheiten dort häufiger und besser entwickelt (s. 4.6.1.2 u. Bodenkarte, Blatt 2). Die langgestreckten Unterhänge verzahnen sich auf der Roosflya bei etwa 35 m.ü.M. mit marinen Sedimenten, die sich stellenweise in fünf eigenständige Terrassen gliedern lassen. Die Entwicklung ausgeprägter mariner Niveaus spricht für eine insgesamt eher langsame, phasenweise verstärkte Landhebung in diesem Teil Spitzbergens (vgl. dazu STÄBLEIN 1978).

Neben den marinen Terrassen wird aber auch durch einzelne resistentere Sandsteinbänke - insbesondere auf der Liefdefjordseite der Halbinsel - eine petrographisch bedingte Treppung erzeugt. Westlich und östlich des SPE-Basislagers hat sich in widerständigeren Sandsteinen der Red Bay-Gruppe ein Rundhöckerrelief entwickelt. An den steilen Oberhängen ist die Frostschuttdecke oft nur geringmächtig, so daß auch hier anstehende Sandsteine die Oberfläche bilden. Die Tundrenzone findet ihre Obergrenze innerhalb der langgestreckten Mittelhänge zwischen 200 und 300 m.ü.M. Die wichtigsten Reliefeinheiten unterhalb dieser Grenze lassen sich wie folgt zusammenfassen (s. Abb. 4 und topographischer Inhalt der Bodenkarte):

▸ langgestreckte bis konkave, **periglazial** (solifluidal, ablual, kryoturbat u.ä.) **überformte Mittel- und Unterhänge** (hpts. auf der Roosflya und in Teilgebieten östlich des SPE-Basislagers).

▸ **marine Strandterrassen** (besonders gut entwickelt auf der Reinsdyrflya, bei Kapp Kjeldsen sowie auf der Rossflya bis etwa 35 m.ü.M.).

▸ **glazial geprägte Reliefeinheiten** im Bereich widerständigerer Red Bay-Sandsteine östlich und westlich des Basislagers;

▸ **fluvial und glazifluvial geprägte Reliefeinheiten,** aktive und inaktive Schwemmfächer sowie Gletschervorfelder und Sanderbereiche.

4.3 Differenzierung der postglazialen Substratgenese

Spuren einer übergeordneten Vereisung der gesamten Germaniahalvöya finden sich bis in Gipfellagen in Form von kristallinen Leitgeschieben. Besonders auffällig sind erratische Blöcke des Hornemantoppen-Granits, der aus dem Gebirgsbereich westlich des Liefdefjords stammt und beiderseits des Fjords anzutreffen ist.

Bis in etwa 300 m.ü.M. - also im gesamten hier untersuchten Gebiet - ist flächenhaft jüngeres Moränenmaterial vorhanden, über dessen Alter und die ursprüngliche Mächtigkeit keine genauen Angaben gemacht werden können. Es ist jedoch offensichtlich, daß der damit verbundene Gletschervorstoß weit hinter der oben erwähnten Maximalvereisung zurückblieb. Unter Einbeziehung der Untersuchungen von SALVIGSEN & ÖSTERHOLM (1982) sowie FURRER (1992) kann diese Moräne nicht jünger als Spätglazial eingestuft werden (s. 5.2 und 6.2). Die allochthonen Sedimente wurden durch periglaziale Prozesse intensiv mit autochthonem Frostschutt der Devongesteine vermischt. Auch in die landschaftsgenetisch jüngeren marinen Sedimente wurde das Fremdmaterial eingearbeitet. Auf der Reinsdyrflya ist ebenfalls flächenhaft Moräne abgelagert worden, die zumindest in den höchsten Bereichen das Ergebnis älterer Gletschervorstöße sein könnte (vgl. SALVIGSEN & ÖSTERHOLM 1982, sowie 4.6.2).

Die große Anzahl erratischer Blöcke (vorwiegend Glimmerschiefer, Gneise und Marmore des kaledonischen Basements) zeugen von beachtlichen Fremdmaterialmengen, die aus dem Bereich des hinteren Liefdefjords auf die Germaniahalvöya und Reinsdyrflya transportiert wurden. Das Fremdmaterial auf der Südostseite der Germaniahalvöya (Roosflya) stammt dagegen aus dem hinteren Bockfjord (s. Abb. 1). Nicht nur grobes Material, sondern auch sehr viel Feinmaterial wurde glazial angeliefert, sodaß die Substrate unterhalb etwa 300 m.ü.M. eine wesentlich komplexere mineralische Zusammensetzung aufweisen als die anstehenden Devongesteine (s. 4.1).

Die Fremdkomponente läßt sich im Feinboden von Sedimenten und Böden schwermineralogisch leicht nachweisen. In allen untersuchten Proben treten typische Minerale der metamorphen Gesteine des kristallinen Basements auf (s. 5.1). Besonders häufig werden Granate, Hornblenden und Minerale der Klinopyroxengruppe angetroffen. Auch die Minerale Sillimanit und Andalusit belegen klar die metamorphe Komponente in den Ausgangssubstraten (s. Tab. 1 und Tab. A3.1). In der Leichtfraktion finden sich mit Biotit und kaum korrodierten transparenten Quarzen und Feldspäten ebenfalls Hinweise auf kristallines Fremdmaterial. Die im Bockfjordbereich liegenden Teiluntersuchungsgebiete (Roosflya und Kapp Kjeldsen) zeigen zusätzlich eine Beeinflussung durch den quartären Sverre-Vulkanismus (s. 6.1). Ob diese vulkanische Komponente glazigen eingetragen wurde oder auch teilweise direkt auf vulkanische Ereignisse zurückzuführen ist, konnte nicht mit Sicherheit nachgewiesen werden. Ein rein äolischer Eintrag ist auszuschließen, da zumindest im Untersuchungsgebiet D (s. Abb. 1) auch im Grobboden basaltisches Material angetroffen wurde (s. 4.6.3). Die Verbreitung von Mineralen eindeutig vulkanischer Herkunft wie Titanaugit, Orthopyroxen, Spinell oder Olivin beschränkt sich weitgehend auf die Arbeitsgebiete im Bockfjord. Vereinzelt waren jedoch auch in Präparaten von Bodenprofilen der Reinsdyrflya noch vulkanische Komponenten zu finden, sodaß auch mit größeren Ferntransporten zu rechnen ist (s. 4.6.2.2).

Die Vermischung von Verwitterungsschutt des Anstehenden mit Moränenmaterial im Zuge der postglazialen Landschaftsentwicklung hat eine komplexe Zusammensetzung des Ausgangssubstrates der Böden zur Folge und verhindert meist eine direkte Bezugnahme auf das jeweils anstehende Gestein. Eine exakte Quantifizierung oder gar Bilanzierung von Verwitterungsprozessen setzt voraus, daß ein Bezug zu einem unverwitterten, möglichst homogenen Ausgangsmaterial hergestellt werden kann (vgl. BRONGER & KALK 1976). Dies ist jedoch im Arbeitsgebiet aus mehreren Gründen nicht möglich. So kann sich vertikal und horizontal auf kürzeste Distanz der Chemismus und die mineralische Zusammensetzung des Ausgangssubstrates grundlegend ändern (z.b. durch erratische Marmorblöcke in der Schuttdecke, Mehrschichtigkeit in Sedimenten, usw.). Desweiteren ist davon auszugehen, daß das allochthone Moränenmaterial nicht gleichmäßig abgelagert wurde und daher lokal mehr oder weniger Fremdmaterial vorhanden sein kann. Selbst für einen spezifischen Standort sind exakte quantitative Aussagen sehr problematisch, da im Zuge der rezenten Geomorphodynamik (s. Kap. 4.4) eine erhebliche laterale Stoffzufuhr erfolgt, die in ihrem Ausmaß zeitlichen Schwankungen unterliegt und selbst mit größtem meßtechnischen Aufwand sehr schwierig zu erfassen sein dürfte. Unter anderen klimatischen Bedingungen mit intensiverer chemischer Verwitterung kann eine gewisse Substratinhomogenität in Kauf genommen werden. In Gebieten mit geringer oder initialer in situ-Verwitterung können solche Inhomogenitäten dagegen große Interpretationsprobleme bereiten (vgl. SCHEFFER & SCHACHT-SCHABEL 1984: 37).

Wenn sich die Standorte auch nicht exakt quantitativ vergleichen lassen, so ist zumindest eine Differenzierung zwischen genetisch unterschiedlichen Substratkomplexen und ihren Bodenbildungen möglich. In Anlehnung an die geomorphologischen Einheiten (s. 4.2) können folgende Ausgangsubstrate innerhalb der Tundrenzone unterschieden werden (vgl. Abb. 4 u. 23 sowie Tab. A1.1 bis A1.3):

▸ feinmaterialreiche (Dominanz der Korngrößengruppen < 0,2 mm) **Hangschuttdecken und Fließerden** aus kryoklastisch verwitterten Devongesteinen und periglazial eingearbeitetem allochthonem Moränenmaterial;

▸ petrographisch inhomogene **marine Sedimente** mit häufig guter Sortierung in kiesig-sandige Abfolgen (Strandwallfazies mit Dominanz der Korngrößengruppe > 0,2 mm) und schluffig-tonige Serien (Lagunenfazies);

▸ **Grundmoräne und autochthoner Frostschutt** über anstehenden Red Bay-Sandsteinen. Petrographisch inhomogene Sedimente unterschiedlicher Mächtigkeit mit teilweise hohen Skelettanteilen;

▸ Grob- und feinklastische **fluviale und glazifluviale Sedimente**. Häufig haben diese jungen Ablagerungen ältere marine oder periglaziale Sedimente überprägt.

Die sedimentologischen Eigenschaften der verschiedenen Ausgangssubstrate sind von größter Bedeutung für die Art und Intensität der rezenten Geomorphodynamik und für das Ausmaß der in situ-Verwitterung (s. 4.4 bis 4.6).

4.4 Rezente Geomorphodynamik

Die vergleichsweise geringe Resistenz der devonischen Sedimentgesteine gegenüber kryoklastischen Verwitterungsprozessen hat zur Folge, daß die Sedimentgesteine mechanisch bis zur Grobtonfraktion aufbereitet werden können. Wegen der hohen Feinsand- und Schluffgehalte können die Verwitterungsprodukte sehr viel Feuchtigkeit aufnehmen und sind entsprechend anfällig gegenüber periglazialen oder fluvialen Verlagerungsprozessen.

Vergleicht man die rezente periglaziale Geomorphodynamik in der Frostschuttzone mit der Dynamik der Tundrenzone so scheint letztere über weite Bereiche geomorphologisch sehr stabil zu sein. Die klassischen - von BÜDEL (1960) in Südost-Spitzbergen bearbeiteten - aktiven Solifluktions- und Kryoturbationsprozesse sind im Arbeitsgebiet erst oberhalb von 250 m.ü.M. wirksam. Vergleichbare Beobachtungen machte HEINRICH (1990) in der kanadischen Arktis. Innerhalb der Tundrenzone sind entsprechende Formen meist überwachsen und gegenwärtig inaktiv. Durch ^{14}C-Datierungen von vier fossilen Humushorizonten (Stirnbereich überwachsener Fließzungen in 100 bis 200 m.ü.M. am Hang östlich des Beinbekken vgl. Bodenkarte, Blatt 2) wird diese Vermutung bestätigt. Die ermittelten Alterswerte erreichen 1200, 675, 585 und 470 ± 75 y BP[*]. Eine mögliche Ursache der gegenwärtigen Stabilität könnte in einer Zunahme der sommerlichen Auftautiefe und damit verbesserter Drainage gesehen werden (vgl. BIBUS et al. 1976: 37, sowie Kap. 7).

Rezent aktive **kryoturbate Prozesse** bleiben innerhalb der Tundrenzone auf feinmaterialreiche Verebnungen oder flache Mulden beschränkt, die ausreichend mit Wasser versorgt

----

[*] Die für die Altersbestimmung erforderliche Präparation, Aufbereitung und Datierung erfolgten im Radiokarbonlabor des Geographischen Instituts der Universität Zürich.

werden (z.B. aus Nivationsnischen). Betroffen sind davon aber auch feinklastische marine Sedimente der Lagunenfazies (s. 4.6.2). **Fluviale** und **glazifluviale** Prozesse sind an aktive Schwemmfächer und Sanderflächen gebunden. In diesen Bereichen ist besonders im späteren Sommer verstärkt äolische Auswehung zu beobachten.

Die Bereitstellung großer Feinmaterialmengen in der Frostschuttzone hat zur Folge, daß durch **abluale, flächenhafte Spülprozesse** (s. LIETDKE 1980, 1992) sehr viel Feinmaterial aus der Frostschuttzone in den Bereich der Tundra transportiert und dort abgelagert wird. Auf diese Weise wird Feinmaterial aus amorphen Solifluktionsdecken oder frischen Fließ-zungen rasch ausgespült und hangabwärts verlagert. Besonders wirksam ist die Abluation während der frühsommerlichen Schneeschmelze. Im Arbeitsgebiet D (Kapp Kjeldsen, s. Abb. 1) wurden im Sommer 1991 bis zu 20 cm mächtige Feinmaterialakkumulationen auf der Tundravegetation beobachtet, die eindeutig das Ergebnis der vorangegangenen Schnee-schmelze darstellten (s. Photo 1). In Südostspitzbergen konnte SEMMEL (1969: 47) auf Tonschieferhängen ebenfalls eine sehr wirksame oberflächliche Abspülung nachweisen. Während der sommerlichen Auftauperiode des "active layer" fallen große Mengen Wasser an, die sedimentbefrachtet - zunächst meist in Form von Drainage- oder Rinnenspülung -

Photo 1: Ablual überschüttete Oberfläche im Bereich der Wood Bay-Gesteine. Die Korngröße des akkumulierten Materials besteht vorwiegend aus Feinsand und Schluff (vgl. auch Photo 13).

abfließen und sich an geeigneten Stellen über die Oberfläche verteilen. Dabei kommt es lokal zu periodischen Überflutungen und zu Millimeter bis Zentimeter mächtigen Feinmaterialablagerungen. Auch subkutane Drainagespülung dürfte an den Hängen eine nicht zu unterschätzende Rolle spielen (s. BÜDEL 1987: 61; SEMMEL 1985).

Geneigte Flächen unterhalb perennierender Schneefelder, die über den ganzen Sommer hinweg die notwendige Feuchtigkeit liefern, weisen verstärkt abluale Überprägungen auf (Photo 7 u. Abb. 14). Während an den Mittelhängen - insbesondere im Übergangsbereich der Tundra zur Frostschuttzone - die denudative Abluation überwiegt, findet an den Unterhängen die Akkumulation (akkumulative Abluation, vgl. LIEDTKE 1980) des schluffig-sandigen Materials statt (s. Abb. 4). Die ablual geprägten Flächen werden durch ein Netz von kleineren Abflußrinnen geprägt, die das oberflächlich abfließende Wasser zu einem gewissen Teil sammeln, ohne daß es dabei jedoch zu nennenswerter linearer Erosion kommt. Generell sind abluale Prozesse kennzeichnend für die periglaziale Hangformung in weiten Teilen der Polargebiete (stellv. WILKINSON & BUNTING 1975; STÄBLEIN 1987). Außerhalb der Frostschuttzone ist die Abluation, im Bereich der devonischen Sedimentgesteine der Germaniahalvöya und Kronprinshögda, gegenwärtig für die intensivsten Materialverlagerungen verantwortlich. Dieser Prozeß hat für Bodenbildung und Verwitterung in diesen Gebieten eine entsprechend große Bedeutung (s. 4.6.1). Die Vegetation wird nur dann durch abluale Prozesse geschädigt, wenn die Verschüttung sehr mächtig ist, ansonsten können sich die Pflanzen - unterstützt von Windwirkung - sehr rasch von der Feinmaterialdecke befreien resp. hindurchwachsen. Auf diese Weise wird eine geomorphologische Stabilität der Standorte vorgetäuscht, die oft nur wenige Jahre andauert (s. HEINRICH 1990: 140).

Wie Untersuchungen von DIONNE (1992) zeigen, können erhebliche Materialtransporte aus bereits ausgeaperten steileren Reliefpartien über noch schneebedeckte tieferliegende Bereiche erfolgen. Durch Sulzströme (s. BARSCH et al. 1992: 239) findet ebenfalls ein beachtlicher Materialtransport statt, was besonders während des Frühsommers 1992 im Arbeitsgebiet beobachtet werden konnte. Solche Sedimente gelangen erst nach Abschmelzen der Schneedecke auf die Bodenoberfläche. Feinmaterialtransporte über eine noch vorhandene Schneedecke erklären auch die räumlich und zeitlich sehr unterschiedlichen Akkumulationsraten (s. WILKINSON & BUNTING 1975).

Auch wenn die geomorphologische Bedeutung **äolischer Prozesse** im Arbeitsgebiet eher gering ist, spielen Deflation und äolische Akkumulation für die Pedogenese eine nicht zu unterschätzende Rolle (s. RICKERT & TEDROW 1967; VAN VLIET-LANÖE & HEQUETTE 1987 sowie 4.6 u. 6.4).

Die von Relief, Substrateigenschaften und Auftautiefe gesteuerte Geomorphodynamik ist von entscheidender Bedeutung für die Verbreitung und Genese der Böden (s. UGOLINI 1986a: 109). Sieht man von kleinräumigen Differenzierungen innerhalb der jeweiligen Einheiten ab, so lassen sich im Untersuchungsgebiet - in Anlehnung an die Relief- und Substrateinheiten - folgende Bereiche unterschiedlich aktiver Geomorphodynamik abgrenzen (vgl. Abb. 4):

▸ **Bereiche mäßiger bis intensiver periglazialer Geomorphodynamik.** Abluation und Rinnenspülung vorwiegend an flachen bis mäßig geneigten Hängen (teilweise bis zur Küste wirksam). Besonders ausgeprägt zusammen mit amorpher Solifluktion im Übergang zur Frostschuttzone. Lokal auch aktive Kryoturbation;

▸ **kleinräumiger Wechsel stabiler und instabiler Standorte.** Skelettreichere gut drainierte Standorte weitgehend stabil, in feinkörnigen glazigenen oder marinen Sedimenten dagegen aktive Kryoturbation, vereinzelt Abluation;

▸ geomorphologisch **weitgehend stabile Bereiche** auf marinen Grobsedimenten oder geringmächtiger Grundmoräne über anstehendem Festgestein. Gut drainierte, trockene Einheiten;

▸ **intensive fluviale und glazifluviale Geomorphodynamik** im Bereich aktiver Schwemmfächer und Sander.

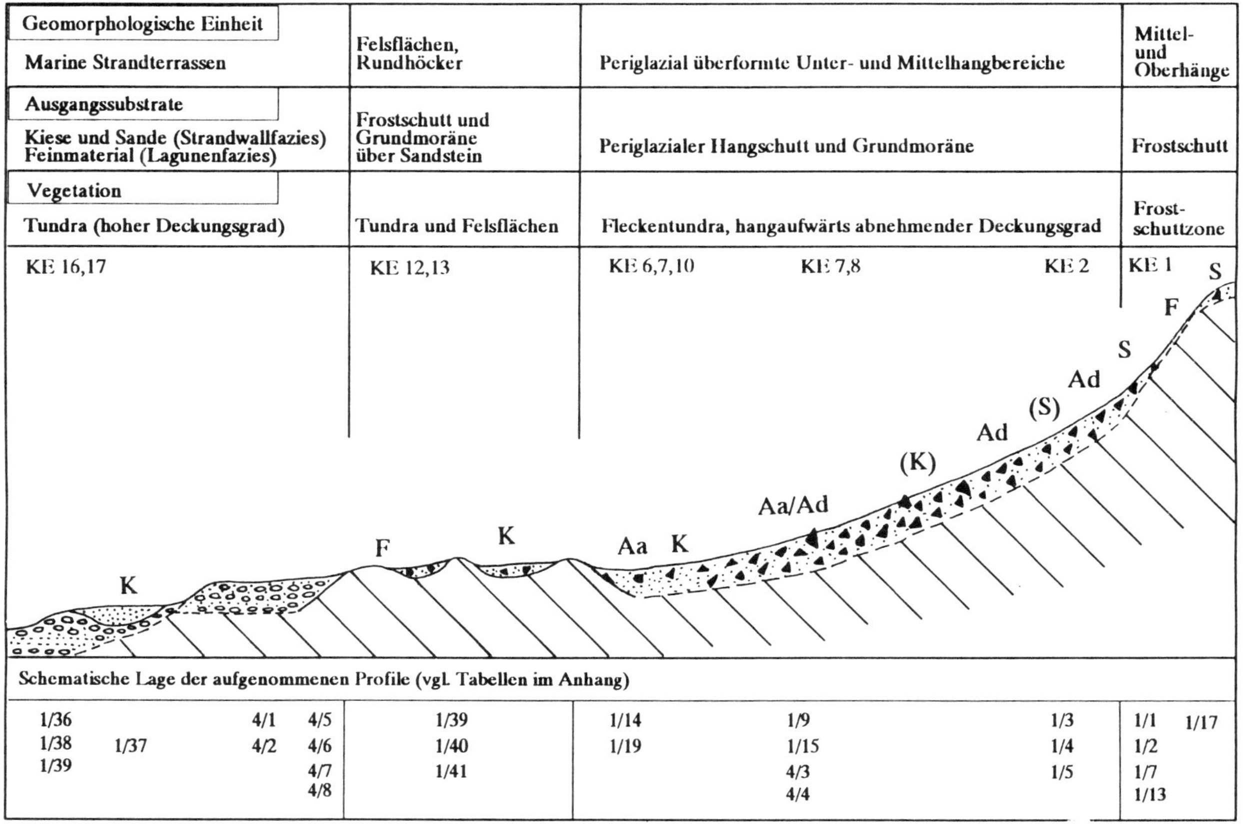

49

Geomorphologische Einheit			
Marine Strandterrassen	Felsflächen, Rundhöcker	Periglazial überformte Unter- und Mittelhangbereiche	Mittel- und Oberhänge
Ausgangssubstrate			
Kiese und Sande (Strandwallfazies) Feinmaterial (Lagunenfazies)	Frostschutt und Grundmoräne über Sandstein	Periglazialer Hangschutt und Grundmoräne	Frostschutt
Vegetation			
Tundra (hoher Deckungsgrad)	Tundra und Felsflächen	Fleckentundra, hangaufwärts abnehmender Deckungsgrad	Frost-schuttzone
KE 16,17	KE 12,13	KE 6,7,10 · KE 7,8 · KE 2	KE 1

Schematische Lage der aufgenommenen Profile (vgl. Tabellen im Anhang)

K: 1/36 · 1/38 1/37 1/39 · 4/1 4/5 4/2 4/6 4/7 4/8

F: 1/39 1/40 1/41

K: 1/14 1/19

Aa/Ad: 1/9 1/15 4/3 4/4

Ad (S): 1/3 1/4 1/5

F / S: 1/1 1/17 1/2 1/7 1/13

Abb. 4: Schematisiertes Idealprofil im Bereich der devonischen Sedimentgesteine. K = kryoturbat aktive Bereiche, F = kryoklastische Gesteinsverwitterung, Aa = abluale Akkumulation, Ad = denudative Abluation, S = Solifluktion. KE = Kartiereinheiten der Bodenkarte.

4.5 Differenzierung lithogener und pedogener Bodenmerkmale

Eine korrekte Bodenansprache sowie die kartographische Ausweisung unterschiedlicher Bodengesellschaften setzt voraus, daß pedogen bedingte Veränderungen in den Bodenprofilen erkannt und von primären lithogenen Merkmalen unterschieden werden können. Letztere können dabei ursprünglich paläogeographisch durchaus pedogen gebildet worden sein (z.B. hämatitisches Eisen der Devongesteine), bezüglich der jüngeren geologischen Vergangenheit müssen sie jedoch als lithogene Komponenten angesehen werden (STANJEK 1990). Eine genaue Prüfung der analytisch ermittelten Kennwerte und ihrer Aussagekraft ist vor allem deswegen notwendig, da unter hochpolaren Klimabedingungen zunächst nur von initialen Verwitterungsprozessen ausgegangen werden kann. Zudem sind die Erfahrungen mit der Anwendung vieler bodenkundlicher Analysemethoden in solchen Gebieten noch sehr gering. Dies gilt prinzipiell auch für die nichtdevonischen Ausgangssubstrate des Untersuchungsgebietes, doch treten besonders im Bereich der Sedimentgesteine Probleme bei der Unterscheidung pedogener und lithogener Bodenmerkmale auf (s. 4.5.2).

Um Bodenbildungen von reinem Frostschutt abzugrenzen, wird in diesem Zusammenhang nur dann von "Boden" gesprochen, wenn eine zumindest minimale Akkumulation organischen Materials festzustellen ist (SCHEFFER & SCHACHTSCHABEL 1992). Gemäß dieser Definition treten erste pedogene Veränderungen des Ausgangssubstrates gemeinsam mit initialem Pflanzenwuchs auf. Wie bereits ausgeführt wurde (s. 3.4), werden daher humusfreie, vegetationslose Strukturformen der Frostschuttzone oder kryogene Sortierungen nicht als Böden aufgefasst. Es ist aber zu berücksichtigen, daß diese Prozesse nachfolgende pedogene Horizontbildungen beeinflussen. Geht man davon aus, daß auch ohne makroskopisch sichtbare organische Komponenten noch Mikroorganismen aktiv sind, so kann die Bodendefinition weiter gefasst werden. Ein Beispiel dafür sind Verwitterungserscheinungen in eisfreien, kontinental geprägten Gebieten der Antarktis (vgl. CLARIDGE & CHAMPBELL 1982; CAMPBELL & CLARIDGE 1987).

Die physikalischen Eigenschaften der Bodenprofile - insbesondere die Korngröße - werden meist nicht unmittelbar von der Petrographie der jeweils anstehenden Gesteine, sondern von der quartären Substratgenese bestimmt (s. 4.3 u. 4.6 sowie Abb. 23). Vor allem durch kryoturbate, abluale oder kryoklastische Prozesse kam und kommt es zu einer Kornverkleinerung, Sortierung und Materialverlagerung. Die kryogene Fraktionierung verbessert zunächst durch Feinmaterialbereitstellung die Angriffsmöglichkeit für chemische Verwitterungsprozesse, doch können nachfolgend in feinmaterialreichen Substraten Turbationen einsetzen, die bereits vorhandene pedogene Horizonte wieder zerstören (s. TEDROW 1968; BOCKHEIM 1980a: 64).

Häufig zeigt die Skelettfraktion Feinmaterialüberzüge, die durch laterale Drainagespülung oder vertikale Perkolation zu erklären sind. Diese Dynamik wurde in arktischen Böden bereits mehrfach nachgewiesen und untersucht (stellv. BUNTING & FEDOROFF 1973; FORMAN & MILLER 1984). Besonders in gut drainierten Substraten läßt sich diese Materialverlagerung feststellen, die vielfach als wichtiger initialer Bodenbildungsprozess angesehen wird (UGOLINI 1986b). Das Feinmaterial kann sowohl kryoklastisch im Profil bereitgestellt oder aber ablual bzw. äolisch zugeführt werden. Der Transport des Feinmaterials erfolgt in grobporenreichen Substraten meist durch rasche Perkolation, zum Teil auch in Suspension (UGOLINI 1986b; BOCKHEIM & UGOLINI 1990: 60). Materialverlagerungen im Zuge von Frost- und Auftauprozessen spielen ebenfalls eine Rolle (HARRIS 1984). Aufgrund dieser unterschiedlichen Entstehungsmöglichkeiten und kleinräumig sich ändernder Drainagebedingungen ist die Feinmaterialakkumulation im Bodenprofil jedoch meist kein sehr aussagekräftiger bodengenetischer Indikator (s. LOCKE 1985: 344).

Ebenso wie die physikalischen Eigenschaften wird auch der Chemismus und die mineralische Zusammensetzung der Ausgangssubstrate nicht nur von den anstehenden Gesteinen bestimmt (s. 4.3). Anteilsmäßig sind diese jedoch in den quartären Deckschichten meist dominant vertreten. Bereits initiale chemische Verwitterungsprozesse führen zu Veränderungen im Ausgangssubstrat, die sich analytisch nachweisen lassen. Makroskopisch sind solche schwach entwickelten Merkmale jedoch meist nicht feststellbar. Die Dekarbonatisierung im oberen Profilbereich ist unter humiden Bedingungen ein erster Hinweis auf pedochemische Veränderungen. Damit verbunden ist eine Abnahme des pH-Wertes. Folglich war zunächst zu prüfen, ob sich solche initialen Verwitterungsmerkmale in den Böden des Arbeitsgebietes nachweisen lassen (s. 4.5.1).

Die von TEDROW & HILL (1955) erstmals untersuchten "Arktischen Braunerden" (arctic brown soils) werden häufig als die Klimaxbodenbildung der Arktis bezeichnet (stellv. STÄBLEIN 1977a). Voraussetzung für die Genese dieser Böden ist eine in situ-Verbraunung und Ausbildung eines A-B-C-Profiles (s. 4.5.2). Von Interesse ist darüber hinaus die Frage, ob sich in den untersuchten Bodenprofilen eine möglicherweise mineralspezifische Silikatverwitterung nachweisen läßt (s. 4.5.3).

Die Abgrenzung pedogener und lithogener Bodenmerkmale erfolgt an dieser Stelle zunächst unter Ausklammerung der Frage nach der zeitlichen Einordnung der Verwitterungsbildungen bzw. der rezenten Wirksamkeit pedogener Prozesse (s. dazu 6.4 u. 7.4).

4.5.1 Karbonatgehalt und pH-Wert

Die devonischen Sedimentgesteine enthalten in Form von Kluftfüllungen oder Bindemittel zum Teil deutliche Karbonatanteile (s. Tab. 5). Bei ausreichender Feuchtigkeit und geomorphologisch stabilen Verhältnissen müßte sich als initiale Stoffverlagerung eine Karbonatabfuhr feststellen lassen (vgl. MANN et al. 1986; UGOLINI 1986a). In den meisten Bodenprofilen des Arbeitsgebietes ist zumindest eine schwache Dekarbonatisierung nachzuweisen. Bei geringeren Karbonatgehalten des Ausgangssubstrates zeigt das Verhalten des pH-Wertes im Tiefenprofil initiale pedogene Stoffveränderungen besser an. Meist ist ein pH-Wert-Anstieg mit zunehmender Profiltiefe festzustellen (s. Tab. A2.1 - A2.3 im Anhang). In chemisch nicht verändertem Wood Bay-Frostschutt wurden $CaCO_3$-Gehalte bis 5,7% und pH-Werte ($CaCl_2$) bis über 7,5 festgestellt. Die Cv-Horizonte der untersuchten Bodenprofile weisen im Gelände oft eine sichtbare HCl-Reaktion auf (z.B. Profil 4/3, Tab. A2.2). In den Oberböden sinkt der pH-Wert nur vereinzelt unter 6,0 ab. Periglaziale Sedimente, die über größere Strecken transportiert, mit Fremdmaterial vermischt oder auch mehrfach umgelagert wurden, zeigen häufig nur noch sehr geringe Karbonatgehalte.

Eine besonders ausgeprägte Entkalkungsgrenze ist in Böden aus marinen Sedimenten festzustellen (s. 4.6.2). Durch karbonatische Muschelbruchstücke im Ausgangsmaterial läßt sich die Tiefenwirkung der Dekarbonatisierung in diesen Profilen bereits im Gelände gut nachweisen. So sind die A- und B-Horizonte meist frei von Muschelresten, während die Cv-

Horizonte diese oft noch reichlich enthalten. Entsprechend sprunghaft ist auch der Anstieg des pH-Wertes an der Bv-Cv-Grenze ausgebildet (vgl. Tab. A2.2 im Anhang, z.B. Profile 4/5 bis 4/8). Die inhomogene Verteilung von Muscheln in den marinen Sedimenten hat zur Folge, daß sehr unterschiedliche Karbonatgehalte (2 bis > 10%) auftreten.

Eine Interpretation der pH-Werte kann in Zusammenhang mit anderen Analysen dahingehend erfolgen, daß deutliche pH-Wert-Anstiege mit zunehmender Profiltiefe auf eine Stabilität der Standorte hinweisen. Ein sprunghafter pH-Wert-Anstieg im unteren Profilbereich kann jedoch auch auf eine veränderte Auftautiefe oder Mehrschichtigkeit des Profils zurückzuführen sein, was durch mineralogische Analysen zu prüfen ist. Höhere pH- oder Karbonatwerte in den oberen bzw. die Abnahme der Werte in tieferen Profilbereichen sind ebenfalls Hinweise auf Schichtigkeit oder fossile Bodenhorizonte, häufig bedingt durch abluale Überprägung (vgl. Profil 1/9, 1/14, 1/37 Tab. A2.1 - A2.2). Durch aktive Kryoturbation können solche Schichtgrenzen allerdings auch wieder zerstört werden.

Die Dekarbonatisierung ist ein initiales Verwitterungsmerkmal der im Arbeitsgebiet vorherrschenden mäßig bis gut drainierten Böden (vgl. FORMAN & MILLER 1984). Hinweise auf pedogene Karbonatanreicherungen in Oberflächennähe wurden im Arbeitsgebiet nicht gefunden. In tieferen Profilbereichen (Cv-Horizonte) gut drainierter Standorte weisen Teile der Skelettfraktion auf ihrer Unterseite oft dünne, karbonatische Überzüge auf. Diese sind meist das Ergebnis der Entkalkung im Oberboden. Lokal kann jedoch auch die laterale Zufuhr karbonathaltiger Wässer eine gewisse Rolle spielen.

4.5.2 Lithogene und pedogene Eisenoxide

Eine nennenswerte Neubildung oxidischer Eisenverbindungen setzt im allgemeinen die Entkalkung des Ausgangssubstrates und ein Absinken des pH-Wertes unter 7,0 voraus (SCHEFFER & SCHACHTSCHABEL 1992: 372). Die Substratfarbe, die unter gemäßigten und feuchtwarmen Klimabedingungen als guter Indikator für die Form der pedogenen Eisenoxidbildung gilt (SCHWERTMANN 1988, 1990), kann im Bereich der Devongesteine selten für den Nachweis solcher Neubildungen herangezogen werden. Aufgrund der intensiven Eigenfarbe der Sedimentgesteine (Munsell-Farben 2,5YR und 5YR für die Wood Bay-

Gruppe und 7,5YR bis 10YR für die Red Bay-Gruppe) weisen fast alle Sedimente und Bodenprofile rötliche und bräunliche Farben auf. Besonders die intensiv roten Farben der Wood Bay-dominierten Substrate verhindern den makroskopischen Nachweis einer eventuell vorhandenen in situ Verbraunung. Häufig täuscht die lithogene Färbung eine intensivere Verbraunung vor, die sich mikromorphologisch und mineralogisch nicht bestätigen läßt (s. Abb. 8, Photo 2 u. 3). Folglich kann die Unterscheidung von scheinbar verbraunten Profilen und Braunerden im Bereich der Devongesteine meist erst auf analytischem Wege erfolgen. Nur in intensiver verwitterten Profilen auf marinen Lockersubstraten lassen sich vorhandene Bv-Horizonte auch makroskopisch erkennen (s. Photo 10).

4.5.2.1 Bodenchemische Bestimmung der Eisenoxide

Die Kennzeichnung der pedogenen Eisenoxide erfolgt üblicherweise mit Hilfe der Oxalat- und Dithionitmethode (s. 3.3.1), die in Böden gemäßigter Klimate bei weitgehend homogenem Ausgangsmaterial brauchbare Ergebnisse liefern (stellv. SCHWERTMANN 1985; BLUME 1988). Während durch die Oxalat-Extraktion überwiegend schlecht kristallisierte, röntgenamorphe Eisenoxide (Ferrihydrit) gelöst werden, erfolgt im Dithionit-Extrakt die Lösung aller pedogenen Oxide (SCHWERTMANN 1959, 1964, SCHLICHTING & BLUME 1966; FISCHER 1976). Der Quotient aus oxalatlöslichem [Fe(o)] und dithionitlöslichem Eisen [Fe(d)] wird häufig als Maß für den Kristallisationsgrad der Eisenoxide und als Indikator für das Alter einer Bodenbildung verwendet (SCHWERTMANN 1964). Je höher dieser Aktivitätsquotient ist, um so höher ist der Anteil schlecht kristallisierter Fe-Oxide. Entsprechende Böden werden als junge Bildungen angesehen.

Beide Extraktionsmethoden sowie die Genese, Transformation und Verbreitung pedogener Eisenoxide wurden unter außerpolaren Klimabedingungen bereits intensiv untersucht (stellv. SCHWERTMANN 1988). So ist auch bekannt, daß bei Ausgangsubstraten, die lithogen bereits oxidisch gebundenes Eisen enthalten, Fehler bei der Dithionitmethode auftreten (GIMÉNEZ & JARITZ 1966: 34; BORGGAARD 1988: 93). Dieser methodische Fehler fällt besonders dann ins Gewicht, wenn der Anteil sekundär gebildeter Eisenoxide vergleichsweise gering ist, gegenüber dem Anteil lithogener Eisenoxide. Unter den klimatischen Bedingungen des Arbeitsgebietes ist dies im Bereich der devonischen Sedimentgesteine der

Fall. Die Gesteine der Wood Bay-Gruppe enthalten sehr viel Hämatit, der sich bereits ohne Anreicherung röntgenographisch nachweisen läßt (s. 4.1) und der für die intensive Färbung (2,5YR bis 5YR) der Gesteine bzw. Lockersubstrate verantwortlich ist. In den Gesteinen der Red Bay-Gruppe sind neben Hämatit besonders limonitische Erze enthalten, die als opake Komponenten in Mineralpräparaten und Dünnschliffen auftreten (s. MÖLLER 1991).

Die chemisch ermittelten Eisenwerte erlauben allein keine ausreichende Interpretation des Verwitterungsgrades. Ihr Aussagewert bezüglich pedogener Veränderungen im Bodenprofil läßt sich wie folgt zusammenfassen:

Die **Oxalatbehandlung** von Frostschuttproben und feingemahlenen Siltsteinen belegt, daß auch aus pedogen nicht veränderten Substraten etwas Fe(o) extrahiert wird (s. BORGGAARD 1988 u. Tab. A2.1, Profil 1/7, 1/17). In Testreihen ausgewählter Proben zeigte sich auch nach zweimaliger Extraktion immer noch eine geringfügige Freisetzung von Fe(o). Dies ist ein Hinweis darauf, daß auch besser kristallisierte Eisenoxide teilweise gelöst werden (WEBER & BLÜMEL 1992). Allerdings liegen die Oxalatwerte unverwitterter Sedimente doch deutlich unter denjenigen der Bodenhorizonte (s. Abb. 6). Wenngleich also die Oxalat-extraktion - aufgrund mangelnder Selektivität - Werte liefert, die nicht ohne Einschränkung interpretiert werden können, sind diese doch recht brauchbare Indikatoren für den Nachweis pedogener, amorpher Eisenoxidbildung. Dies gilt auch für vergleichsweise inhomogene Ausgangssubstrate, da die meisten Gesteine amorphe, schlecht kristallisierte Eisenoxide nur in sehr geringen Prozentsätzen enthalten (s. BLUME & SCHWERTMANN 1969).

Durch die **Dithionit-Extraktion** werden lithogene ("fossile pedogene") Eisenoxide mit-extrahiert, wodurch stark verfälschte "pedogene" Eisenwerte ermittelt werden. Zu Test-zwecken wurden mehrere feingemörserte Frostschuttproben einer Dithionitextraktion unter-zogen. Die Fe(d)-Werte erreichten dabei die gleiche Größenordnung wie bei Bodenproben (s. Profile 1/1.5, 1/7, 1/13 in Tab. A2.1 im Anhang). Die extrahierte Fe(d)-Menge hängt weniger vom Verwitterungsgrad, sondern vor allem von der Korngröße des vorwiegend devo-nischen Ausgangsmaterials ab. So zeigen etwa Proben mariner Grobsedimente selbst in Bv-Horizonten deutlich niedrigere Fe(d)-Werte, als schluff- und tonreiche Proben weitgehend unverwitterter, periglazialer Ausgangssubstrate (s. Abb. 5). Es ist offensichtlich, daß in

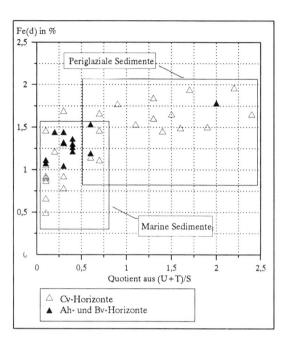

Abb. 5:

Korngröße (dargestellt als
Quotient aus (U + T)/S) und
Fe(d)-Gehalt in Boden- und
Frostschuttproben aus vorwiegend devonischem Aus-
gangsmaterial (s. Tab. A1.1
bis A1.3 und A2.1 bis A2.3
im Anhang). Der Fe(d)-Gehalt
zeigt eine deutliche Abhängigkeit von der Korngröße.

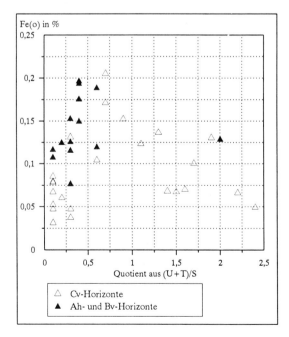

Abb. 6:

Korngröße (dargestellt als
Quotient aus (U + T)/S) und
Fe(o)-Gehalt der Proben aus
Abb. 5 (s. Tab. A1.1 bis
A1.3 und A2.1 bis A2.3).
Die Oxalatwerte eignen sich
offensichtlich besser für
den Nachweis pedogener Ei-
senoxidbildungen.

57

feinkörnigeren Sedimenten eine größere Oberfläche mit dem Extrakt in Berührung kommt und entsprechend mehr lithogenes Eisen in Lösung geht. Zu berücksichtigen ist auch, daß die primären Eisenoxide überwiegend feinverteilt in der schluffreichen Matrix und als Pigmente auf Kornoberflächen (z.B. Hämatitüberzüge auf Quarzkörnern, s. Photo 4) auftreten.

Die Fe(d)-Absolutwerte sind daher in ihrer Aussage bezüglich des Verwitterungsgrades nicht interpretierbar. Interessant sind lediglich sprunghafte Veränderungen der Fe(d)-Werte im Profilverlauf, die - sofern kein Substratwechsel die Ursache ist - pedogen bedingt sein können (vgl. Profile 4/5 bis 4/8 Tab. A2.2). Diese Interpretation ist vor allem dann zulässig, wenn parallel dazu eine gleichgerichtete Veränderung der Fe(o)-Werte festzustellen ist. Der relative Anstieg der Fe(o)-Werte ist in Braunerdeprofilen deutlich höher, als derjenige der Fe(d)-Werte. In Profil 7/3 liegt der Fe(d)-Gehalt im Cv-Horizont - aufgrund eines Substratwechsels (Bv = Ls2, IICv = Lt2) - sogar höher als im Bv-Horizont, während der Fe(o)-Wert im Bv-Horizont die erwartete Zunahme zeigt (s. Abb. 7 und Tab. A1.3 im Anhang).

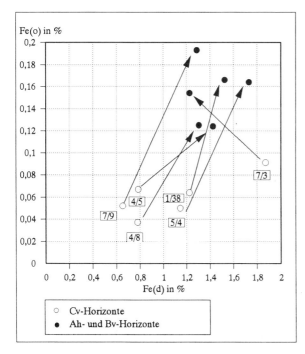

Abb. 7:

Gegenüberstellung der Fe(o) und Fe(d)-Werte von Bv- und Cv-Horizonten in Braunerden (Gelic Cambisols). Alle Profile sind in quartären Lockersedimenten(vorw.WoodBay-Material) entwickelt. Ein Schichtwechsel (höherer Feinmaterialgehalt des Cv-Horizontes) ist für das ungewöhnliche Ergebnis im Profil 7/3 verantwortlich.

Obwohl die Problematik der Fe(d)-Bestimmung beim Einfluß von Sedimentgesteinen im Ausgangssubstrat bekannt ist (stellv. BLUME & SCHWERTMANN 1969; BORGGAARD 1988),
wird diese Methode häufig ohne Überprüfung durch mikromorphologische Analysen eingesetzt. Wann immer mit dem Einfluß von Sedimentgesteinen bzw. lithogenen Eisenoxid-
gehalten gerechnet werden muß, und zudem nur geringe Verwitterungsraten zu erwarten sind,
können die Fe(d)-Absolutwerte und die aus ihnen errechneten Aktivitätsquotienten nicht für
pedogenetische Aussagen verwendet werden. Die Fe(d)-Werte liefern in solchen Fällen keine
Hinweise auf die Intensität oder das Alter der Bodenbildung, wie dies in Bereichen ohne
Einfluß lithogener Eisenoxide der Fall ist (s. BOCKHEIM 1980a: 60; BOCKHEIM &
UGOLINI 1990: 59).

4.5.2.2 Mikromorphologische Untersuchungen

Im Folgenden werden die typischen Merkmale eines Cv- und eines Bv-Horizontes anhand
zweier Dünnschliffauswertungen aus dem Bereich der Wood Bay-Gruppe exemplarisch erläutert. Aus Gründen der Übersichtlichkeit wurden die wesentlichen Merkmale der Photos
2 und 3 herausgezeichnet (s. Abb. 8 u. 9).

Der Cv-Horizont des Regosols (Profil 4/3.2, s. Tab. A1.2, Abb. 8 und Photo 2) wird
charakterisiert durch eine rötlichbraune, stellenweise fast opake feinkristalline Matrix
(2,5YR3/4), in der verschiedene Minerale und Gesteinsbruchstücke eingebettet sind. Quarze
und quarzitische Körner weisen diagenetisch bedingte Korrosionsbuchten auf, in denen hämatitische Eisenpigmente angelagert sind (s. 4.1 u. Photo 4, vgl. ADAMS et al. 1986: 23).
Nicht korrodierte, transparente und oft splittrige Quarze sind auf periglazial eingearbeitetes
kristallines Material zurückzuführen (s. 4.3). Auch die frischen Biotit- und Plagioklas-
Phänokristalle entstammen nicht den Wood Bay-Gesteinen. In der feinkörnigen Matrix finden
sich weitere allochthone Leicht- und Schwerminerale aber auch Gneis- und Glimmerschiefer-
bruchstücke der Hecla Hoek Gesteine. Die Wood Bay-Gesteinsfragmente enthalten große
Mengen an feinkristallinem Muskovit bzw. Sericit, Quarz- und Feldspatmikrokristalle sowie
opake Einschlüsse. Weder in der feinkörnigen Matrix noch auf den Oberflächen der Einzel-
minerale sind pedogene Eisenoxid-Neubildungen erkennbar, wie dies aus den chemisch ermittelten Eisenwerten möglicherweise abgeleitet werden könnte (s. 4.5.2.1).

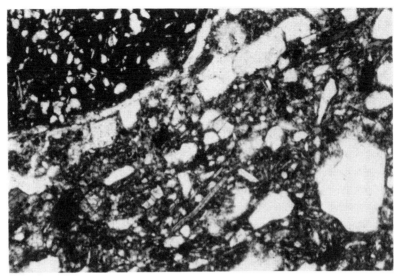

Photo 2: Dünnschliffaufnahme aus dem Cv1-Horizont von Profil 4/3 (vgl. Abb. 8 u. Photo 9). Die Bildunterkante entspricht ca. 1,0 mm. Die feinkörnige Matrix enthält lithogenen Hämatit, eine pedogene Eisenoxidbildung (s. Kornränder) ist nicht erkennbar.

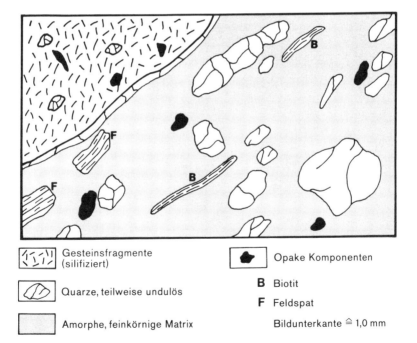

Gesteinsfragmente (silifiziert)

Quarze, teilweise undulös

Amorphe, feinkörnige Matrix

Opake Komponenten

B Biotit

F Feldspat

Bildunterkante ≙ 1,0 mm

Abb. 8: Schematisierte Dünnschliffzeichnung aus dem Cv1-Horizont von Profil 4/3 (s. Photo 2). Die in der Matrix eingeschlossenen Minerale lassen keine nennenswerte pedogene Alteration erkennen (vgl. Bodenkennwerte des Profils in Tab. 7).

60

In Abbildung 9 ist die mikromorphologische Auswertung eines Bv-Horizontes (Profil 5/4, s. Photo 3) dargestellt. Es handelt sich um einen ablual überprägten, marinen Standort, der aufgrund einer Beimengung vulkanischen Materials, überdurchschnittlich stark verbraunt ist (s. 4.6.3). Die Korngröße des Horizontes ist infolge der ablualen Überprägung recht inhomogen (Sl bis Lt3, s. Tab. A1.3). Die pedogenen Eisenoxide lassen sich in diesem Profil gut von der lithogenen hämatitischen Komponente unterscheiden. Sie treten als orangebraune, isotrope bis leicht pleochroitische, gelartige Substanzen und als schichtige Ablagerungen an Kornoberflächen in Erscheinung (s. EBERLE & BLÜMEL 1992). Es handelt sich überwiegend um amorphe, teils auch goethitische Bildungen. In allen untersuchten Braunerden (stellv. Profil 4/5, 7/9 vgl. Abb. 18, Tab. 8 u. Photo 10) lassen sich diese pedogenen Merkmale - wenn auch nicht in der Intensität wie im Profil 5/4 - mikromorphologisch nachweisen (Lage und Kennwerte des Profils 5/4 s. 4.6.3).

Die Neubildung pedogener Eisenoxide ist möglicherweise zum Teil auf Kosten des primären Hämatits erfolgt. Lithogener Hämatit kann nach Untersuchungen von SCHWERTMANN (1985, 1988) in feuchtkalten Klimaten über Ferrihydrit zu Goethit transformiert werden. Bei dieser Umwandlung des Hämatits spielen neben Feuchtigkeit, Temperatur und pH-Milieu auch organische Komplexbildner eine wichtige Rolle. Eine direkte Umwandlung von Hämatit in Goethit ist dagegen nicht möglich (vgl. SCHWERTMANN & MURAD 1983; SCHWERTMANN 1988).

Auch in Streupräparaten kann eine Unterscheidung lithogener und pedogener Eisenoxide erfolgen. Besonders an Quarzkörnern lassen sich primäre und sekundäre Eisenoxidbeläge gut differenzieren. Eine weitergehende Bestimmung der Eisenoxide mit Hilfe ihrer optischen Eigenschaften ist jedoch kaum möglich (s. Photo 4 und 5). Eventuell vorhandene hydromorphe Merkmale können im Dünnschliff gleichfalls nachgewiesen werden. Die mikromorphologischen Untersuchungen erlauben zwar eine bessere Interpretation der bodenchemisch ermittelten Eisenwerte, sie geben jedoch keine Hinweise auf die zeitlichen Stellung der Verwitterungsmerkmale bzw. die rezente Wirksamkeit von Verbraunungsprozessen (s. 7.4).

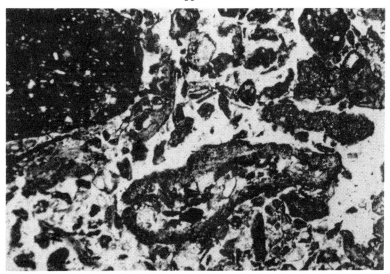

Photo 3: Dünnschliffaufnahme aus dem Bv-Horizont von Profil 5/4 (vgl. Tab. A2.3 und Abb. 9). Die Bildunterkante entspricht ca. 1,0 mm. Deutlich sind gelartige pedogene Eisenoxidbildungen erkennbar.

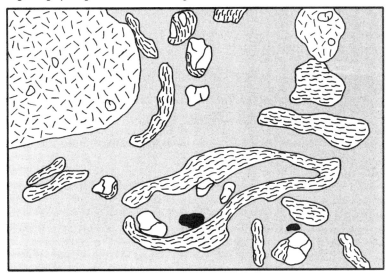

Gesteinsfragmente (Wood Bay-Material)	● Opake Komponenten	
⬡ Quarze, teilweise undulös	Porenraum und Feinmaterial (undifferenziert)	
Pedogene Eisenoxide als Kornüberzüge und Gele	Bildunterkante ≙ 1,0 mm	

Abb. 9: Schematisierte Dünnschliffzeichnung aus dem Bv-Horizont (s. Photo 3) von Profil 5/4 (Bodenkennwerte des Profils s. Tab. 10 sowie Tab. A1.3 und A2.3 im Anhang).

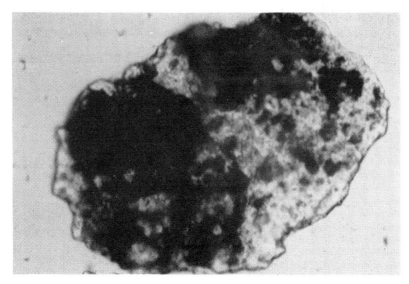

Photo 4: Quarzitisches Korn der Wood Bay-Sandsteine mit lithogener, hämatitischer Pigmentierung. Photographische Aufnahme am Streupräparat der Mittelsandfraktion (Bildunterkante entspr. ca. 0,3 mm).

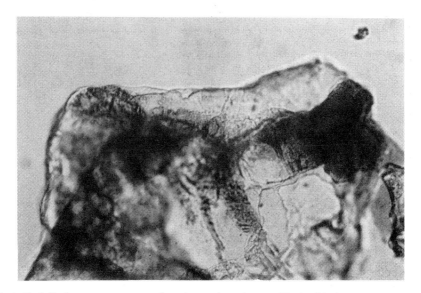

Photo 5: Splittriges, transparentes Quarzkorn mit pedogener Eisenoxidanlagerung. Photographische Aufnahme am Streupräparat der Mittelsandfraktion (Bildunterkante entspr. ca. 0,3 mm).

4.5.3 Untersuchungen zur Tonmineralogie und Silikatverwitterung

Die paläozoischen Sedimentgesteine der unterdevonischen Wood Bay-und Red Bay-Gruppe zeigen ein monotones Illit/Chlorit-Spektrum mit scharfen und sehr symmetrischen Interferenzen (vgl. Abb. 3 u. Abb. 10-12). Nach FÜCHTBAUER (1988: 212ff.) kommt es mit zunehmendem Diagenesegrad zu einer immer stärkeren Illitbildung auf Kosten quellfähiger Ton- und Wechsellagerungsminerale. Bei fortgeschrittener Diagenese, wie sie für paläozoische Sedimentgesteine kennzeichnend ist, reduziert sich das Tonmineralspektrum auf sehr gut kristallisierten Illit und trioktaedrischen Chlorit (ADAMS et al. 1971; GREENSMITH 1989: 88f). FÜCHTBAUER (1988: 190) weist darauf hin, daß Chlorite klastischer Sedimentgesteine meist ererbt sind und schon mehrere Sedimentationszyklen durchlaufen haben können (vgl. JASMUND 1993).

Feinkörnige Glimmer ($< 2\mu$m = Illit, s. TRIBUTH 1990: 154) bilden häufig die Hauptkomponente der Tonfraktion in Böden (REICHENBACH & RICH 1975). Durch die kryoklastische Verwitterung der devonischen Sand-, Silt- und Tonsteine kommt es zu einer rasch fortschreitenden Kornverkleinerung - insbesondere des reichlich vorhandenen Muskovits - und dadurch zu einer mechanisch bedingten Tonbildung.

In den Bodenprofilen im Bereich der devonischen Sedimentgesteine ändert sich die Schärfe der Illit-Reflexe nicht nennenswert. So sind die Interferenzen in den Cv- und Bv-Horizonten der Braunerden weitgehend identisch (s. Abb. 10). Auch Verwitterungsprofile älterer Oberflächen - etwa höherer mariner Terrassen - lassen keine qualitativen Veränderungen oder interpretierbaren Asymmetrien der Illitinterferenzen erkennen. Aufgrund der hohen Illitkristallinität - erkennbar am Schärfe-Index des (001)-Reflexes (FÜCHTBAUER 1988: 212) - und den nur schwach sauren Bedingungen im Bodenmilieu (pH-Bereich 5,9 -7,4 in $CaCl_2$) ist eine nennenswerte chemische Transformation dieser lithogenen Minerale unter den gegebenen klimatischen Bedingungen kaum zu erwarten (s. HEIM 1990: 62). Eine Glycerinbehandlung sowie das Erhitzen der Mg-belegten Präparate auf über 560°C veränderte die Illit-Reflexe nicht (s. Abb. 11 u. 12). Die qualitative Übereinstimmung des Tonmineralspektrums von Bodenhorizonten und chemisch nicht verändertem Gesteinsdetritus stützt die Aussage, daß Tonbildung in diesem Teil des Arbeitsgebietes überwiegend auf mechanischem Wege erfolgt ist (vgl. dagegen Kap. 5.4.1.3).

Die Identifikation des Chlorits in den Mg-belegten Präparaten ist zunächst nicht eindeutig, da es zu Überlagerungen des (002)-Reflexes mit dem (001)-Reflex des Kaolinits kommen kann. Obwohl das Auftreten des Chl(003)-Reflexes bereits ein guter Hinweis für Chlorit ist (SWINDALE 1975: 159), wurden die Mg-belegten Präparate stufenweise auf über 560°C erhitzt. Danach tritt eine deutliche Intensitätszunahme des Chl(001)-Reflexes auf, während die Interferenzen höherer Ordnung stark reduziert werden, was nach MOORE & REYNOLDS (1989: 212) ein typisches Merkmal für primären trioktaedrischen Chlorit ist. Dieser Effekt trat bei allen röntgenographischen Untersuchungen auf (stellv. s. Abb. 11). Das Kristallgitter des Kaolinits würde bei diesen Temperaturen ebenso zerstört werden wie das von sekundärem Bodenchlorit (s. BARNHISEL 1977: 336, SCHLICHTING & BLUME 1966: 116).

Da in wenigen Proben die Chloritreflexe höherer Ordnung durch die Hitzebehandlung extrem reduziert wurden, vereinzelt sogar ganz verschwanden, wurde an Testproben eine HCl-Behandlung durchgeführt (2-stündiges Kochen in 1 N HCl). Im BvAh-Horizont des Profils 7/9 überstand der Illit die Säurebehandlung weitgehend unbeschadet, während die Chlorit-Reflexe fast vollständig verschwanden (s. Abb. 12). In einigen Proben blieben schwache

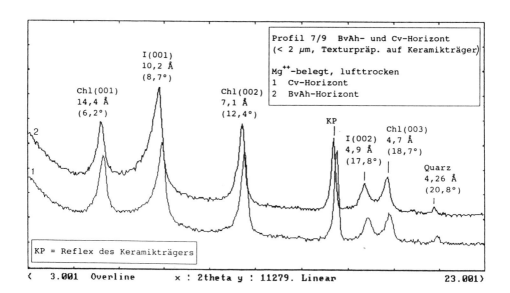

Abb. 10: Röntgendiffraktogramme der Tonfraktion (Mg-belegt, lufttrocken) einer Braunerde aus marinen Grobsedimenten im Bereich der Wood Bay-Gruppe. 2 Theta 3 - 23°. (Profil 7/9, Reinsdyrflya, Gebiet E, vgl. Abb. 1 u. 19 sowie Tab. A1.3 u. A2.3 im Anhang).

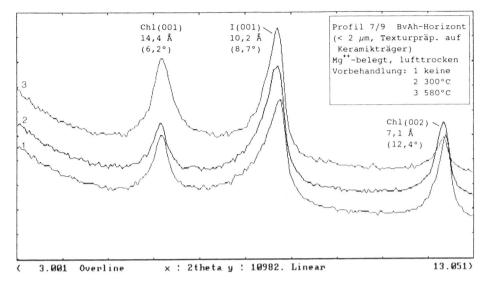

Abb. 11: Röntgendiffraktogramme (Mg-belegt, lufttrocken und Hitzebehandlung) des BvAh-Horizontes von Profil 7/9 (vgl. Abb. 10). 2 Theta 3-13°. Der Illitpeak verändert sich durch die thermische Behandlung nicht. Der Chlorit zeigt bei 580°C eine Verstärkung des 001-Reflexes und eine Reduktion der Interferenzen höherer Ordnung. Das Verhalten der Tonminerale belegt ihre lithogene Herkunft aus den Sedimentgesteinen.

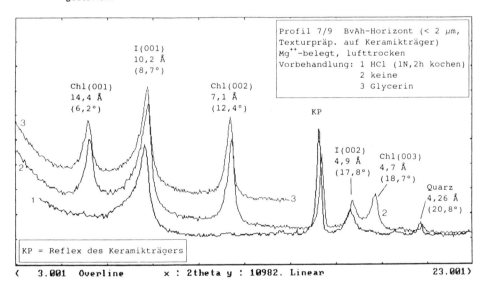

Abb. 12: Röntgendiffraktogramme (Mg-belegt, Glycerin- und HCl-Behandlung) des BvAh-Horizontes von Profil 7/9 (vgl. Abb. 10). 2 Theta 3-23°. Eine Glycerinbehandlung verändert die Reflexe nicht, durch eine HCl-Behandlung wird der primäre Chlorit zerstört.

Interferenzen bei 14 Å und 7 Å erhalten. Dieses Verhalten spricht nicht gegen Chlorit, da Mg-reiche Chlorite eine Säurebehandlung durchaus überstehen können (MOORE & REYNOLDS 1989: 211). Immerhin belegt die starke Reduktion der Reflexe, daß säurelöslicher Chlorit dominiert. Kaolinit würde dagegen durch die HCl-Behandlung nicht nennenswert angegriffen, was an einer Kaolin-Eichprobe überprüft wurde. Wenngleich geringe Kaolinitgehalte auch nach diesen Testreihen nicht völlig ausgeschlossen werden können, dominieren im Tonmineralspektrum eindeutig Illit und Chlorit.

Nach FOSTER (1962, in BRINDLEY & BROWN 1980: 86) bewirkt das Vorhandensein einer nahezu vollständigen Substitutionsreihe zwischen Fe und Mg in den Oktaederschichten der Chlorite sowie das variable Si/Al-Verhältnis in den Tetraederschichten sehr unterschiedliche chemische Eigenschaften der Minerale. Eine weitere Differenzierung der Chlorite nach Herkunft, Chemismus und Genese ist daher mit den gewählten Untersuchungsmethoden nicht möglich. Eine solche Unterscheidung wäre auch wenig sinnvoll, da im Arbeitsgebiet durch glaziale, periglaziale und marine Ferntransporte petrographisch sehr inhomogene Ausgangssubstrate entstanden sind (s. 4.3). Dies bedeutet, daß Chlorite klastischer Sedimentgesteine gemeinsam mit Chloriten metamorpher Gesteine auftreten (vgl. 5.4.1).

Fast identische Ergebnisse lieferte die röntgenographische Untersuchung der Tonfraktion in den Profilen 4/5, 5/4 und 5/5. Die tonmineralogischen Untersuchungen bestätigen die bereits in den Dünnschliffen festgestellte geringe Bedeutung der Silikatverwitterung. Auch in deutlich verbraunten Bodenhorizonten konnte keine nennenswerte Verwitterung von Primärsilikaten festgestellt werden. Ein Beispiel hierfür ist der vergleichsweise intensiv ausgebildete Bv-Horizont des Profils 5/4 (s. Tab. A2.3 u. 4.5.2.2), in welchem selbst kryoklastisch beanspruchte Plagioklase lediglich randliche Eisenoxidbeläge aufweisen (s. Photo 6, vgl. auch MEYER & KALK 1964; BRONGER & KALK 1976 sowie 4.6.3.2). Dies steht in Einklang mit Untersuchungsergebnissen von TEDROW & HILL (1961: 91), wonach Feldspäte in Braunerden - selbst in der Tonfraktion - frisch und unverwittert auftreten. Auch Glimmer, die gegenüber kryoklastischer Verwitterung besonders anfällig sind, weisen keine Veränderungen ihrer Kristallstruktur auf (s. dagegen 5.4.1.2).

Die Ergebnisse der mikromorphologischen und röntgenographischen Analysen zeigen übereinstimmend, daß Merkmale einer in situ-Verwitterung im Bereich der devonischen Sedimentgesteine nicht über eine schwache bis mäßige Oxidationsverwitterung hinausgehen. Primärsilikate zeigen keine nennenswerte lösungschemische Beanspruchung. Davon auszunehmen sind allenfalls die Rundhöckerbereiche östlich und westlich des Basislagers (KE 12 und 13, Profile 1/39 bis 1/41 s. Tab A1.2 und A2.2), die stellenweise Ähnlichkeiten mit den Bodenverhältnissen auf den Lernerinseln aufweisen (s. Kap. 5).

Photo 6: Zum Teil kryoklastisch beanspruchter (Pfeil) Plagioklas mit Eisenoxidablagerungen auf der Mineraloberfläche. Dünnschliffaufnahme am Bv-Horizont des Profils 5/4 unter gekreuzten Nicols (Bildunterkante entspr. ca. 0,3 mm).

4.6 Böden unterschiedlicher Ausgangssubstrate im Bereich des Devons

Nachfolgend werden mit Hilfe verschiedener Catenen charakteristische Bodenvergesellschaftungen der einzelnen landschafts- und substratgenetischen Einheiten vorgestellt. Auf der Germaniahalvöya (Teilgebiet A, s. Abb. 1) zeigt die Catena "Brotfjellet" einen typischen periglazial geprägten Hangbereich, während die Catena "Roosflya" den Übergang von periglazial zu marin geformten Reliefeinheiten darstellt (s. 4.6.1). Die differenzierte Pedogenese auf marinen Sedimenten läßt sich am eindrucksvollsten auf der Reinsdyrflya (Teilgebiet E) mit Hilfe der Profilabfolge bei "Worsleyhamna" belegen (s. 4.6.2). Die Böden im Arbeitsgebiet D (Kronprinshögda) sind aufgrund der Basaltkomponente im Ausgangssubstrat ein Sonderfall innerhalb der Devon-Untersuchungsgebiete (s. 4.6.3). Die flachgründigen Bodenbildungen der Kartiereinheiten 12 und 13 auf den Rundhöckerflächen östlich und westlich des Basislagers (Red Bay-Sandsteine, s. Abb. 4 u. Bodenkarte), werden an dieser Stelle ausgeklammert und gemeinsam mit den genetisch verwandten Böden im Bereich des kristallinen Basements behandelt (s. Kap. 5). Da die Substratgenese sowie die Problematik der Differenzierung lithogener und pedogener Merkmale bereits umfassend behandelt wurden (s. 4.3 u. 4.5), kann bei der Ansprache von Verwitterungsmerkmalen der einzelnen Bodenprofile auf diese Ausführungen verwiesen werden.

4.6.1 Pedogenese und Bodenverbreitung auf periglazial und marin geprägten Reliefeinheiten der Germaniahalvöya

Entsprechend der bereits vorgenommenen geomorphologischen und substratspezifischen Gliederung handelt es sich bei den periglazial geprägten Reliefeinheiten überwiegend um Hänge unterschiedlicher Neigung mit Schuttdecken, die sich aus kryoklastisch verwitterten Devongesteinen und periglazial eingearbeitetem allochthonem Moränenmaterial zusammensetzen (vgl. 4.2 bis 4.4 sowie Abb. 4). Solche Ausgangssubstrate, die aufgrund ihres hohen Feinmaterialanteils auch rezent anfällig für periglaziale Verlagerungsprozesse sind, haben auf der Germaniahalvöya eine weite Verbreitung (s. 4.3 u. 4.4). Insbesondere auf Blatt 2 (Roosfjella) der Bodenkarte dominieren solche Substrate (vgl. Bodenkarte, KE[*] 1,2,6,7,8,9).

---

*) KE n = Kartiereinheit der Bodenkarte, auf die Bezug genommen wird (vgl. ausführliches Legendenblatt der Bodenkarte im Anhang).

Die Bodengesellschaften periglazial geprägter Reliefeinheiten weisen eine außerordentlich kleinräumige Differenzierung auf, deren Ursache in Substratwechseln, Mikroreliefvarianz und unterschiedlich aktiver rezenter Geomorphodynamik zu sehen ist. So können geomorphologisch stabile Hangbereiche - etwa in abtragungsgeschützter Position hinter größeren erratischen Blöcken - durchaus kleinflächig Regosole (Gelic Regosols) oder sogar Braunerden (Gelic Cambisols) aufweisen, während in unmittelbarer Nachbarschaft geomorphologisch instabile Standorte mit Rohböden (Gelic Leptosols) oder gänzlich fehlender Bodenbildung (z.B in Spülrinnen) anzutreffen sind (s. Abb. 13). An den Mittelhängen sind oft große, rezent inaktive Fließzungen entwickelt (s. 4.4), die in ihren Abrißbereichen nischenartige Formen hinterlassen haben. An solchen Stellen treten regelhafte Vergesellschaftungen von Feucht- und Trockenstandorten mit meist nur initialen Bodenbildungen auf (vgl. KE 8 der Bodenkarte).

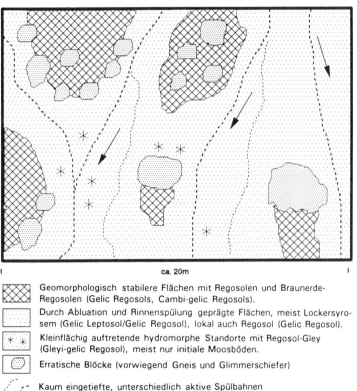

Abb. 13:

ca. 20m

⬕ Geomorphologisch stabilere Flächen mit Regosolen und Braunerde-Regosolen (Gelic Regosols, Cambi-gelic Regosols).

▢ Durch Abluation und Rinnenspülung geprägte Flächen, meist Lockersyrosem (Gelic Leptosol/Gelic Regosol), lokal auch Regosol (Gelic Regosol).

▢ Kleinflächig auftretende hydromorphe Standorte mit Regosol-Gley (Gleyi-gelic Regosol), meist nur initiale Moosböden.

▢ Erratische Blöcke (vorwiegend Gneis und Glimmerschiefer)

Kaum eingetiefte, unterschiedlich aktive Spülbahnen

Schematische Darstellung des kleinräumigen Bodenwechsels im Bereich der Kartiereinheiten 8 und 9 (vgl. Bodenkarte). Es handelt sich um gestreckte bis leicht konkave Mittel- und Unterhangbereiche. Die Zusammensetzung der periglazialen Hangschuttdecken wird von feinmaterialreichem Devonmaterial und allochthonem Kristallin (Moräne) bestimmt.

Trotz der hohen Feinsand- und Schluffanteile werden die Hangschuttdecken in der Regel ausreichend drainiert. Grund hierfür ist neben der Hangneigung der meist hohe Skelettgehalt der
Sedimente, der vor allem an den Unterhängen durch Aufarbeitung schuttreichen Moränenmaterials zu erklären ist. Desweiteren wirkt sich auch die beachtliche Mächtigkeit des
Auftauboden (meist > 90 cm) günstig auf die Drainagebedingungen aus. Viele Böden zeigen
im untersten Profilbereich - unmittelbar über der Permafrostoberfläche - hydromorphe Merkmale, die aber selten profilprägend sind (vereinzelt vergleyter Regosol bzw. Gleyi-gelic
Regosol s. Profil 1/9 in Tab. A1.1). Neben mikroreliefbedingten, oft nur Quadratmeter
großen Feuchtstandorten, sind ausgedehntere Flächen mit hydromorphen Böden an konkave
Hangbereiche und flache Mulden unterhalb größerer Nivationsflächen gebunden (vgl. KE 5
der Bodenkarte). Auf solchen Reliefeinheiten erfolgt auch noch während des Spätsommers
eine ständige laterale Wasserzufuhr, wodurch ein Abtrocknen dieser Standorte nach der
Schneeschmelze verhindert wird (s. TEDROW & HILL 1955). Häufig sind Feuchtstandorte
an abluale oder fluviale Feinmaterialakkumulationen gebunden. Die Auftautiefe der
hydromorphen Böden erreicht selten mehr als 70 cm. Aufgrund ihrer flächenmäßig unter-
geordneten Bedeutung wurden die hydromorphen Böden im Rahmen dieser Arbeit zwar kartiert, aber nicht umfassend analytisch untersucht. Deutlicher als in der zwangsläufig stark
generalisierten Karte der Bodengesellschaften, wird die kleinräumige Verbreitung der Feuchtstandorte auf der Vegetationskarte der Germaniahalvöya sichtbar (s. THANNHEISER 1992).

Häufigste Bodenbildungen der periglazial geprägten Hänge sind Lockersyroseme (Gelic
Leptosols/Gelic Regosols) und Regosole (Gelic Regosols). Lockersyroseme und Flächen ohne
Bodenbildung sind charakteristisch für solche Gebiete, die rezent durch periglaziale Prozesse
geprägt werden und nur eine sehr lückenhafte Vegetationsdecke aufweisen. Die Entstehung
eines Regosolprofils setzt dagegen bereits größere geomorphologische Stabilität voraus.
Ausgehend von der Frostschuttzone kann insgesamt - abgesehen von kleinräumigen Differenzierungen (s. Abb. 13) - eine Zunahme des Entwicklungsgrades der Böden in Richtung auf
die Küste festgestellt werden. Diese Zunahme geomorphologischer Stabilität und Bodenentwicklung kommt insbesondere auf der Roosflya in einer Abfolge der Kartiereinheiten 8-9-10
deutlich zum Ausdruck (vgl. Blatt 2 der Bodenkarte). Im Vergleich zum schmalen küstennahen Bereich der Liefdefjordseite (vgl. 4.6.1.1), steigt die Roosflya über drei Kilometer
ganz allmählich von der Küste bis auf 300 m.ü.M. an. Erst innerhalb der Frostschuttzone

nimmt die Hangneigung zu. Dadurch weist die Südwestseite der Germaniahalvöya ein wesentlich breiteres Vorland und flacheres Unterhangprofil auf. Die Fleckentundra reicht hier vereinzelt bis in Höhen von knapp 400 m.ü.M.

Die langgestreckten, periglazial geprägten Unterhänge besitzen großräumig gesehen sehr gleichförmige Bodengesellschaften. In den periglazial aktiven Bereichen oberhalb etwa 200 m.ü.M. unterscheidet sich das Bodenmuster kaum von der Liefdefjordseite der Halbinsel (KE 8). Unterhalb davon sind jedoch auf der Roosflya - aufgrund der oben beschriebenen günstigeren Reliefsituation - geomorphologisch stabilere Flächen mit entsprechend intensiveren Bodenbildungen anzutreffen, die in dieser flächenhaften Verbreitung auf vergleichbaren Substraten der Liefdefjordseite kaum vorkommen (KE 9, 10 s. Blatt 2 der Bodenkarte). Trotz der hohen Feinmaterialanteile der periglazialen Sedimente ist hier gegenwärtig nur eine mäßig aktive Geomorphodynamik festzustellen. Es dominieren Regosole (Gelic Regosols) und Braunerde-Regosole (Cambi-gelic Regosols).

4.6.1.1 Catena "Brotfjellet"

Fünfhundert Meter östlich des SPE-Basislagers wurde eine Profilreihe angelegt, die von der Küste bis in den Bereich der Frostschutzzone verläuft (s. Abb. 14 u. Photo 7 sowie Bodenkarte). Das Anstehende bilden die Sand- und Siltsteine der Red Bay-Formation (s. 4.1), die jedoch fast überall von periglazialen Decksedimenten überlagert werden. Lediglich im steilen, konvexen Oberhangbereich streichen widerständigere Sandsteinschichten an der Oberfläche aus. Wie aus Photo 7 ersichtlich wird, ist innerhalb der Frostschutzzone eine Nivationsnische entwickelt, die über einen linearen Einschnitt ins Vorland entwässert. Die markante Erosionsrinne mündet in einen leicht konvexen Akkumulationsbereich am Unterhang und verzweigt sich mehrfach. Einige wenige, jedoch nur episodisch wasserführende, schwach eingetiefte Rinnen erreichen die Küste. Neben den Gesteinen der Red Bay-Gruppe ist bis etwa 250 m.ü.M. sehr viel kristallines Grundmoränenmaterial periglazial eingearbeitet worden. Gneis-, Marmor- und Glimmerschiefererratika sind weit verbreitet (s. Photo 7, vgl. 4.3).

Innerhalb der Frostschutzzone wird Material kryoklastisch bereitgestellt und vorwiegend durch amorphe Solifluktion und Abluation hangabwärts verlagert. Die hohen Feinmaterialanteile des Frostschutts belegen die Wirksamkeit der Kryoklastik an den wenig resistenten

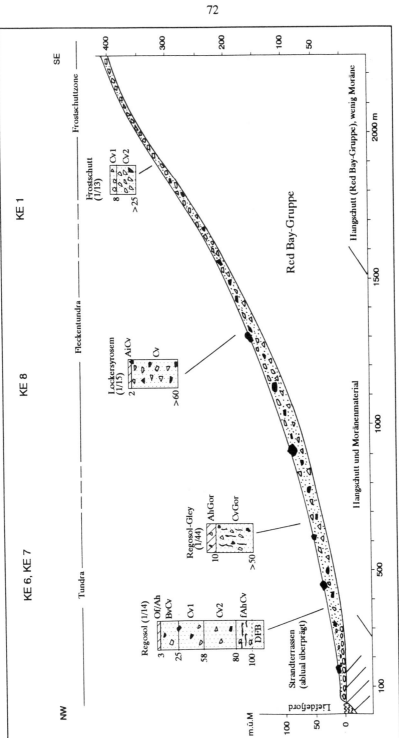

Abb. 14: Catena "Brotfjellet" unmittelbar östlich des SPE-Basislagers im Bereich der Red Bay-Gruppe. Innerhalb der Tundrenzone werden die anstehenden devonischen Sedimentgesteine von periglazialem Hangschutt überdeckt. Ein Materialtransport aus der Frostschuttzone findet rezent vorwiegend in Form der Abluation statt. Standortstabilität und Deckungsgrad der Vegetation steigen mit Annäherung an die Küste (Abnahme der Hang-neigung). (Profildaten vgl. Tab. A1.1, A2.1, A3.1. Beschreibung der Kartiereinheiten s. Legende der Bodenkarte).

Sedimentgesteinen (vgl. Profile 1/2, 1/7, 1/13 in Tab. A1.1). Frostschuttprofile zeigen lediglich kryogene Sortierungserscheinungen wie beispielsweise Steinstreifen. Der Anteil allochthonen Moränenmaterials ist an den Oberhängen eher gering. Nur wenige erratische Blöcke und ein von Turmalin, Rutil, Zirkon sowie vor allem von opaken Mineralen dominiertes Schwermineralspektrum, sind charakteristisch für die Oberhangbereiche (vgl. Tab. A3.1).

Mit dem Einsetzen der Vegetation bei ca. 250 m.ü.M. treten erstmals initiale Bodenbildungen auf, die meist als **Lockersyrosem** (Gelic Leptosol/Gelic Regosol) bezeichnet werden müssen (Profil 1/15 in Abb. 14). Kennzeichen solcher Profile sind gering mächtige organische Auflagen (0,5-2 cm) oder initiale A-Horizonte. Darüberhinaus weisen die Böden keine pedogene Differenzierung auf. Die braune Färbung des kohärenten Cv-Horizontes (10YR6/4) wird durch lithogene, vorwiegend limonitische Eisenoxide verursacht (s. 4.5.2). Eine weitergehende Verwitterung kann nicht erfolgen, da immer wieder frisches Material ablual zugeführt wird. Die aktive Morphodynamik verhindert auch in weniger geneigten Reliefbe-

Photo 7:

Blick von Profil 1/14 (Vordergrund) auf die periglazial geprägten Hänge, über welche die Catena Brotfjellet verläuft. Die aktuelle Schneegrenze markiert etwa die Untergrenze der Frostschuttzone bei ca. 250 m.ü.M. Zugleich ist dies ungefähr die Grenze der flächenhaften Verbreitung allochthonen Grundmoränenmaterials. Die Aufnahme entstand Anfang August 1990 nach vorangegangenem Schneefallereignis. Die Schneedecke taute in den darauffolgenden Tagen wieder ab.

reichen eine länger andauernde, ungestörte Bodenentwicklung. Vielfach treten solifluidal oder ablual verschüttete organische Horizonte auf (s. Photo 8). Gegenüber dem Frostschuttprofil (1/13) weist Profil 1/15 etwas höhere Schluffgehalte auf. Im Schwermineralspektrum läßt das Profil bereits deutlich den Einfluß der kristallinen Fremdkomponente erkennen (s. Tab. A3.1). Bodenprofile dieses initialen Entwicklungsgrades sind in fast allen Kartiereinheiten in unterschiedlicher Häufigkeit anzutreffen.

Der Deckungsgrad der Vegetation erreicht in dieser Höhenstufe selten 25% und wird als Fleckentundra bezeichnet (s. THANNHEISER 1992). Solche Grenzstandorte werden beispielsweise von *Saxifraga oppositifolia*-Beständen und *Luzula confusa-Rhacomitrium lanuginosum*-Gesellschaften besiedelt (THANNHEISER 1992). Nur Pflanzen mit einer großen Toleranz gegenüber periglazialen Verlagerungsprozessen können sich auf solchen instabilen Standorten halten (vgl. auch RAUP 1969a, 1969b).

Unterhalb des Bodenprofils 1/15 geht die Abspülung allmählich in abluale Akkumulation über. **Standort 1/14** liegt im Bereich mächtiger, großteils ablualer Feinmaterialakkumulationen und weist ein wenig differenziertes, schluff- und feinsandreiches Profil mit beachtlichem Grusgehalt auf. Bei oberflächlicher Betrachtung könnte der kohärente Cv-Horizont aufgrund seiner durchgehend bräunlichen Farbe (10YR5/6 bzw 6/4) zunächst als Bv-Horizont mißgedeutet werden. Wie die bodenkundlichen Untersuchungen zeigen, ist jedoch nur eine schwache pedogene Profildifferenzierung nachzuweisen (s. Tab. 6). Unter dem gering mächtigen OfAh-Horizont folgt ein sehr schwach verbraunter BvCv-Horizont, der sich nur mikromorphologisch vom nachfolgenden Cv-Horizont unterscheiden läßt. Der Cv-Horizont weist ganz vereinzelt humose Schlieren auf, die auf eine ehemalige kryoturbate Dynamik hinweisen. Durch solche "Mixing-Effekte" (TEDROW 1977: 170) werden neben der ablualen Feinschichtung auch mögliche pedogene Horizontierungen zerstört. In etwa 80 cm Tiefe wurde ein schwach ausgeprägter, aber makroskopisch erkennbarer humoser Horizont angetroffen, der sich auch in seinen analytischen Kennwerten deutlich im Profil abhebt (s. Tab. 6). Aufgrund seiner Horizontabfolge wurde dieses Profil als **Regosol (Gelic Regosol)** oder auch schwach verbraunter Regosol (Cambi-gelic Regosol) bezeichnet. Trotz kryoturbater Dynamik in der Vergangenheit läßt das Profil mineralogisch noch seinen polygenetischen Aufbau erkennen. Der untere Teil des Cv-Horizontes zeigt im Schwermineral-

Tab.6: Kennwerte des Profils 1/14: Regosol (vgl. auch Tab. A1.1, A2.1 im Anhang). Die hohen Fe(d)-Werte sind auch hier lithogen bedingt (s. Ausführungen in Kap. 4.5).

Profil 1/14		Bodentyp: Regosol / FAO: Gelic Regosol											
Horizont	Tiefe (cm)	Farbe Munsell (dry)	CaCO$_3$ Gew. %	pH-Wert CaCl$_2$ H$_2$O		Fe(o) %	Fe(d) %	C(t) %	N(t) %	C/N	Fein-boden-art	S U T (Gew. %)	
OfAh	3	10YR5/3	-	6,1	6,5	0,11	0,83	20,3	1,25	16	-	- - -	
BvCv	25	10YR6/4	0,3	6,0	6,7	0,19	2,05	0,6	0,07	8	Sl4	53,3 32,4 14,3	
Cv1	58	10YR5/6	0,4	6,5	7,3	0,13	2,03	0,4	0,05	7	Sl3	52,9 35,2 11,9	
Cv2	80	10YR6/4	0,1	6,7	7,6	0,14	2,01	0,4	0,05	8	Sl4	50,7 35,3 14,0	
fAhCv	100	10YR6/3	0,3	6,5	7,0	0,24	1,99	2,7	0,24	11	Slu	40,4 46,0 13,6	
Perma-frost	>100	-	-	-	-	-	-	-	-	-	-	- - -	
Prozesse: Abluation, Rinnenspülung							Vegetation: Salix polaris, Silene acaulis,						
Substrat: Schluff- und feinsandreiches Material							Drepanocladus uncinatus						

spektrum höhere Anteile metamorpher Komponenten, während im oberen Profilteil offenbar vorwiegend autochthones Material akkumuliert wurde (s. Tab. A3.1). Eine eindeutige Schichtgrenze ist jedoch nicht ausgebildet. Die Skelettfraktion besteht vorwiegend aus Grus der Red Bay-Sandsteine sowie kristallinen Komponenten.

Der Deckungsgrad der Vegetation nimmt im Verlauf der Catena zur Küste hin ständig zu, bis schließlich bei Profil 1/14 (ca. 15 m.ü.M.) eine nahezu geschlossenen Tundravegetation angetroffen wird. Das Gelände macht dadurch zunächst einen geomorphologisch sehr stabilen Eindruck. Bei genauerer Betrachtung fällt jedoch auf, daß immer wieder Flächen mit frischen Feinmaterialablagerungen auftreten, die nicht durch Kryoturbation zu erklären sind. Wie bereits ausgeführt wurde (s. 4.4) erreicht die abluale Akkumulation, insbesondere während der frühsommerlichen Schneeschmelze, eine große Intensität. Auch nach einem Nieder-schlagsereignis im Sommer 1990 war flächenhaft Feinmaterialverlagerung zu beobachten, wobei es im Bereich von Profil 1/14 kurzzeitig zu einer vollständigen Überflutung der Oberfläche kam. Die geringe Entfernung zur Küste bewirkt, daß die marinen Sedimente der Strandterrassen vollständig abluale überprägt wurden. Die Mächtigkeit der abluAlen Ablage-rungen[*] an dieser Stelle kann nur durch lang andauernde - eventuell phasenweise verstärkte

---

[*] Da es sich bei diesen Ablagerungen meist nicht um Solummaterial sondern um feinklastische Sedimente handelt, wird die Bezeichnung "Kolluvium" (i.S. der AG BODENKUNDE 1982) nicht verwendet (s. 3.4.2).

Akkumulation und die Größe des Einzugsgebietes mit seinen feinmaterialreichen Sedimentgesteinen erklärt werden. Ablual abgesetztes Material wird teilweise auch äolisch weiter-
transportiert, so daß sich nur mächtigere Akkumulationsereignisse auch wirklich profilprägend bemerkbar machen (vgl. Profil 1/16 in Tab. A1.1 und Photo 8).

Aufgrund des hohen Feinmaterialanteils und der Lage am Unterhang ist die Drainage lokal
behindert, so daß vereinzelt stärker hydromorph beeinflußte Böden auftreten können (s. Profil
1/44 in Abb. 14). Im Dünnschliff zeigt auch das Profil 1/14 eine schwache Hydromorphierung. Bodenfeuchtemessungen während des Sommers 1990 ergaben am Standort 1/14 pF-
Werte zwischen 1,8 und 1,9 (20-80 cm Tiefe), wobei im Verlauf der vierwöchigen Messung-
en nur durch das erwähnte Niederschlagsereignis nennenswerte Feuchteänderungen auftraten.
Die Tensiometerwerte sollen hier jedoch nicht überbewertet werden, da die Messungen eher
experimentellen Charakter hatten und aufgrund des kurzen Messzeitraumes wenig aussage-
kräftig sind. Gemeinsames Merkmal der meisten Lockersyroseme und Regosole ist ein feuch-
tes, aber nicht nasses Bodenmilieu (vgl. Profile 1/9, 1/19, 4/3, 4/4 in Tab. A1.1 und 1.2 des
Anhangs).

Die Tundravegetation am Standort 1/14 wird von einer *Salix polaris-Drepanocladus
uncinatus*-Gesellschaft bestimmt, die THANNHEISER (1992) als Schneebodenvegetation
ausweist. An Feuchtstandorten, wie beispielsweise bei Profil 1/44, sind mit *Deschampsia
alpina-Juncus biglumis*- und *Bryum*-Gesellschaften typische Vertreter einer Naßstellenvegetation anzutreffen (vgl. THANNHEISER 1992).

Etwa 100 m östlich des Profils 1/14 liegt am Rande des ablualen Akkumulationsgebietes
Profil 1/16 in etwa 10 m.ü.M. (s. Photo 8). Dieses Profil zeigt besonders eindrucksvoll eine
mehrmalige abluale Überprägung mit jeweils anschließender morphologischer Stabilisierung
(Of- bzw. Ai-Horizontbildung). Ursprünglich hatte sich in marinen Grobsedimenten eine
Regosol-Braunerde (Gelic Cambisol) entwickelt, die heute von einer 10-15cm dicken Fein-
materialschicht überdeckt wird. Die Sedimentation dieser Schicht verlief in mindestens drei
Phasen. Die unterschiedliche Korngrößenzusammensetzung der Bodenhorizonte belegt die ab-
luale Überprägung des Profils (s. Abb. 15). Der hohe Schluff- und Tonanteil im IVAhBv-
Horizont kann durch mechanische in situ-Verwitterung, durch äolische Einträge (vor der

ablualen Überprägung) und/oder durch Feinmaterialverlagerung bzw. Einspülung aus den ablualen Auflagehorizonten erklärt werden. Solche Profile sind sehr häufig im Übergangsbereich von den konkaven Unterhängen zu marinen Strandterrassen anzutreffen, wobei flache Mulden im Mikrorelief die Akkumulation begünstigen.

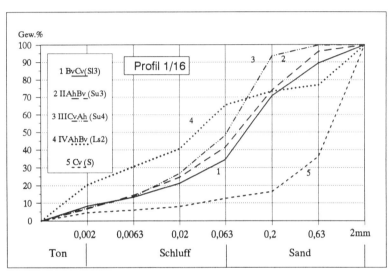

Abb. 15: Kornsummenkurven des Profils 1/16 (vgl. auch Tab. A1.1). Die schluff- und feinsandreiche abluale Überprägung der grobsandigen marinen Sedimente ist klar erkennbar.

Photo 8: Mehrfach ablual überprägte Regosol-Braunerde (Gelic Cambisol, Profil 1/16). Die geschlossene Vegetationsdecke (Salix polaris) schließt nicht aus, daß auch rezent noch Material sedimentiert wird (vgl. auch Tab. A1.1 und A2.1 im Anhang).

Außer in den Substrateigenschaften unterscheidet sich das Feinmaterial auch durch seine gelblichbraune Farbe deutlich von den darunterliegenden Bodenhorizonten, die infolge marinen Strandversatzes sehr viel rötliches Material der benachbarten Wood Bay-Gruppe enthalten. Im Schwermineralspektrum wird die Mehrschichtigkeit des Profils dagegen nicht sehr deutlich, da sowohl in den marinen als auch in den ablualen Sedimenten kristallines Fremdmaterial aufgearbeitet wurde und folglich das metamorphe Schwermineralspektrum in beiden Substraten auftritt (s. Tab. A3.1).

4.6.1.2 Catena "Roosfjellbekken"

Die untersuchte Profilreihe verläuft im flachen, küstennahen Vorlandbereich der Roosflya, unmittelbar nördlich des Roosfjellbekken (s. Blatt 2 der Bodenkarte). Unterhalb von etwa 35 m.ü.M. verzahnen sich die periglazialen Substrate mit marinen Sedimenten (s. Abb. 16). Aufgrund der unterschiedlichen geomorphologischen Verhältnisse sind die marinen Sedimente hier nicht vollständig durch periglaziale Prozesse überprägt worden (s. 4.6.1). Die Bodengesellschaften auf den geomorphologisch stabilen marinen Lockersedimenten bestimmen mit Unterbrechungen einen küstenparallelen Streifen entlang der Roosflya (KE 16,17 s. Bodenkarte). Die Catena ließe sich landeinwärts noch über einen Kilometer ohne Änderung des Bodenmusters fortsetzen.

Trotz einheitlicher geologischer Verhältnisse auf der Roosflya (Wood Bay-Gruppe) sind die periglazialen und marinen Ausgangssubstrate petrographisch und mineralogisch sehr komplex zusammengesetzt. Neben kristallinem Moränenmaterial enthalten die Ausgangssubstrate auf der Roosflya zusätzlich vulkanogene Komponenten des Sverre-Vulkans (s. Kap. 6), die sich jedoch nur mikroskopisch nachweisen lassen. Insbesondere Titanaugit (s. Photo 29) und Vertreter der Orthopyroxengruppe liefern in der Schwermineralfraktion klare Hinweise auf den Eintrag vulkanischen Materials. Die schwermineralogischen Analysen an Bodenhorizonten der Roosflya zeigen jedoch, daß der Anteil vulkanischer Schwerminerale in den Bodenprofilen sehr unterschiedlich ist (s. Tab. 3 und Tab. A3.1). Leicht verwitterbare basaltische Gläser waren in Dünnschliffen wie auch in Körnerpräparaten nur ganz vereinzelt nachzuweisen.

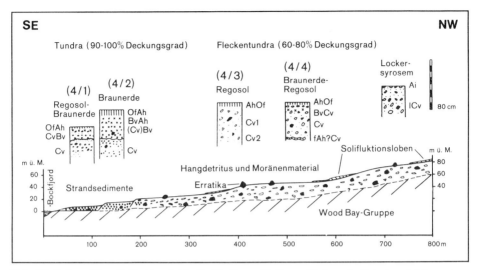

Abb. 16: Catena "Roosfjellbekken". Die Profilreihe verläuft unmittelbar nördlich des gleichnamigen Baches auf der Roosflya (s. Blatt 2 der Bodenkarte). Die Auftautiefe erreichte Anfang August 1990 u. 1991 sowohl in den periglazialen Hangschuttdecken als auch in den marinen Sedimenten bis über 1 m (Bodenkennwerte s. Tab. A1.2 u. A2.2 im Anhang).

In den feinmaterialreichen periglazialen Sedimenten sind flächenhaft **Regosole (Gelic Regosols)** entwickelt. Makroskopisch unterscheidet sich **Profil 4/4** lediglich durch die rötlichbraune Matrix (5YR-Werte) von Profil 1/14 (s. 4.6.1.1). Charakteristisch für die Profile 4/3 und 4/4 sind ein Vorherrschen der Grobschluff- und Feinsandfraktion sowie Skelettgehalte von 20 bis >50 % (s. Tab. A1.2). Der kohärente Cv-Horizont des **Profils 4/3** (s. Photo 9) ist durchwegs karbonathaltig und weist vereinzelt humose Schlieren auf. Die mikromorphologischen Merkmale dieses Horizontes wurden bereits exemplarisch erläutert (s. 4.5.2.2). In Regosolen im Bereich Wood Bay-dominierter Ausgangssubstrate treten höhere Karbonatgehalte und pH-Werte auf, als in vergleichbaren Bodenbildungen der Red Bay-dominierten Substrate. Grund hierfür sind die höheren lithogenen Karbonatgehalte der Wood Bay-Gesteine (s. Tab. 4). Braunerde-Regosole (Cambi-gelic Regosols) weisen meist eine tiefgründigere Dekarbonatisierung und initiale Verbraunung auf, ein Hinweis auf längere geomorphologische Stabilität dieser Standorte (KE 10, s. Bodenkarte).

Die beiden Profile im küstennahen Bereich der Catena "Roosflya" leiten über zu den Bodenbildungen der marin geprägten Relief- und Substrateinheiten, die im nachfolgenden Abschnitt weiter differenziert werden sollen (s. 4.6.2). Die marinen Sedimente unterscheiden sich

Tab. 7: Kennwerte des Profils 4/3: Regosol (vgl. auch Tab. A1.2 und A2.2)

Profil 4/3	Bodentyp: Regosol / FAO: Gelic Regosol									
Horizont	Tiefe (cm)	Farbe Munsell (dry)	CaCO₃ (Gew. %)	pH-Wert CaCl₂	Fe(o) %	Fe(d) %	Fein- Boden- art	S	U (Gew. %)	T
AhOf	6	5YR3/2	-	6,8	0,15	0,75	-	-	-	-
Cv1	35	5YR5/3	7,2	7,7	0,08	1,01	Ls2	40,0	41,2	18,8
Cv2	>60	5YR6/3	9,3	7,8	0,07	1,00	Ls2	35,9	43,6	20,5
Prozesse: Abluation, Kryoturbation Substrat: Periglaziale Hangsedimente				Vegetation: Salix polaris, Dryas octopetala Oxyria digyna, Papaver dahlianum						

Photo 9:

Regosol (Gelic Regosol) aus periglazialen Sedimenten (Profil 4/3, vgl. auch Tab. A1.2, A2.2 und A3.1). Die Grabung (60cm) erreichte nicht die Permafrostgrenze (31.07.1990).

zunächst in ihren physikalischen Substrateigenschaften grundlegend von den periglazialen Decksedimenten (s. Abb. 17 und 23). Die Korngrößenanalysen zeigen, daß im Feinboden der marinen Strandterrassensedimente nicht selten mit über 70% die Mittel- und Grobsandfraktion dominiert (s. Tab. A1.1 bis A1.3). Der geringe Anteil der Schluff- und Tonfraktion bewirkt zusammen mit den hohen Skelettanteilen (überwiegend Feinkies) eine gute Drainage und große geomorphologische Stabilität der Standorte. Der höhere Feinmaterialgehalt vieler Ober- bodenhorizonte ist nur teilweise verwitterungsbedingt. Überwiegend handelt es sich um äolische und/oder geringmächtige abluale Ablagerungen (s. 4.6.2).

Im Verlauf der Catena "Roosflya" sind zwei marine Niveaus entwickelt, auf denen die Profile 4/1 und 4/2 angelegt wurden. Unweit dieser Profillinie konnten sogar fünf Terrassenniveaus ausgeschieden werden, wobei die höchste Terrasse (ca. 35 m.ü.M.) bereits wieder periglazial überprägt ist. Typische Bodenbildungen dieser gut drainierten Standorte sind **Braunerde-Regosole** und **Braunerden (Gelic Cambisols)**, die auf der Roosflya Entwicklungstiefen bis zu 50 cm aufweisen. Die Auftautiefe der Standorte erreicht fast immer mehr als einen Meter (s. Photo 10).

Die pedogene Differenzierung wird besonders in **Profil 4/5** deutlich (s. Photo 10). Es handelt sich um ein typisches Braunerdeprofil (Gelic Cambisol), das in unmittelbarer Nachbarschaft und vergleichbarer Position des in Abb. 16 dargestellten Profils 4/2 liegt. Das Profil zeigt unterhalb des inhomogenen OfAh-Horizontes einen deutlich verbraunten und gut durchwurzelten Bv-Horizont. Das Profil weist durchgehend Einzelkorngefüge auf, stellenweise ist im OfAh-Horizont eine initiale Krümelbildung erkennbar. In allen Horizonten dominiert im Feinboden die Grob- und Mittelsandfraktion (s. Abb. 17). Auffallend ist die scharf ausgebildete Untergrenze des Bv-Horizontes (s. Photo 10). Der Cv-Horizont zeigt horizontale Wechsellagerungen sandiger und kiesiger Straten, die keinerlei kryogene Störung erkennen

Photo 10:

Braunerde (Gelic Cambisol) aus marinen Grobsedimenten (Profil 4/5). Das Profil liegt in unmittelbarer Nachbarschaft des in Abb. 16 dargestellten Profils 4/2 in ca. 20 m.ü.M.).Deutlich erkennbar ist die scharfe Untergrenze des Bv-Horizontes und der Muschelschill (weiß) im Cv-Horizont (Bodenkennwerte vgl. Tab. A1.2 und A2.2 sowie Abb. 17 und 18).

lassen. Diese Tatsache zeigt, daß im unteren Profilbereich offenbar seit Ablagerung der marinen Sedimente geomorphologisch stabile Verhältnisse geherrscht haben. Die scharfe Bv-Untergrenze und die ungestörte Lagerung der Sedimente im C-Horizont sind Hinweise auf eine ursprünglich geringere Auftautiefe des Standortes (s. 6.4.3 u. 7.5).

Die chemischen Kennwerte ändern sich an der Bv-Cv-Grenze sprunghaft und belegen - im Gegensatz zu Profil 4/3 (s. Tab. 6) - pedogene Veränderungen im Bodenprofil (s. Abb. 18). Wenngleich die Absolutwerte des Fe(d) auch in diesem Fall kaum interpretiert werden können (s. 4.5.2.1), weist die deutliche Abnahme der Fe(o)- und Fe(d)-Werte an der Untergrenze des Bv-Horizontes doch auf eine gewisse Neubildung pedogener Eisenoxide hin. Bestätigt wird dies durch die mikromorphologische Untersuchungen des Bv-Horizontes (vgl. 4.5.2.2).

Die Vegetation spiegelt die edaphische Trockenheit dieser Böden gegenüber den feinmaterialreichen Standorten wieder. So weist die Vegetationskarte auf solchen Substraten verschiedene *Dryas octopetala*-Gesellschaften aus, die an extrem windexponierten Terrassenkanten von *Potentilla pulchella*-Gesellschaften abgelöst werden (s. THANNHEISER 1992). Nach Untersuchungen von UGOLINI (1986a: 109) treten unter Dryas-Heiden besonders häufig Braunerdebildungen auf.

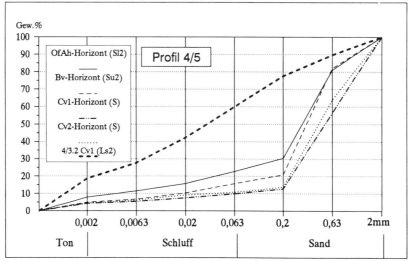

Abb. 17: Kornsummenkurven des Profil 4/5. Kennzeichen aller Horizonte ist die Dominanz der Mittel- und Grobsandfraktion. Um die Substratunterschiede zu verdeutlichen, wurde die Korngröße des Cv1-Horizontes von Profil 4/3 (Regosol) in die Graphik mitaufgenommen (obere Kurve, vgl. auch Tab. A1.2 im Anhang).

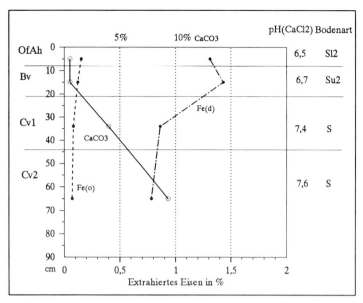

Abb. 18: Kennwerte des Profils 4/5 im Tiefenprofil (s. Tab. A1.2 und A2.2). Wenngleich die Absolutwerte des dithionitlöslichen Eisens keine quantitative Interpretation erlauben (s. 4.5.2), weist die sprunghafte Änderung der Werte an der Bv-Cv-Grenze auf eine in situ-Verbraunung hin. Der deutliche Karbonatgehalt im Cv-Horizont ist durch Muschelschill zu erklären.

4.6.2 Substratdifferenzierung und Pedogenese im Bereich mariner Sedimente auf der Reinsdyrflya (Untersuchungsgebiet E)

Die Reinsdyrflya weist großflächig eine marin geformte Oberfläche mit entsprechenden Ausgangssubstraten auf. In modellhafter Weise läßt sich in diesem Teiluntersuchungsgebiet eine Verknüpfung von Landschaftsentwicklung, Substratgenese und Bodenbildung herstellen.

4.6.2.1 Landschaftsentwicklung und Substratgenese

Die Reinsdyrflya ist eine über 300 km^2 große flache Halbinsel, die vom Liefdefjord im Süden, vom Woodfjord im Osten und dem offenen Polarmeer im Norden begrenzt wird (s. Abb. 1). Insgesamt kann die Reinsdyrflya als glazial und marin überprägte Rumpffläche bezeichnet werden, die sich aufgrund ihrer geringen Reliefierung (Maximalhöhe 96 m.ü.M.) von allen anderen Gebieten Nordwestspitzbergens unterscheidet. Die gesamte Halbinsel wird

von Gesteinen der Wood Bay-Gruppe aufgebaut und stimmt folglich geologisch mit dem Ost-
teil der Germaniahalvöya (Roosflya) überein. Ein Vergleich beider Gebiete, unter Berücksichtigung der unterschiedlichen Landschaftsgenese, bietet sich daher an.

Während bei den eigenen Geländearbeiten im Zentrum der Halbinsel keine eindeutigen Hinweise auf marine Sedimente mehr gefunden wurden (vgl. auch KRISTIANSEN & SOLLID
1987), beschreiben SALVIGSEN & NYDAL (1981) ein marines Niveau in 80 m.ü.M., für
das mit Hilfe der ^{14}C-Datierung an Muscheln, ein Alter von 43000 y BP ermittelt wurde.
Sieht man von der Problematik der ^{14}C-Daten bei einem Alter dieser Größenordnung ab, so
würde dies bedeuten, daß Teile der Reinsdyrflya hoch- bis spätweichselzeitlich nicht mehr
von Gletschereis überprägt wurden (s. SALVIGSEN & ÖSTERHOLM 1982: 98). Für die
marinen Terrassen zwischen 5 und 19 m.ü.M. wurde ein Alter von etwa 9600 y BP bestimmt. Die Datierungen von SALVIGSEN & ÖSTERHOLM (1982) im Bereich des Liefde-
und Woodfjords belegen lokal sehr unterschiedliche Hebungsraten, was eine morphographi-
sche Parallelisierung der Strandterrassenniveaus in diesem Gebiet sehr schwierig macht. Nach
einer Transgression im Jüngeren Atlantikum überwog im Liefdefjord anschließend die iso-
statische Landhebung bzw. Meeresspiegelregression (vgl. FURRER et al. 1991, 1992).

Bis etwa 40 m.ü.M. weist die Reinsdyrflya sehr schön ausgebildete marine Serien auf, die
stellenweise noch in über 4 km Entfernung von der Küste gut zu differenzieren sind. Aus
logistischen Gründen lag der Schwerpunkt der Untersuchungen jedoch auf marinen Reliefeinheiten im küstennahen Bereich. Ergänzend wurde ein Standort im Zentrum der Halbinsel
untersucht (Profil 7/3).

Im Zuge der marinen Überformung wurde auch auf der Reinsdyrflya - neben Wood Bay-
Gesteinen - älteres Grundmoränenmaterial aufgearbeitet. Erratische Steine und Blöcke sind
über die gesamte Halbinsel regellos verteilt. Wie auf der Germaniahalvöya handelt es sich
vorwiegend um Gneise und Glimmerschiefer des kristallinen Basements. Auch die Ausgangssubstrate auf der Reinsdyrflya sind folglich polygenetisch entstanden und weisen eine
komplexe Zusammensetzung auf. Im Schwermineralspektrum dominieren mit Granat, Hornblende, Sillimanit, Andalusit und Klinopyroxen die Vertreter der allochthonen Kristallin-
komponente (vgl. Tab.2 u. Tab A3.1). Eine mögliche Erklärung für den sehr hohen Granat-
anteil in der Feinsandfraktion (teilw. > 60%) wäre die Verbreitung granatreicher Kristal-

lingesteine an der Nordküste des hinteren Liefdefjords. Aus diesem Gebiet wurde während glazialer Vorstoßphasen des Monacobreens und seiner nördlichen Seitengletscher ein Großteil der glazigenen Sedimente angeliefert.

Die Genese des marinen Paläoreliefs und der unterschiedlichen Sedimente läßt sich in idealtypischer Weise anhand der rezenten Küstendynamik rekonstruieren. Die Sedimentation grobklastischer und feinklastischer mariner Ablagerungen einerseits, sowie Brandungsdynamik (Kliffe, Abrasionsplattformen) andererseits, ist charakteristisch für die Dynamik einer Ausgleichsküste (s. Abb. 19 u. Photo 11). Die daraus resultierenden Formen und Sedimente sind auf den marinen Niveaus bis etwa 40 m.ü.M. als vorzeitliche Einheiten fast vollständig erhalten geblieben. Auffallend ist die scharfe Begrenzung der verschiedenen morphologischen und petrographischen Einheiten, die eine nur geringe periglaziale Überprägung erkennen lassen (s. Abb. 19). Ein wesentlicher Grund hierfür ist die geringe Reliefenergie, wodurch horizontale Verlagerungsprozesse bisher weitgehend verhindert wurden. Nur ganz vereinzelt sind abluale Prozesse wirksam. Aktive kryoturbate Sortierungsprozesse beschränken sich gegenwärtig auf die feinmaterialreichen marinen Sedimente der Lagunenfazies, die meist in flachen Mulden zwischen Strandwällen auftreten. Vereinzelt sind auf den Kieskörpern inaktive Sortierungsformen unter Vegetationsbedeckung zu erkennen (s. Abb. 19). Erst oberhalb etwa 40 m.ü.M. sind die marinen Serien stärker periglazial überprägt und lassen sich nicht mehr so eindeutig differenzieren.

Photo 11:

Rezente Küste und jüngste Strandterrasse bei Worsleyhamna. Erkennbar ist die Abfolge von Akkumulations- und Abrasionsflächen im Gezeitenbereich. Die großen erratischen Blöcke belegen die prämarine glaziale Überformung der Reinsdyrflya (s. auch Abb. 20).

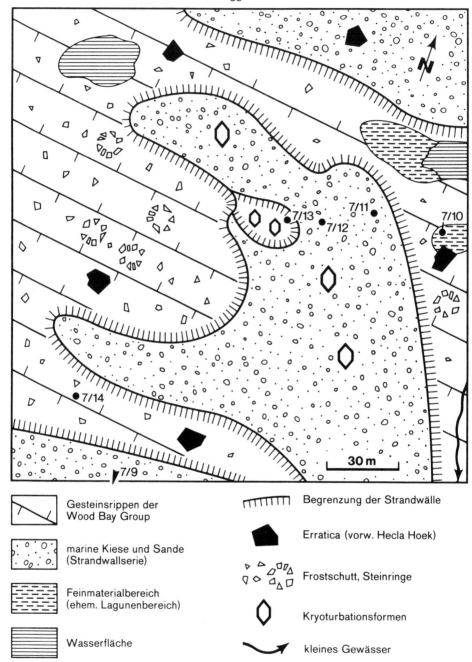

Abb. 19: Verbreitung unterschiedlicher mariner Relief- und Substrateinheiten im Untersuchungsgebiet E (Reinsdyrflya) mit den Profilen 7/9 bis 7/14 (s. Tab. A1.3 und A2.3). Der dar-
gestellte, leicht schematisierte Ausschnitt liegt etwa 20-25 m.ü.M. Die scharf begrenz-
ten Strandwälle zeigen inaktive Kryoturbationsformen. Auf den vorzeitlichen Abrasionsflächen liegt nur eine dünne, skelettreiche Lockermaterialdecke.

Die vorzeitlichen Abrasionplattformen und Kliffe unterliegen einer intensiven kryoklastischen Verwitterung, die je nach petrographischer Resistenz der jeweils anstehenden Wood Bay-Schichten feinmaterialreichen oder blockreichen Frostschutt liefert. Die Wirksamkeit der Kryoklastik wird dabei durch das steile Einfallen der Schichten auf der Reinsdyrflya begünstigt und führt zu einer rippenartigen Herauspräparierung resistenterer Schichtglieder (s. Abb. 19). Auffallend ist desweiteren die Beobachtung, daß offenbar eine gewisse räumliche Konstanz der Küstendynamik vorhanden ist, die möglicherweise mit dem Ausstreichen widerständiger Wood Bay-Sandsteine zu erklären ist. So lassen sich häufig Generationen feinklastischer Lagunensedimente, Abrasionsplattformen oder Kliffe - ausgehend von rezenten Bildungen an der Küste - über unterschiedliche Niveaus hinweg verfolgen.

Durch die marine Überprägung sind, trotz geologisch einheitlicher Rahmenbedingungen, Ausgangssubstrate mit vollkommen unterschiedlichen Eigenschaften entstanden. Die marine Dynamik führt zu einer extremen Sortierung in feinklastische und grobklastische Sedimente sowie zur Entstehung von Abtragungsflächen. Die verschiedenen Standorte bzw. Substrate können daher wie folgt charakterisiert werden:

▶ sand- und kiesreiche, gut drainierte und folglich geomorphologisch stabile Lockersedimente (Strandwallfazies);

▶ schluff- und feinsandreiche, skelettarme Sedimente der Lagunen- oder Stillwasserfazies. Feuchte, schlecht drainierte und geomorphologisch instabile Ausgangssubstrate in flachen Mulden;

▶ kryoklastisch verwitterte, anstehende Wood Bay-Gesteine. Skelettreiche, flachgründige und geomorphologisch weitgehend stabile Standorte.

4.6.2.2 Pedogenese und Bodenmuster

Das Beispiel des Küstenprofils bei Worsleyhamna (Abb. 20) zeigt schematisiert die Abfolge der Bodengenese in Abhängigkeit vom Ausgangssubstrat im Bereich jüngerer mariner Reliefeinheiten (2-4 m.ü.M.). Eine deutliche Chronosequenz von jüngeren zu älteren marinen Niveaus konnte auf der Reinsdyrflya nicht beobachtet werden, doch waren voll entwickelte

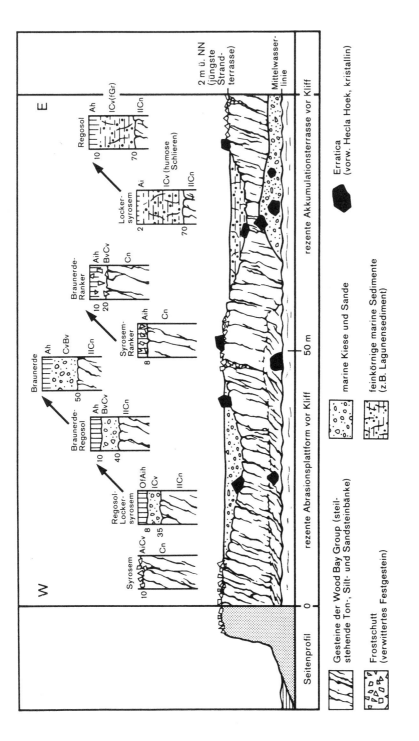

Abb. 20: Küstenprofil am Camp bei Worsleyhamna (Reinsdyrflya, s. Abb. 1 und Photo 11). Die Entwicklungsreihe der Böden ist schematisiert dargestellt. Braunerden wurden erst oberhalb 10 m.ü.M. angetroffen.

Braunerden erst auf Terrassen oberhalb von ca. 8 m.ü.M. anzutreffen. Die Bodenbildungen auf anstehendem Wood Bay-Gestein der Paläo-Abrasionsplattformen und Kliffe gehören zu den wenigen Ausnahmen des gesamten Untersuchungsgebietes, die - abgesehen von äolischen Einträgen - als in situ-Verwitterungsprodukt des anstehenden Festgesteins bezeichnet werden können. Die skelettreichen Bodenbildungen reichen von **Syrosemen** (Lithi-gelic Leptosols) über **Ranker** (Umbri-gelic Leptosols) bis zu flachgründigen **Braunerde-Rankern** (Cambiumbri Gelic Leptosols). Da die Wood Bay-Gesteine nur in einzelnen Schichten Karbonatgehalte > 2% aufweisen ist die Bezeichnung "Ranker" für die meisten Profile vertretbar. Das **Profil 7/14** ist charakteristisch für die Böden dieser Einheiten (s. Abb. 19 u. Tab. A1.3). Aufgrund der Flachgründigkeit solcher Profile, kommt es nicht zu kryoturbater Durchmischung, so daß die Standorte trocken und geomorphologisch stabil sind. Hydromorphe Böden treten auf Abrasionsplattformen nur vereinzelt in abflußlosen Mulden auf, in denen meist eine geringe Feinmaterialakkumulation erfolgt ist. Typische Bodenbildungen dieser Standorte sind initiale Moosböden, vereinzelt auch Regosol-Gleye (Gleyi-gelic Regosols). Ein solcher Standort wird durch das **Profil 7/10** repräsentiert (s. Tab. A1.3 u. Abb. 19). In abgeschlossenen Hohlformen haben sich stellenweise flache Seen entwickelt, an deren Rändern hin und wieder auch anmoorige Flächen angetroffen wurden.

Bei den Böden der kies- und sandreichen Sedimente mariner Strandwälle und Terrassen handelt es sich überwiegend um **Regosol-Braunerden** und **Braunerden** (Gelic Regosol bis Gelic Cambisol). Das untersuchte **Profil 7/9** liegt auf einer Strandterrasse (ca. 20 m.ü.M.), die gegen ein Kliff geschüttet wurde. Die pedogenen Merkmale dieses Bodenprofils stimmen weitgehend mit entsprechenden Bodenbildungen auf marinen Sedimenten der Roosflya überein (vgl. 4.6.1.2 u. Photo 10). Auffallend ist eine äolische Komponente im oberen Profilbereich, die sich im Korngrößenspektrum deutlich abzeichnet (s. Tab. 8 u. A1.3). Das Feinmaterial wird vorwiegend im Bereich windexponierter, oft vegetationsloser Oberflächen (Topbereiche von Strandwällen, Terrassenkanten, Kliffe) ausgeweht. Begünstigt wird die Sedimentation am Standort 7/9 durch eine nahezu geschlossene *Dryas*-Heide. Die Aufarbeitung von marinen Muscheln im Sediment erklärt den hohen Karbonatgehalt und die sprunghafte pH-Wert-Zunahme im Cv-Horizont (s. Tab. 8). Mikromorphologisch ist nur eine schwache in situ-Verbraunung im Bv-Horizont zu erkennen. Pedogene, oxidische Neubildungen sind als dünne Beläge auf Einzelkörnern festzustellen (s. 4.5.2.2). Das Tonmineralspektrum zeigt innerhalb des Profils keine Hinweise auf eine pedogene Transformation des lithogenen Illit-Chlorit- Spektrums (s. 4.5.3 u. Abb. 10 bis 12).

Die gute Drainage sorgt für Trockenheit des Profils, so daß Turbationen weitgehend verhindert werden (s. auch Profile 7/11 bis 7/13 in Tab. A1.3). Stellenweise vorhandene Kryoturbationsformen sind rezent nicht aktiv (s. Abb. 19). Frost-Tau-Zyklen in den Übergangsjahreszeiten bleiben ohne Wirkung auf das Bodengefüge, wenn - wie dies in solchen Substraten meist der Fall ist - der Porenraum überwiegend luftgefüllt ist. Der trockene, eisarme Boden taut dann im Frühsommer besonders rasch wieder bis in größere Tiefen auf (s. auch WILLIAMS & SMITH 1989: 53). Diese Substrateigenschaften haben zur Folge, daß Schmelzwässer nur kurze Zeit im Porenraum verweilen (s. UGOLINI & SLETTEN 1988: 482). Besonders bei großer Auftautiefe bedeutet dies, daß solche Standorte oberflächennah bereits zu Beginn des Sommers stark austrocknen und dadurch die Wirksamkeit chemischer Verwitterungsprozesse in der thermisch günstigen Jahreszeit (Juli u. August) erheblich beeinträchtigt wird. Die vergleichsweise geringe winterliche Schneerücklage auf den exponierten Vollformen der Strandwälle oder Terrassenkanten wirkt sich dabei verstärkend auf den Wassermangel solcher Standorte aus (s. NAGEL 1979: 161). Ausreichende Feuchtigkeit bei gleichzeitiger geomorphologischer Stabilität eines Standorts wären deswegen als besonders günstige Kombination für die Wirksamkeit chemischer Verwitterungsprozesse

Tab. 8: Kennwerte des Profils 7/9: Braunerde (vgl. auch Abb. 10 bis 12 sowie Tab. A1.3 u. A2.3 im Anhang).

Profil 7/9	Bodentyp: Braunerde / FAO: Gelic Cambisol									
Horizont	Tiefe (cm)	Farbe Munsell (dry)	$CaCO_3$ (Gew. %)	pH-Wert $CaCl_2$	Fe(o) %	Fe(d) %	Fein-Boden-art	S	U (Gew. %)	T
AhOf	6	5YR2/2	-	5,5	-	-	Ls3	49,2	33,6	17,2
BvAh	10	5YR3/2	-	5,7	0,20	1,29	Sl3	69,2	19,2	11,6
IICvBv	30	5YR4/3	-	6,1	0,12	1,06	S	90,6	5,6	3,8
BvCv	50	4YR4/4	0,3	7,2	0,09	0,89	S	91,5	5,5	3,0
Cv	>80	2,5YR4/4	5,8	7,7	0,05	0,65	S	94,0	4,9	1,0
Prozesse: Geomorphologisch stabiler Standort ' Substrat: Marine Sande und Kiese				Vegetation: Salix polaris, Dryas octopetala						

anzusehen. Das äolische Feinmaterial im Oberboden gut drainierter Standorte hat diesbezüglich eine wichtige Funktion (vgl. auch Profil 5/4 in 4.6.3).

Eine ganz andere Bodenbildung und Geomorphodynamik zeigen die feinmaterialreichen Standorte im Bereich ehemaliger Lagunen oder Strandwallseen. Der hohe Feinmaterialanteil und die vergleichsweise geringe Auftautiefe (40-60cm) der Substrate, verhindern in den teilweise abflußlosen Mulden eine ausreichende Drainage des meist skelettarmen Materials. Die Folge ist eine rezent aktive kryoturbate Materialbewegung, die dafür sorgt, daß ständig frisches, unverwittertes Material an die Oberfläche gelangt. Eine ungestörte Bodenbildung wird dadurch verhindert. An der Oberfläche zeugen vegetationsfreie Feinmaterialaufpressungen ("mud polygons" oder "nonsorted circles", s. SMITH 1956: 14; WASHBURN 1969: 107 ff.) von der rezenten Aktivität dieser Prozesse. Vereinzelt sind auch große erratische Blöcke anzutreffen, die durch offenbar raschen Frosthub an die Oberfläche gelangt sind (s. Photo 12). Diese Dynamik ist bereits aus anderen arktischen Regionen bekannt (stellv. WASHBURN 1969; WILLIAMS & SMITH 1989: 156). Erstaunlich ist die Größe der im Arbeitsgebiet beobachteten Blöcke, die immer nur im Bereich von feinmaterialreichen quartären Ablagerungen anzutreffen sind (s. auch STÄBLEIN 1992).

Die Bodenbildung im Bereich der feinkörnigen marinen Sedimente erreicht meist nur das Stadium eines **Lockersyrosems** (Profil 7/16, Gelic Leptosol/Gelic Regosol), an etwas stabileren Standorten sind vereinzelt auch **Regosole** (Gelic Regosols) entwickelt (s.Abb. 20). Die Korngröße der Stillwassersedimente weist eine klare Dominanz in der Feinsand- bis Tonfraktion auf und unterscheidet sich damit grundlegend von den anderen marinen Sedimenten (s. Tab. A1.3). Im Dünnschliff weist der Cv-Horizont des Profils 7/16 eine feinporenreiche, kohärente Matrix auf, in welcher einzelne vollkommen unverwitterte Minerale der Sandkorngröße eingelagert sind. Organische Fasern belegen die Wirksamkeit kryoturbater Prozesse im Profil (vgl. BUNTING & FEDOROFF 1973). Die Substrateigenschaften der marinen Feinsedimente unterscheiden sich von periglazialen Substraten der Germaniahalvöya vor allem durch geringere Skelettgehalte und - aufgrund ihrer geomorphologischen Position - meist durch eine schlechtere Drainagesituation. Infolgedessen weisen die Lagunensedimente häufig hydromorphe Merkmale auf, die allerdings nicht mit primären Sedimenteigenschaften verwechselt werden dürfen. Vor allem tiefgründig reduzierte graublaue Horizonte sind nicht

Photo 12:

Aufgefrorener erratischer Block im
Bereich feinklastischer mariner Sedimente (Lagunenfazies) auf der Reinsdyrflya. Der Block hat ein Volumen
von 3-4 m^3. Im Umfeld des Blocks
treten aktive Mudpits auf. Im Hintergrund ist eine ehemalige Klifflinie
zu erkennen.

mit der rezenten Pedogenese in Verbindung zu bringen. Sie sind vielmehr ein reliktisches
Merkmal der teilweise subaquatischen Entstehungsbedingungen (Lagune, Strandwallsee)
dieser Sedimente.

Da im Zentrum der Reinsdyrflya die Möglichkeit bestand, intensivere Verwitterungsprofile
anzutreffen (s. 4.6.2.1), wurde das **Profil 7/3** auf einer Verebnung in ca. 80 m.ü.M.
detaillierter untersucht. Eine marine Genese des Ausgangsmaterial ist aufgrund der Substrateigenschaften wenig wahrscheinlich. Die nur kantengerundeten Steine und Gruskompo-
nenten in der ansonsten schluff- und feinsandreichen Matrix sprechen eher dafür, daß es sich
hier um periglazial aufgearbeitetes Moränenmaterial handelt. Gegenwärtig ist der Standort
geomorphologisch stabil und weist eine Braunerdebildung auf (s. Tab. 9).

Die Verwitterungsintensität des Profils unterscheidet sich nicht wesentlich von den
Bodenbildungen jüngerer geomorphologischer Einheiten (vgl. Tab. A2.3). Die sprunghafte
Zunahme des Fe(d)-Gehaltes im IICv-Horizont kann durch den höheren Feinmaterialgehalt
dieser Schicht ("Hämatitproblem" s. 4.5.2.1) erklärt werden. Die mikromorphologische
Analyse des Bodenprofils ergab eine etwas stärkere in situ-Verbraunung gegenüber Profil
7/9, jedoch ebenfalls keine Hinweise auf eine nennenswerte Silikatverwitterung. Auch in
diesem Profil läßt das Röntgendiffraktogramm keine Transformation des lithogenen Ton-

Tab. 9: Kennwerte des Profils 7/3: Braunerde (s. auch Tab. A1.3 u. A2.3).

Profil 7/3	Bodentyp: Braunerde / FAO: Gelic Cambisol									
Horizont	Tiefe (cm)	Farbe Munsell (dry)	CaCO$_3$ (Gew. %)	pH-Wert CaCl$_2$	Fe(o) %	Fe(d) %	Fein- Boden- art	S	U (Gew. %)	T
AhBv	5	5YR3/2	-	5,2	0,17	1,16	Ls2	36,4	47,3	16,3
Bv	25	5YR4/4	-	5,5	0,15	1,23	Ls2	36,2	45,0	18,4
II?Cv	>45	2,5YR5/4	0,4	6,7	0,09	1,87	Lt2	25,9	41,2	32,9
Prozesse: Geomorphologisch stabil **Substrat:** Periglazial aufgearbeitete Moräne				**Vegetation:** Salix polaris, Oxyria digyna Carex rupestris						

mineralspektrums erkennen (s. 4.5.3). Die Persistenz leicht verwitterbarer Primärsilikate sowie die weitgehende Übereinstimmung des Tonmineralspektrums von Bv-und Cv-Horizont weisen auf nur schwache chemische Stoffveränderungen innerhalb des Profils hin (s. PASTOR & BOCKHEIM 1980: 347).

Die Frage, warum sich die Verwitterungsintensität auf den unterschiedlich alten Oberflächen kaum ändert, kann nicht eindeutig beantwortet werden. Zunächst ist zu berücksichtigen, daß es sich bei Profil 7/3 um eine punktuelle Aufnahme handelt, die nicht unbedingt repräsentativ für den gesamten zentralen Bereich der Reinsdyrflya sein muß. Der hohe Feinmaterialanteil des Profils 7/3 legt die Vermutung nahe, daß der gegenwärtige geomorphologisch stabile Zustand nicht immer vorgeherrscht hat. Mit zunehmender Dauer der Wirksamkeit kryoklastischer Prozesse steigt der Feinmaterialanteil im Profil, wodurch eine kryoturbate Dynamik in Gang kommen kann. Bis dahin vorhandene Verwitterungsmerkmale werden dabei verwischt. UGOLINI (1966) kommt bei seinen Untersuchungen in Grönland zu dem Ergebnis, daß durch Substrat- und Vegetationsunterschiede sowie mikroklimatische Differenzierungen das Substratalter in den Hintergrund rücken kann. Chronosequenzen können sich dadurch möglicherweise nicht ausprägen bzw. nur dort deutlich in Erscheinung treten, wo sehr große Altersunterschiede und stabile Ausgangssubstrate vorhanden sind (s. auch Kap. 6).

4.6.3 Substratgenese und Bodenbildung im Vorland der Kronprinshögda (Kapp Kjeldsen, Untersuchungsgebiet D)

4.6.3.1 Geomorphologie und Landschaftsentwicklung

Das Teiluntersuchungsgebiet D (s. Abb. 1) umfasst das eng begrenzte, zum Bockfjord gerichtete Küstenvorland der Kronprinshögda (Kapp Kjeldsen, vgl. Spitsbergen 1:500000, Blad 3, NORSK POLARINSTITUTT 1982). Die schmale, nur im Süden vergletscherte Bergkette der Kronprinshögda trennt den Bockfjord vom Woodfjord. Geologisch wird auch dieses Gebiet überwiegend von den Gesteinen der Wood Bay-Gruppe aufgebaut. Die Reliefverhältnisse unterscheiden sich von der Roosflya dahingehend, daß das flache Küstenvorland direkt von steilen Berghängen begrenzt wird, die auf kürzeste Distanz bis über 800 m.ü.M. ansteigen. Ein vergleichbarer Reliefunterschied ist im Bereich der Devongesteine lediglich am Nordabfall des Korken (Germaniahalvöya, s. Bodenkarte Blatt 2) anzutreffen. Der abrupte geomorphologische Wechsel hat zur Folge, daß die Tundrenzone auf das flache Vorland unterhalb von etwa 80 m.ü.M. beschränkt bleibt und die oberhalb ansetzenden Steilhänge (bis > 60°) fast völlig vegetationsfrei sind. Die Hänge werden von Runsen und steilen Tälchen zerschnitten, die mit Schuttfächern auf das Vorland ausmünden. Die hangnahen Flächen sind vollständig von Hangschutt und ablualen Ablagerungen überprägt worden, sodaß nur in Küstennähe marine Sedimente an der Oberfläche anzutreffen sind. Die Wirksamkeit der Abluation ließ sich in diesem Teil des Arbeitsgebietes besonders eindrucksvoll belegen. Im Sommer 1991 wurden stellenweise bis zu 20 cm mächtige Feinmaterialakkumulationen festgestellt, die eindeutig das Ergebnis der vorangegangenen Schneeschmelze waren (s. Photo 13).

Das Arbeitsgebiet wurde jedoch nicht nur wegen der geomorphologischen Verhältnisse in die Untersuchungen einbezogen. Von besonderem Interesse ist dieses Gebiet auch deswegen, weil vulkanisches Material des Sverrefjell (s. Kap. 6) in vielen Ausgangssubstraten enthalten ist. Während sich die vulkanische Komponente auf der Roosflya nur mikroskopisch nachweisen läßt (s. 4.6.1.2), ist auf Kapp Kjeldsen basaltisches Material bis zu Steingröße vorhanden. Unter dem Lichtmikroskop ist aber auch in hangnahen, ablual geprägten Profilen noch vulkanisches Material nachzuweisen. Besonders die hohen Gehalte an Titanaugit und vulkanischen

Photo 13:

Flächenhafte, abluale Überprägung im Bereich der Tundrenzone bei Kapp Kjeldsen (Nähe Profil 5/5, s. Abb. 21). Die Aufnahme entstand Mitte Juli 1991. Die Mächtigkeit der Ablagerungen lag zwischen wenigen Millimetern und 20 cm.

Gläsern sind typisch für den Sverrefjell-Vulkanismus (s. Kap. 6 und Tab. A3.1). Neben den vulkanogenen Komponenten enthalten die Ausgangssubstrate außerdem sehr viel kristallines Material des kaledonischen Basements, das glazigen aus dem hinteren Bockfjord antransportiert wurde.

Im Hinblick auf das Verständnis der Landschaftsentwicklung im hinteren Bockfjord kommt diesem Teiluntersuchungsgebiet eine Schlüsselposition zu (s. auch 6.2). Auf dem untersten marinen Niveau wurde unmittelbar oberhalb der Lagune bei Naesspynten eine 3,5 Meter mächtige, gut geschichtete Sand- und Kiesakkumulation aus vorwiegend basaltischem und kristallinem Material angetroffen (**Profil 5/2**, s. Tab. A1.3 u. Abb. 21). An der Basis des Aufschlusses stehen Siltsteine der Wood Bay-Gruppe an. Die allochthonen Sande werden von einem muschelführenden Lagunensediment überlagert, das vorwiegend aus Wood Bay-Material besteht (s. Abb. 21). Der Aufschluß gibt wichtige Hinweise auf die Art des Transports vulkanogenen Materials von der gegenüberliegenden Fjordseite auf das Vorland der Kronprinshögda.

Da die Sande nur geringe Wood Bay-Anteile aufweisen, muß während ihrer Ablagerung eine recht homogene Schüttung aus südwestlicher Richtung vom Sverrefjell-Vulkan erfolgt sein, die nur durch glazifluvialen Transport über den vorstoßenden Adolfbreen erklärt werden kann. Die Lage der gut sortierten Sedimente oberhalb der rezenten Lagune belegt eine möglicherweise ähnliche Reliefsituation zur Zeit der Ablagerung (z.B kleiner Eisrandstausee). Die jüngeren muschelführenden Wood Bay-Sedimente können nur im Stillwasserbereich abgelagert worden sein und zeigen, daß die Schüttung des vulkanischen Materials ziemlich abrupt endete (Deglaziation?) und wieder vorwiegend autochthones Material sedimentiert wurde (s. 6.2 u. Tab. 15). Weitere wichtige Hinweise zur Landschaftsgenese in diesem Gebiet lassen Datierungen des Muschelhorizontes sowie marine Bohrkerne aus dem hinteren Bockfjord erwarten. Diese Untersuchungen werden von anderen Arbeitsgruppen im Rahmen des SPE-Projektes durchgeführt.

4.6.3.2 Verwitterung und Bodenbildung

Außer dem beschriebenen Aufschluß 5/2 wurden auf dem Vorland zwei Bodenprofile untersucht (s. Abb. 21). Bei **Profil 5/5** handelt es sich um eine mehrschichtige Ablagerung, die nur initiale pedogene Merkmale aufweist (s. Tab. A2.3). Solche Lockersyroseme (Gelic Leptosols/Gelic Regosols) sind charakteristisch für die intensiv von Abluation und Rinnenspülung geprägten, hangnahen Bereiche des Untersuchungsgebietes. Sie unterscheiden sich in keiner Weise von entsprechenden Bodenbildungen der Roosflya (s. 4.6.1.2). An stabileren Standorten sind auch hier Regosole (Gelic Regosols) oder Braunerde-Regosole (Cambi-gelic Regosols) entwickelt.

Das **Profil 5/4** liegt im Bereich einer leicht geneigten, auf 20-25 m.ü.M. gelegenen Strandterrasse. Der rezent stabile Standort wurde in der Vergangenheit ablual überprägt, z.T. erfolgt(e) wohl auch äolischer Eintrag. Während der Muschelschill führende Cv-Horizont aus einer Abfolge kies- und sandreicher Straten besteht, läßt der gut durchwurzelte und feinmaterialreiche Ah- bzw. Bv-Horizont keine marine Schichtung mehr erkennen (s. Photo 14). Etwas kiesiges Material wurde wahrscheinlich während einer Phase aktiver Kryoturbation in den Oberboden eingearbeitet. Infolge des hohen Feinmaterialanteils im Oberboden - bei gleichzeitig guter Drainage durch den kiesreichen Cv-Horizont - sind an diesem Standort offensichtlich die in Abschnitt 4.6.2.2 diskutierten Idealbedingungen für chemische Ver-

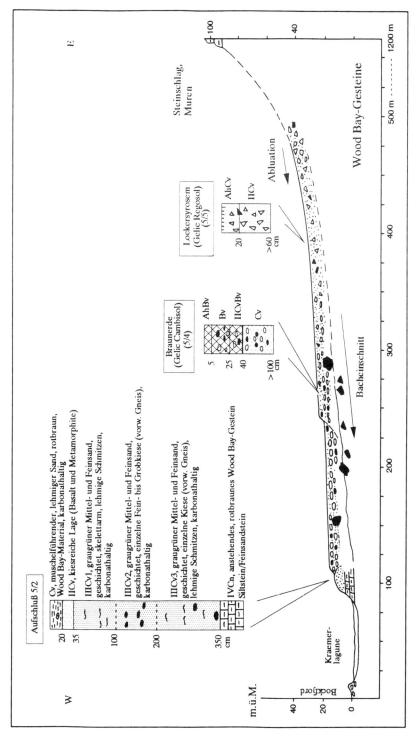

Abb. 21: Profilabfolge im Vorland der Kronprinshögda bei Naesspynthen (Untersuchungsgebiet D im Bockfjord, s. Abb. 1). Das anstehende Gestein bilden die Silt- und Sandsteine der Wood Bay-Gruppe, die jedoch von quartären Ablagerungen mariner und/oder periglazialer Genese überdeckt werden. Lediglich im Steilanstieg zur Gipfelkette der Kronprinshögda streichen Wood Bay-Schichten an der Oberfläche aus.

witterungsprozesse gegeben. Der Oberboden ist wesentlich feuchter als in nicht ablual überprägten Böden mariner Grobsedimente (s. 4.6.1.2 und 4.6.2.2).

Die substratspezifische Bodendifferenzierung, wie sie auf marinen Sedimenten der Reinsdyr-flya und periglazialen Substraten der Germaniahalvöya angetroffen wurde, läßt sich auch in diesem Teiluntersuchungsgebiet wiederfinden (vgl. 4.6.1 und 4.6.2). Durch die vulkanogene Komponente wird die Zusammensetzung der Ausgangssubstrate jedoch in diesem Teilunter-suchungsgebiet noch stärker kompliziert. Das Schwermineralspektrum weist im gesamten Profil 5/4 hohe Anteile vulkanischer Minerale des Sverrefjell auf, wobei der Titanaugit eindeutig dominiert (s. Photo 28 u. Tab. A3.1). In der Leichtfraktion sind vulkanische Gläser vorhanden, die im Bv-Horizont durch Eisenoxide stark opakitisiert sind. Die in situ-Ver-braunung ist gegenüber Braunerden weitgehend glasfreier Substrate intensiver. Dies zeigen sowohl die mikromorphologischen Untersuchungen (vgl. Photo 3) als auch die boden-chemisch ermittelten Eisenwerte (s. Tab. 10 u. Tab. A2.1 bis A2.3). Die Bedeutung der leicht verwitterbaren basaltischen Gläser für die Pedogenese wird in den Bodenprofilen am Sverrefjell-Vulkan ausführlich zu erläutern sein (s. 6.3.1 und Abb. 32).

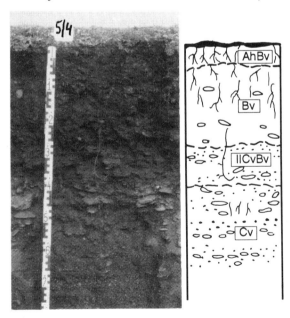

Photo 14:

Braunerde (Gelic Cambisol) auf marinen Grobsedimenten (Profil 5/4, s. Abb. 21). Auch dieses Profil ist aufgrund der ablualen Überprägung mehrschichtig (Bodenkennwerte vgl. Tab. 10, sowie Tab. A1.3 und A2.3 im Anhang).

Tab. 10: Kennwerte des Profils 5/4: Braunerde (Strandterrasse ca. 20 m.ü.M. auf Kapp Kjeldsen, vgl. Abb. 21 u. Photo 14 sowie Tab. A1.3 u. A2.3 im Anhang).

Profil 5/4	Bodentyp: Braunerde / FAO: Gelic Cambisol									
Horizont	Tiefe (cm)	Farbe Munsell (dry)	$CaCO_3$ (Gew. %)	pH-Wert $CaCl_2$	Fe(o) %	Fe(d) %	Fein- Boden- art	S	U (Gew. %)	T
AhBv	6	5YR3/3	-	6,6	0,13	1,77	Lt3	23,3	39,1	37,6
Bv	25	5YR3/4	-	6,6	0,16	1,73	Lt3	21,2	41,4	37,4
IICvBv	40	2,5YR3/4	-	6,8	0,15	1,76	Sl4	53,4	31,3	15,2
Cv	>100	2,5YR4/4	14,2	7,6	0,05	1,15	S	93,7	-	-
Prozesse: Geomorphologisch stabiler Standort **Substrat:** Marine Sande und Kiese, ablual überprägt				**Vegetation:** Salix polaris, Dryas octopetala Potentilla pulchella						

Auch in Profil 5/4 konnten keine Hinweise auf pedogene Transformationen des lithogenen Tonmineralspektrums oder gar Tonmineralneubildungen gefunden werden (s. Abb. 22). Damit unterscheidet sich dieses Profil lediglich durch die intensivere Oxidationsverwitterung von den Braunerden der anderen devonischen Teiluntersuchungsgebiete (stellv. Profil 4/5 u. 7/9, s. Tab. A2.2 u. A2.3).

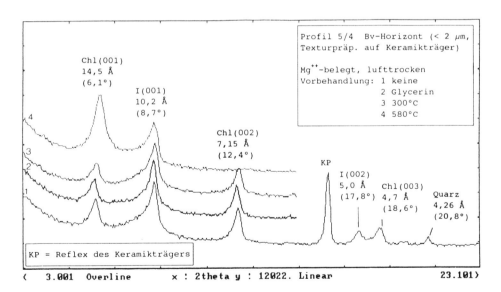

Abb. 22: Röntgendiffraktogramme der Tonfraktion des Bv-Horizontes von Profil 5/4. Auch in diesem Profil zeigt das lithogene Illit/Chlorit-Spektrum keine interpretierbaren Veränderungen (ausführliche Erläuterungen und methodischer Nachweis in Kap. 4.5.3). 2 Theta 3-23°.

4.6.4 Bodenbildung auf fluvialen und glazifluvialen Sedimenten der Germaniahalvöya

Fluviale und glazifluviale Sedimente sind vor allem auf der Germaniahalvöya als Ablagerungen größerer Fließgewässer (Schwemmkegel, Sanderschüttungen) anzutreffen. Flächen, die rezent von fluvialen und glazifluvialen Prozessen geprägt werden, sind frei von Bodenbildungen und wurden auf der Bodenkarte zusammen mit den rezenten Strandsedimenten in einer Kartiereinheit zusammengefasst (KE 3, s. Bodenkarte). Solche Flächen durchschneiden geomorphologisch stabilere und pedologisch differenziertere Einheiten. Innerhalb der aktiven Schwemmfächer und Sanderflächen können an etwas höher gelegenen Stellen inselartig erste pedogene Bildungen (meist Lockersyroseme) auftreten. In der Regel handelt es sich um sand- und skelettreiches Ausgangsmaterial, das sich einem Weitertransport zunächst widersetzen konnte. An solchen Standorten haben sich meist *Saxifraga oppositifolia*-Bestände entwickelt, die von THANNHEISER (1992: 149) als "migratorische Dauerpionierpflanzen" der Fleckentundra ausgewiesen wurden. Größere Abflußereignisse - insbesondere auch Sulzströme - zerstören solche Vegetationsinseln und erodieren dabei auch initiale Bodenbildungen.

Auf rezent inaktiven Schwemmfächern sind dagegen weiter entwickelte Böden anzutreffen. Es handelt sich um die Bodengesellschaft der Kartiereinheit 4 (s. Bodenkarte). Während grobklastische Bereiche - ähnlich den marinen Grobsedimenten - geomorphologisch stabil sind, werden Standorte mit fluvialen und glazifluvialen Feinsedimenten teilweise rezent durch kryoturbate bzw. abluale Prozesse geprägt. Die fluvialen und glazifluvialen Ablagerungen sind jedoch nicht so gut sortiert wie die marinen Sedimente. Durch unterschiedliche Wasserführung und eine "braided river"-Dynamik ändern sich die Sedimentationsbedingungen kleinräumig.

Eine besonders gut ausgeprägte Abfolge unterschiedlich alter Schwemmfächer zeigt der Mündungsbereich des Kvikåa, eines Baches unmittelbar östlich des SPE-Basislagers. Auf den inaktiven, vollständig von Tundravegetation bedeckten Flächen haben sich Regosole (Gelic Regosols), auf dem ältesten Niveau bereits Regosol-Braunerden (Gelic Cambisols) entwickelt. Die **Profile 1/20** und **1/22** (s. Tab. A1.1 u. A2.1) liegen in diesem Bereich. Da sich diese Profile bezüglich ihres Verwitterungsgrades nicht wesentlich von Böden der gut drainierten, marinen Standorte unterscheiden, kann an dieser Stelle auf die Ausführungen in den Kapiteln 4.6.1 bis 4.6.3 verwiesen werden.

In feinklastischen Sedimenten sind meist nur Lockersyroseme, vereinzelt auch Regosole (Gelic Regosols) entwickelt. Gemäß den FAO-Richtlinien müßten die Lockersyroseme und Regosole fluvialer Ablagerungen eigentlich als Fluvisols bezeichnet werden, wobei ein "Gelic Fluvisol" auch in der überarbeiteten FAO-Klassifikation (FAO 1988) nicht vorgesehen ist. In die Bodenkarte wurde diese Bezeichnung dennoch aufgenommen. Die Böden unterscheiden sich jedoch meist nur durch die fluviale bzw. glazifluviale Genese des Ausgangssubstrates von Gelic Regosols feinklastischer periglazialer oder mariner Sedimente. Daneben sind auf feinklastischen Ablagerungen häufig initiale hydromorphe Böden (Moosböden) anzutreffen. Entsprechende Bodenbildungen sind auch auf fluvialen und glazifluvialen Sedimenten im Bereich des kristallinen Basements verbreitet (s. Bodenkarte, Blatt 1).

4.7 Substratgenese und Bodenbildung im Bereich der Devongesteine (Zusammenfassung)

Durch glaziale, periglaziale und marine Formungsphasen der Vergangenheit sind im Bereich der devonischen Sedimentgesteine unterschiedliche Ausgangssubstrate entstanden. Die spezifischen Eigenschaften dieser oft polygenetischen und in ihrer mineralischen Zusammensetzung komplex aufgebauten Ablagerungen bestimmen ganz wesentlich den Verwitterungsgrad und das Bodenmuster dieser Teiluntersuchungsgebiete. Insbesondere die Korngrößenzusammensetzung (s. Abb. 23) und der Skelettgehalt der Ausgangssubstrate sind dabei für die hygrischen (z.B. Wasser- bzw. Eisgehalt, Drainage, Perkolation) und thermischen Eigenschaften (z.B. Auftautiefe, Auftaugeschwindigkeit) der Bodenprofile, vor allem aber für die Standortstabilität insgesamt von entscheidender Bedeutung (s. TEDROW 1977: 177). Art und Intensität der rezenten Geomorphodynamik werden - abgesehen vom Reliefeinfluß - hauptsächlich von der Korngröße der quartären Lockersubstrate gesteuert.

Durch abluale Prozesse findet an den Hängen der Germaniahalvöya und Kronprinshögda gegenwärtig ein erheblicher Feinmaterialtransport aus der Frostschutzzone in den Bereich der Tundra statt. Diese Dynamik wird aufgrund der petrographischen Eigenschaften der anstehenden

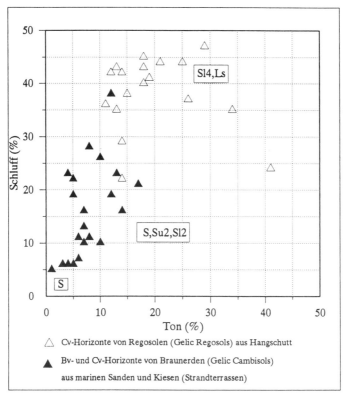

Abb. 23: Vergleich der Korngrößenzusammensetzung des Feinbodens von Regosolen und Braunerden (Gelic Regosols und Gelic Cambisols) auf unterschiedlichen quartären Lockersubstraten (Bereich der devonischen Sedimentgesteine, s. Tab. A1.1 bis A1.3).

Devongesteine - insbesondere ihrer geringen Resistenz gegenüber kryoklastischer Verwitterung - begünstigt und wirkt sich unmittelbar auf die Bodenbildung aus. Kleinräumige Wechsel von Lockersyrosemen und Regosolen (Gelic Leptosols/Gelic Regosols) bestimmen daher das Bodenmuster der Tundrenzone im Bereich feinmaterialreicher, periglazialer Hangschuttdecken (s. Abb. 23). Kryoturbate Prozesse - beispielsweise in feinklastischen marinen Sedimenten - bewirken eine ständige Bereitstellung von frischem, unverwittertem Material. Die durch Frostdynamik bedingte mechanische Aufbereitung und Sortierung schafft einerseits die Voraussetzung für eine pedogene Horizontentwicklung, kann andererseits aber auch zur Verwischung bereits vorhandener Verwitterungsmerkmale führen (s. JONASSON 1986; VAN VLIET-LANOE 1990). So erfolgt durch kryoklastische, abluale oder auch äolische Prozesse eine Zunahme des Feinmaterialgehaltes in ursprünglich grobkörnigen stabilen Substraten, wodurch kryoturbate Prozesse (re)aktiviert werden können. Im Zuge dieser Umwandlung eines pedogenen in ein periglaziales System werden Bodenhorizonte zerstört (s. MANN et al. 1986). Mit Zunahme der Auftautiefe und/oder Abnahme der sommerlichen Durchfeuchtung kann jedoch auch umgekehrt ein periglaziales System stabilisiert werden und anschließend eine pedogene Differenzierung einsetzen. In sehr grobkörnigen Substraten kommt es dagegen im Zuge der Permafrostdegradierung zu einem Wasserdefizit, wodurch die Wirksamkeit chemischer Verwitterungsprozesse möglicherweise wieder reduziert wird (s. 6.4.3, 7.5).

Die Verbreitung der erstmals von Tedrow & HILL (1955) nachgewiesenen "arctic brown soils" beschränkt sich auf geomorphologisch stabile Standorte, wo ausreichend Zeit für eine pedogene Differenzierung zur Verfügung stand. Insbesondere auf gut drainierten, sand- und kiesreichen marinen Grobsedimenten sind solche Bodenbildungen anzutreffen (s. Abb. 23). Die in situ-Verwitterung in diesen Profilen geht jedoch nicht über eine Dekarbonatisierung sowie mäßige Neubildung von Eisenoxiden hinaus. Hohe lithogene Hämatit- bzw. Limonitgehalte täuschen in bodenchemischen Analysen eine stärkere Verbraunung ebenso vor, wie die Eigenfarbe der Sedimentgesteine. Erst durch mikromorphologische Untersuchungen ist eine qualitative Unterscheidung lithogener und pedogener Eisenoxide möglich. Das Tonmineralspektrum der Bodenhorizonte entspricht dem lithogenen Illit-Chlorit-Spektrum des unverwitterten, vorwiegend devonischen Ausgangsmaterials. Selbst kryoklastisch beanspruchte Feldspäte zeigen keine nennenswerten chemischen Verwitterungsmerkmale, ein weiterer Hinweis auf die geringe Bedeutung der Silikatverwitterung in den Böden dieser Teiluntersuchungsgebiete.

5 SUBSTRATGENESE UND BODENBILDUNG IM BEREICH DES KALEDONISCHEN GRUNDGEBIRGES

Die Untersuchungen im Bereich der Kristallingesteine des kaledonischen Basements (Hecla Hoek) wurden vorwiegend auf den Lernerinseln sowie im küstennahen Vorland, nördlich der Keisar Wilhelmhögda durchgeführt (Untersuchungsgebiet B und westlicher Teil von Gebiet A, s. Abb. 1). Bei den Lernerinseln handelt es sich um eine Gruppe von acht größeren (0,1 bis 1 km^2) und zahlreichen kleinen Inseln, die im inneren Liefdefjord der Nordküste der Germaniahalvöya vorgelagert sind (vgl. Bodenkarte, Blatt 1). Im hintersten Liefdefjord - unmittelbar vor dem Monacobreen - stehen in einem weiteren N-S-streichenden Grabensystem (Raudfjordgraben, s. Abb. 2) nochmals devonische Sedimentgesteine an. Im Einzugsgebiet der in den Liefdefjord mündenden Gletscher überwiegen aber die Gesteine des kristallinen Grundgebirges.

5.1 Petrographie und Mineralogie der kaledonischen Gesteine

Die Gesteine des kaledonischen Basements (Hecla Hoek) zeichnen sich im Arbeitsgebiet durch eine große Vielfalt unterschiedlich metamorpher Serien aus. Bereits GJELSVIK (1979) gliederte unter den Metamorphiten der Germaniahalvöya Gneise, Migmatite, Glimmerschiefer, Phyllite und Marmore aus. Letztere lassen sich ohne Schwierigkeiten im Gelände abgrenzen, während die anderen metamorphen Serien oft nur schwer zu differenzieren sind. Für Fragen der Bodenbildung ist die spezielle Petrographie des Einzelstandorts wenig relevant, da die Pedogenese fast nie direkt auf anstehendem Festgestein, sondern auf einer petrographisch heterogenen Grundmoränendecke unterschiedlicher Mächtigkeit erfolgt ist (s. 5.2 u. 5.4.2).

Für die Untersuchungen zur Substratzusammensetzung und Verwitterungsintensität ist jedoch das Mineralspektrum der Kristallingesteine insgesamt von großer Bedeutung. MÖLLER (1991:35) gibt auf der Basis einer Auszählung an Dünnschliffen verschiedener saurer Metamorphite mittlere Modalwerte der wichtigsten gesteinsbildenden Minerale an (Tab. 11). Von diesen Mittelwerten weichen die Einzelproben jedoch teilweise erheblich ab. Die Quarzkörner kristalliner Herkunft sind im Vergleich zu Mineralen der Devongesteine nicht korro-

Tab. 11: Mittlerer Mineralbestand saurer Metamorphite auf der Basis der Modalbestände von 13 Dünnschliffen in Vol.% (aus: MÖLLER 1991: 35).

Quarz	Plagioklas	Kalifeldspat	Biotit
29,3	11,0	30,5	18,9

diert und frei von lithogenen Eisenoxid-Pigmenten (s. 4.1). Die splittrigen oder schwach gerundeten, häufig transparenten Körner zeigen oft eine typische undulöse Auslöschung. Zu den Hauptkomponenten kommen als weitere wichtige gesteinsbildende Minerale Chlorit, Muskovit und Sericit hinzu. MÖLLER (1991: 31) belegt am Dünnschliff eines Gneises die beginnende Chloritisierung von Biotit sowie Sericitisierung von Kalifeldspat. Diese Befunde sind bei der Interpretation pedogener Mineraltransformationen zu berücksichtigen (s. 5.4.1). Die teilweise gebänderten und dolomitisierten Marmore bestehen vorwiegend aus Karbonat, Quarz und Diopsid sowie untergeordnet aus Glimmer, Titanit, Zirkon und Chlorit. Das Auftreten der karbonatischen Gesteine beschränkt sich auf wenige Bereiche westlich des SPE-Basislagers und Teile der Lernerinseln (s. 5.5 sowie Flächen der KE 11 in der Bodenkarte).

Infolge unterschiedlicher Metamorphosegrade der Hecla Hoek-Gesteine ist das Schwermineralspektrum in den vom Kristallin dominierten Lockersubstraten sehr vielfältig (s. Tab. 1 und Tab. A3.2). Besonders häufig kommen Granat und Turmalin (jeweils 10-30% der transparenten Schwerminerale) vor. Amphibole treten in sehr unterschiedlichen Variationen auf (farblos, grün, braun). Aufgrund der optischen Eigenschaften handelt es sich überwiegend um Vertreter der Tschermakit- und Hastingsit-Reihe. Häufig vertreten sind auch Andalusit und Sillimanit (zusammen bis über 20% der transparenten Schwerminerale). Sillimanit ist teilweise in seiner prismatischen Form, häufiger jedoch als Fibrolith anzutreffen. Meist > 5% entfallen auf Vertreter der Epidotgruppe und diopsitischen Pyroxen. Dagegen wurden von Titanit, Anatas, Zirkon und Rutil nur geringe Prozentsätze ermittelt. Der Opakanteil der Schwermineralfraktion liegt in diesem Teil des Arbeitsgebietes bei 10-25% (s. Tab. A3.2). Ein Einfluß des Sverre-Vulkanismus konnte im hinteren Liefdefjord weder in glazigenen noch marinen Sedimenten nachgewiesen werden (s. Tab. 1).

In Abhängigkeit von ihren petrographischen Eigenschaften (Schieferung, Körnigkeit, mineralische Zusammensetzung etc.) verwittern die Metamorphite zu feinblättrigem (Glimmer-

schiefer, Phyllite) oder eher grobblockigem Frostschutt (Gneise, Migmatite). Die kryoklastische Gesteinsaufbereitung liefert im Vergleich zu den devonischen Sedimentgesteinen nur
sehr geringe Feinmaterialmengen, die überwiegend der Grob- und Mittelsandfraktion ange-
hören. Lediglich die feingeschichteten Marmore sind stellenweise kryoklastisch intensiver zu
grus- und sandreichem Frostschutt verwittert (s. 5.5).

5.2 Landschaftsentwicklung und Substratgenese im hinteren Liefdefjord

Der glazigene Formenschatz im Kristallinbereich des hinteren Liefdefjords ist nur mäßig
durch periglaziale Prozesse überprägt worden. Die Gneise und Glimmerschiefer der Lernerinseln lassen ein charakteristisches Rundhöckerrelief mit Schrammen und Exarationsformen
erkennen. Auch der küstennahe Bereich nördlich der Keisar Wilhelmhögda (s. Bodenkarte)
weist vorwiegend glazial geprägte Oberflächenformen auf. Mit dem Zurückschmelzen der
Gletscher kamen auf den Kristallingesteinen glazigene Sedimente unterschiedlicher Mächtigkeit zur Ablagerung, die nachfolgend vorwiegend durch periglaziale Prozesse in Mulden-
bereiche zwischen den Rundhöckern verlagert wurden (s. Abb. 24). Eine erst in jüngster
Vergangenheit vom Monacoeis freigegebene kleine Insel kann als Modell für diesen Ur-
zustand der Lernerinseln herangezogen werden. Da im hinteren Liefdefjord nochmals
devonische Sedimentgesteine anstehen, stellen die Moränensedimente eine Mixtur verschiedener petrographischer Einheiten dar. Für die Pedogenese sind die unterschiedlich
mächtigen Ablagerungen von größter Bedeutung, da auf anstehenden Festgesteinen kaum eine
Bodenbildung erfolgen konnte. Auf den Topbereichen der Rundhöcker ist folglich keinerlei
Bodenbildung, sondern lediglich Flechtenbesatz anzutreffen (s. 5.4.2 u. Photo 19).

Die ^{14}C-Datierung an Muscheln eines marinen Niveaus in 6 m.ü.M. an der Küste der
Germaniahögda - unmittelbar südlich der Lernerinseln - durch SALVIGSEN & ÖSTER-
HOLM (1982: 104), ergab ein Alter von ca. 9400 y BP. Dies würde bedeuten, daß seit
dieser Zeit keine vollständige glaziale Überprägung der Lernerinsel und des kristallinen
Küstenbereiches der Germaniahalvöya mehr erfolgt ist. Diese Aussage wird durch Ergebnisse
der ^{14}C-Datierungen fossiler Humushorizonte im hinteren Liefdefjord bestätigt (FURRER
1991, 1992). Mit Hilfe solcher fossiler Bodenbildungen konnte FURRER (1992: 278) belegen, daß durch postglaziale Gletschervorstösse die neuzeitlichen Maximalstände nicht über-

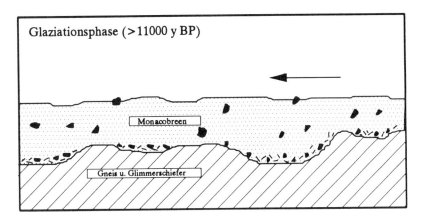

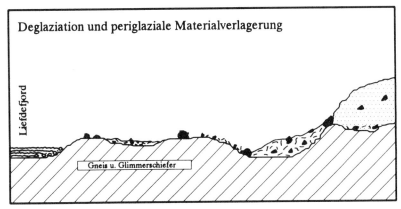

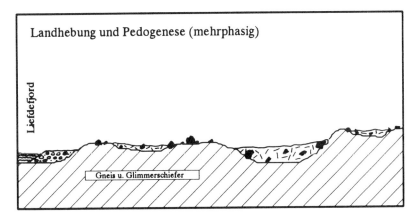

Abb. 24: Schematische Darstellung der Landschaftsentwicklung und Substratgenese seit dem ausgehenden Spätglazial im hinteren Liefdefjord (Lernerinseln, s. Bodenkarte). Verteilung und Mächtigkeit der abgelagerten Grundmoränensedimente bestimmen die Standortstabilität und das Bodenmuster auf den Lernerinseln.

schritten wurden. Die älteste von FURRER (1992) an einem fossilisierten Ah-Horizont nachgewiesene Bodenbildungsphase ist ins Jüngere Atlantikum (ca. 4800-5300 y BP) zu stellen. Weitere Bodenbildungen haben nach diesen Untersuchungen in postglazialen Wärmephasen am Ende des Subboreals (ca. 3000 y BP) sowie im Älteren Subatlantikum (ca. 1400-2000 y BP) stattgefunden. Die westlichste Lernerinsel (s. Bodenkarte, Blatt 1), die vorwiegend von Marmor aufgebaut wird, stellt offenbar die nördliche Begrenzung der postglazialen Oszillationen des Monacobreen dar. Die an der Südküste der Insel abgelagerte Wallmoräne wird von FURRER (1992: 272) einem Vorstoß dieses Gletschers im Älteren Subatlantikum (ca. 1300 y BP) zugeordnet. Offenbar endete der Monacobreen zu dieser Zeit unmittelbar vor den Lernerinseln (s. Abb. 29 u. Photo 22).

Auch im Bereich der Kristallingesteine sind im Zuge der eisisostatischen Landhebung marine Strandterrassen entstanden (s. Abb. 24 u. 27). Auf der Basis einer ^{14}C-Datierung vor der Endmoräne des Erikbreen (Liefdefjord-Nordseite, s. Blatt 1 der Bodenkarte) ermittelte FURRER (1992: 278) für die letzten 4000 Jahre eine Hebung von 160 cm. Die marinen Formen sind in den widerständigen Kristallingesteinen jedoch nur lokal als schmale Terrassen entwickelt. Entlang der von Kristallingesteinen aufgebauten Küstenlinie dominieren Kliffe und marine Abrasionsflächen, so daß marine Lockersubstrate in diesem Gebiet bei weitem nicht die pedogenetische Bedeutung haben wie im Bereich der Sedimentgesteine.

Die postglaziale Landschaftsentwicklung ist für die Verwitterung und räumliche Verbreitung der Böden von entscheidender Bedeutung. Festzuhalten ist, daß für die Pedogenese im hinteren Liefdefjord offensichtlich eine erhebliche Zeitspanne zur Verfügung gestanden hat (s. 5.4 und 7.4).

Die Rundhöckerflächen östlich und westlich des Basislagers gehören zwar geologisch zur Einheit der Devongesteine, doch ist ihre Landschaftsentwicklung direkt vergleichbar mit derjenigen im Bereich des kristallinen Glazialreliefs. Die recht widerständigen Red Bay-Sandsteine wurden glazial erodiert und zum Teil mit Moräne überdeckt (KE 12 u. 13 s. Bodenkarte, Blatt 1). Die periglaziale Morphodynamik - ausgehend von den Ober- und Mittelhängen - hat es bisher nicht vermocht, diese Reliefeinheiten zu überprägen (vgl. Abb. 4).

5.3 Rezente Geomorphodynamik

Die fast vollständige Erhaltung des glazigenen Vorzeitreliefs im Bereich des kristallinen Grundgebirges, weist auf eine vergleichsweise geringe periglaziale Dynamik während des Postglazials hin. Am Fuße der steil zum Liefdefjord abfallenden Hänge und Wände der Keisar Wilhelmhögda (s. Bodenkarte, Blatt 1) sind durch kryoklastische Prozesse grobblockige Sturzhalden entstanden, die größtenteils als "Steinschlagfrosthänge" i.S.v. STÄBLEIN (1983: 162) bezeichnet werden können. Kryoturbate oder abluale Prozesse treten im Küstenvorland nur lokal an solchen Stellen auf, wo feinmaterialreiches Moränenmaterial oder glazifluviale Sedimente abgelagert wurden. Diese Flächen wurden pedologisch den Kartiereinheiten 6 und 7 zugeordnet, die ansonsten im Bereich der devonischen Sedimentgesteine ihr Hauptverbreitungsgebiet haben (s. Bodenkarte, Blatt 1).

Aktive fluviale und glazifluviale Prozesse beschränken sich weitgehend auf die Sanderflächen von Glop-, Lerner- und Vigobreen (KE 3, s. Bodenkarte, Blatt 1). Auf diesen weitgehend vegetationsfreien Flächen erreicht auch die Deflation größere Ausmaße. Die Akkumulation des äolisch transportierten Materials erfolgt zum Teil auf Flächen mit dichter Vegetation, der weitaus größte Anteil des Feinmaterials dürfte aber im Fjord zur Ablagerung gelangen. Mächtigere, ausschließlich äolische Akkumulationen wurden im Arbeitsgebiet an keiner Stelle angetroffen.

Auf den Lernerinseln sind gegenwärtig kaum horizontale periglaziale Verlagerungsprozesse zu beobachten. Allerdings läßt die Verbreitung des Grundmoränenmaterials erkennen, daß solche Prozesse in der Vergangenheit lokal wirksam waren. Das Fehlen eines höher gelegenen Hinterlandes hat zur Folge, daß der glazigene Formenschatz auf den Lernerinseln besonders gut erhalten geblieben ist. Kryoturbation kann nur dort einsetzen, wo die Moränendecke größere Mächtigkeit erreicht wie beispielsweise in tieferen Exarationsformen. Während gröbere Blöcke nach Ablagerung der Moräne an Ort und Stelle liegenblieben, wurde Feinmaterial in solchen Hohlformen zusammengespült bzw. bereits primär in größer Mächtigkeit abgelagert (s. Abb. 24 u. 28).

Sobald die Mächtigkeit der feinkörnigen glazigenen Sedimente eine gewisse Größenordnung überschreitet (ca. 0,5-1,0 m), kann Kryoturbation in Gang kommen. Solche Standorte sind vergleichbar mit den feinklastischen Substraten der marinen "Lagunenfazies" (s. 4.6.2). Vereinzelt sind auch Steinringe vorhanden, die sich in Sedimenten mit höheren Skelettanteilen entwickelt haben. Durch den Mischungseffekt der Kryoturbation gelangt immer wieder frisches, unverwittertes Moränenmaterial an die Oberfläche. Da die Hohlformen häufig abgeschlossen sind und zudem in solchen Reliefpositionen die winterliche Schneeakkumulation begünstigt wird, ist ausreichend Feuchtigkeit vorhanden, um diese Dynamik in Gang zu halten. In einigen Exarationswannen sind kleinere Seen entstanden, in deren Umgebung verstärkt kryogene Prozesse (earth- bzw. turf hummock-Bildung, s. WEISE 1983: 76) auftreten. Sieht man von diesen geomorphologisch aktiven Standorten ab, ist die Oberfläche der Lernerinseln gegenwärtig jedoch als außerordentlich stabil zu bezeichnen.

Abgesehen von einer intensiveren kryoklastischen Aufarbeitung, sind die Red Bay-Rundhöcker im Bereich des Basislagers auch bezüglich der rezenten Geomorphodynamik mit den kristallinen Einheiten vergleichbar (KE 12 u. 13, s. Bodenkarte).

5.4 Verwitterung, Pedogenese und Bodenmuster im Bereich nichtkarbonatischer Kristallingesteine

5.4.1 Differenzierung pedogener und lithogener Bodenmerkmale

In ähnlicher Weise wie im Bereich der devonischen Sedimentgesteine, soll auch in diesem Teil des Arbeitsgebietes versucht werden, pedogene und lithogene Bodenmerkmale qualitativ zu differenzieren. Bezüglich der grundlegenden Probleme und Aussagekraft einzelner Analysen kann auf die ausführliche Darstellung in Abschnitt 4.5 verwiesen werden.

Die Korngrößenzusammensetzung der teils periglazial verlagerten glazigenen Sedimente ist - im Gegensatz zu den gut sortierten marinen Sedimenten - wesentlich inhomogener (s. 4.6.2). Feinmaterialreiche Substrate (Sl3 bis Sl4) werden in Muldenpositionen angetroffen, während skelettreichere Substrate in aller Regel an exponiertere und/oder kryoklastisch aktive Standorte gebunden sind (s. 5.2). Kennzeichnend für die glazigenen Sedimente ist eine Dominanz der Feinsand- und Grobschlufffraktion, bei insgesamt sehr variablen Grus- und Steinanteilen (2 - >60% s. Tab. A1.4 u. A1.5).

Besonders die flachgründigen, geomorphologisch stabilen Rundhöckerstandorte weisen meist eine deutliche pedogene Horizontierung auf, die eine beachtliche in situ-Verwitterung vermuten läßt. In diesen geringmächtigen Profilen ist nur selten noch unverwittertes Moränenmaterial (C-Material) vorhanden. Um auf indirektem Wege eine Vorstellung über die ursprünglichen Eigenschaften des Ausgangsmaterials zu bekommen, wurden Cv-Horizonte mächtigerer glazigener Sedimente - wie beispielsweise in größeren Exarationswannen - zum Vergleich herangezogen (Proben 2/6.5, 2/16, 2/40.3 s. Tab. A1.4 u. A1.5). Desweiteren wurden Sedimente untersucht, die erst in jüngster Vergangenheit aus dem Eis des Monacobreen ausgeschmolzen und zur Ablagerung gelangt sind (Probe 27/.1 bis 2/27.3 in Tab. A1.5). Geht man von der in Abbildung 24 skizzierten Landschaftsentwicklung aus, so ist dieses Vorgehen für eine rein qualitative Erfassung der Verwitterungsmerkmale zulässig. Der Vergleich mit den flachgründigen, teilweise podsoligen Braunerden (stellv. Profil 2/45 s. Tab. 12) gibt eine annähernde Vorstellung davon, welche pedogenetischen Veränderungen die Substrate erfahren haben. An dieser Stelle sei nochmals betont, daß zunächst nur die pedogenen Merkmale beschrieben werden sollen. Auf die zeitliche Stellung der Bodenbildungen bzw. die rezente Wirksamkeit pedogener Prozesse wird an anderer Stelle noch ausführlicher einzugehen sein (s. 7.4 u. 7.5).

5.4.1.1 Chemische Kennwerte der Böden

Der Vergleich von Kennwerten chemisch weitgehend unveränderter glazigener Ablagerungen und Bodenproben, läßt zunächst die vollständige Dekarbonatisierung des ursprünglich karbonathaltigen Moränenmaterials erkennen. Während die unverwitterten glazigenen Sedimente Karbonatgehalte bis 4% und pH-Werte zwischen 7,2 und 8,0 aufweisen, sinkt der pH-Wert in den flachgründigen Bodenprofilen der Lernerinseln auf Werte bis 4,0 ab (s. Tab. A2.5). Als Folge der dargestellten Landschaftsentwicklung treten verwitterte und unverwitterte Substrate in unmittelbarer Nachbarschaft auf (s. 5.2, 5.4.2 und Abb. 28 sowie Tab. 12 u. 13).

Bei der Interpretation der Eisenwerte [Fe(o),Fe(d)] sind auch in diesem Teilgebiet die Ausführungen von Kapitel 4.5.2 zu berücksichtigen. Infolge des glazigenen Transportes von Sedimentgesteinen aus dem hinteren Liefdefjord, muß wiederum mit lithogenen, dithionitlöslichen Eisenanteilen gerechnet werden. So tritt beispielsweise in **Profil 2/6** (s. Tab. A2.4), durch die Überlagerung feinkörnigen Moränenmaterials mit marinen Grobsedimenten, eine Schichtgrenze im Unterboden auf. Der schluffreiche IICv-Horizont weist trotz Karbonatgehaltes und einem pH-Wert von 7,6 höhere Fe(d)-Werte auf als der sandreiche Bvh-Horizont. Auch in diesem Falle wird offensichtlich, wie sich die Substrateigenschaften auf die Größenordnung der Fe(d)-Absolutwerte auswirken (s. 4.5.2). Allerdings ist die Verfälschung der Werte insgesamt wesentlich geringer als in den von devonischen Sedimentgesteinen dominierten Ausgangssubstraten. Darauf weisen insbesondere die niedrigeren Fe(d)-Absolutwerte in Bodenhorizonten dieses Untersuchungsgebietes hin. Die Fe(o)-Werte der unverwitterten, kristallinreichen Moränensedimente liegen in einer Größenordnung von < 0,1 %, während die Werte in verbraunten Horizonten bis fast 0,9 % ansteigen (s. Tab. A2.4 u. A2.5). Die Oxalatwerte eignen sich folglich recht gut für den Nachweis einer in situ-Verwitterung. Hinzu kommt, daß die Verbraunung in diesen Profilen meist makroskopisch gut zu erkennen ist, da sich Bv-Horizonte mit MUNSELL-Helligkeitswerten von 2/ bis 5/ deutlich von unverwittertem Moränenmaterial (MUNSELL-Werte von 6/ bis 7/) abheben (s. Tab. A2.4 u. A2.5).

In einigen flachgründigen Profilen der Lernerinseln sind schwache Podsolierungsmerkmale ausgebildet. Der pH-Bereich dieser Profile liegt zwischen 3,8 und 5,0. Makroskopisch sind blanke Quarzkörner, jedoch nur selten ein durchgehender Bleichhorizont zu erkennen (s. Profile 2/41, 2/42, 2/45, 2/46 in Tab. A2.5 sowie Photo 15). Die podsoligen Böden zeigen vergleichsweise mächtige organische Auflagehorizonte unter einer fast geschlossenen, flechtenreichen Vegetationsdecke.

Podsolige Böden wurden in Alaska erstmals von TEDROW & DOUGLAS (1964), später von UGOLINI et. al. (1981, 1987) auch nördlich der Baumgrenze (69°N) untersucht. Die rezente Wirksamkeit von Podsolierungsprozessen wurde dabei auf grobkörnigem, saurem Ausgangsmaterial unter Beteilung chelatbildender Flechten nachgewiesen (s. Zusammenstellung bei UGOLINI 1986a, 1986b). Die großräumige Zonierung bodenbildender Prozesse durch TEDROW (1977: 245) - nach der die Podsolierung innerhalb der Tundrenzone nur ganz vereinzelt auftritt - wird dadurch nicht in Frage gestellt. Besonders gut lassen sich die Ergebnisse von JAKOBSEN (1990) in Ostgrönland mit den Befunden auf den Lernerinseln parallelisieren. Die podsoligen Böden Ostgrönlands wurden auf petrographisch vergleichbaren glazigenen Sedimenten einer seit dem Spätglazial eisfreien Oberfläche angetroffen (s. auch JAKOBSEN 1991). Studien an Podsol-Chronosequenzen von PETÄJÄ-RONKAINEN et al. (1992) in Nordfinnland ergaben für die Podsolgenese einen Zeitraum von 330-1200 Jahren. Unter günstigen d.h. feucht-kühlen Klimabedingungen gilt die Podsolierung als rasch ablaufender Verlagerungsprozeß (s. STAHR 1990: 62). Unter kaltariden Klimabedingungen muß das Vorhandensein von Podsolierungsmerkmalen jedoch als Hinweis auf große Standortstabilität und lange Wirkungsdauer entsprechender bodenchemischer Prozesse gewertet werden (s. 7.4 u. 7.5).

Photo 15: Flachgründiger, podsoliger Braunerde-Ranker (Cambi-umbri Gelic Leptosol) aus Grundmoräne über Glimmerschiefer der Lernerinseln (Profil 2/46, s. Abb. 27). Das Profil zeigt stellenweise eine deutliche Sauerbleichung (s. Tab. A1.5 u. A2.5).

5.4.1.2 Mikromorphologische und mineralogische Untersuchungen

Wie die mikromorphologische Auswertung von Bodendünnschliffen flachgründiger Braunerden der Lernerinseln ergab, sind diese Böden wesentlich intensiver verbraunt als Braunerdebildungen im Bereich vorwiegend devonischer Ausgangssubstrate. Im Dünnschliff der Bv-Horizonte (stellv. Profil 2/45, s. Photo 16) sind an Einzelkörnern deutliche Oxidationsmerkmale in Form ockergelber bis brauner, feindisperser Feinmaterialhüllen zu erkennen. Die gelartigen, manchmal schichtigen Hüllsubstanzen sind nur teilweise doppelbrechend, was auf einen hohen Anteil amorpher Eisenoxide hinweist. Die recht hohen Fe(o)-Werte (bis 0,9%) sprechen ebenfalls für diese Interpretation der pedogenen Oxide (s. Tab. 12). Eine leichte Aggregierung bzw. Gefügebildung läßt sich nur in Horizonten feststellen, die reich an organischem Material sind. Im Profil 2/45 sind diese Merkmale besonders deutlich ausgeprägt (s. Tab. 12 u. Photo 20).

Im Gegensatz zu den devonischen Sedimentgesteinen wird die Glimmergruppe in den kristallinen Gesteinen vom Biotit bestimmt (s. MÖLLER 1991). Folglich überwiegt auch in den quartären Lockersubstraten im hinteren Liefdefjord der Biotit, während Muskovit nur untergeordnet auftritt. Verschiedene Untersuchungen belegen die geringere Verwitterungsresistenz des Biotits gegenüber Muskovit (stellv. BISDOM et al. 1982: 226, DACY et al. 1981: 14, ENGELHARDT 1961 :471). Aufgrund ihrer kristallographischen Eigenschaften wird die Schichtaufweitung der Glimmer durch kryoklastische Prozesse beschleunigt oder sogar induziert. In den Dünnschliffen der flachgründigen Braunerden ist eine deutliche pedogene Alteration des Biotits erkennbar, die sich neben der Eisenoxidbildung auch in einer schichtparallelen Aufweitung der Minerale zeigt (s. Photo 17). Häufig beschränken sich diese Aufweitungen auf die Mineralränder, während das Zentrum der Minerale noch weitgehend intakt erscheint.

Die pedogene Transformation der Minerale wird besonders beim Vergleich der Biotite unverwitterter Moränensedimente deutlich (s. Photo 18). Die Glimmer dieser Ablagerungen lassen allenfalls eine schwache randliche Aufweitung erkennen, die jedoch auch das Ergebnis lithogener Chloritisierung sein kann (s. 5.1 sowie MÖLLER 1991: 31). Solche primären Merkmale mögen eine spätere pedogene Transformation der Minerale erleichtern, sie dürfen aber keineswegs als Ergebnis der Verwitterung angesehen werden. REICHENBACH & RICH (1975: 79) weisen darauf hin, daß Chloritisierung, wie auch die Bildung von Wechsellagerungsmineralen und andere Mineraltransformationen großteils im Zuge metamorpher oder hydrothermaler Einflüsse entstehen können. Solche Pseudo-Verwitterungsmerkmale lassen sich nur mit Hilfe mikromorphologischer Untersuchungen sicher von pedogenen in situ-Bildungen unterscheiden.

Die Biotitalteration läßt sich auch in Streupräparaten gut nachweisen. Die Biotitplättchen zeigen eine deutliche Maserierung bis hin zu stärkeren lösungschemischen Veränderungen der

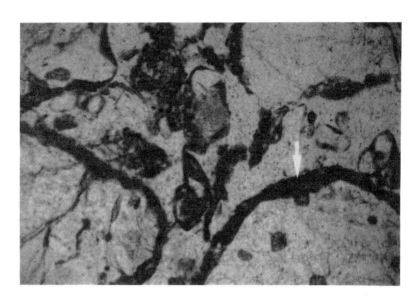

Photo 16: Bodendünnschliff aus dem Bsv-Horizont des Profils 2/45 (s. Abb. 28 u. Photo 20). Gut erkennbar ist die schichtige Anlagerung von pedogenen Eisenoxiden an den Kornoberflächen. Bildunterkante entspr. ca. 1,2 mm.

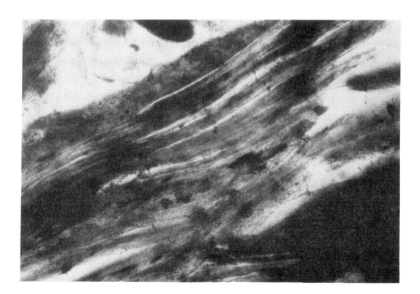

Photo 17: Bodendünnschliff aus dem Bsv-Horizont des Profils 2/45 (s. Photo 20). Erkennbar ist ein oxidierter und bereits deutlich aufgeweiteter Biotit. Bildunterkante entspr. ca. 0,3 mm. Aufnahme unter gekreuzten Nicols.

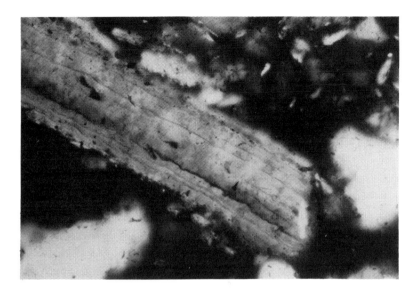

Photo 18: Bodendünnschliff aus dem GorCv-Horizont des Profils 2/40 (s. Abb. 28). Der Biotit zeigt kaum pedogene Veränderungen. Die geringfügige randliche Aufweitung kann auch auf eine primäre Chloritisierung zurückzuführen sein. Bildunterkante entspr. ca. 0,3 mm. Aufnahme unter gekreuzten Nicols.

Mineraloberflächen (vgl. MEYER & KALK 1964). Die Verwitterung geht damit über eine nur randliche und weitgehend mineralunabhängige Oxidation hinaus. An Feldspäten konnten dagegen auch in diesem Teil des Arbeitsgebietes keine nennenswerten hydrolytischen Zersetzungserscheinungen festgestellt werden. Selbst der überdurchschnittlich stark verwitterte Bsv-Horizont des Profils 2/45 weist intakte, lediglich randlich oxidierte Feldspatkörner auf. Durch Verfeinerung der Analytik und rasterelektronenmikroskopische Aufnahmen würden sich jedoch mit großer Wahrscheinlichkeit auch an Feldspäten initiale Lösungserscheinungen feststellen lassen (s. MELLOR 1984).

5.4.1.3 Tonmineralogische Untersuchungen

Röntgenographische Analysen der Tonfraktion von unverwittertem Grundmoränenmaterial ergaben - wie im Bereich der Devongesteine - ein einfaches Illit/Chlorit-Spektrum. Der Nachweis des primären Chlorits erfolgte wiederum durch Hitze- und Säurebehandlung (vgl. 4.5.3). Die Schärfe der Illit- und Chloritpeaks weist auch in diesem Falle eindeutig auf die lithogene Herkunft der Minerale hin.

Die Röntgendiffraktogramme der flachgründigen, häufig podsoligen Braunerden unterscheiden sich dagegen deutlich von allen anderen Bodenprofilen des Untersuchungsgebietes. Zwischen 14 und 10 Å treten diffuse Interferenzen auf, die eine Transformation des lithogenen Tonmineralspektrums andeuten (Abb. 25 u. 26). Nach Kaliumbelegung der Probe 2/45.2 kommt es zu einer deutlichen Abnahme der diffusen Interferenzen zwischen 14 und 10 Å und Verlagerung in Richtung auf den Illit(001)-Peak (s. Abb. 25). Durch Dithionitbehandlung werden die diffusen Reflexe reduziert und die lithogenen Peaks schärfer. Außerdem verschwindet der markante Lepidokrokit-Peak (s. Abb. 25). Nach Glycerinbehandlung verlagern sich die Interferenzen leicht in Richtung auf den Chlorit (001)-Peak, es treten jedoch keine Interferenzen zwischen 14 und 18 Å auf. Dies weist auf eine nur begrenzte Quellfähigkeit der pedogenen Neubildungen hin. Durch stufenweises Erhitzen der Mg-belegten Probe kommt es zu einer Kontraktion in Richtung auf den Illit-Peak (s. Abb. 26). Bei 300°C müßte reiner Vermiculit bereits vollständig auf 10 Å kontrahieren, was jedoch nicht zu beobachten ist (s. WALKER 1975: 178; SCHEFFER & SCHACHTSCHABEL 1992: 32; MOORE & REYNOLDS 1989: 218).

Da sich die (001)-Reflexe von Chlorit und Vermiculit überlagern, ist der Nachweis von Vermiculit in chloritreichen Proben schwierig (MOORE & REYNOLDS 1989: 217). Die Kontraktion nach K-Behandlung weist auf erhebliche Kaliumverluste der Glimmer hin. Der K-Entzug wird durch die geschlossenen Vegetationsdecke (*Empetrum Rhacomitrium*-Gesellschaft) am Standort 2/45 sicher verstärkt. TRIBUTH (1976: 9) betont allerdings, daß durch Kaliumverlust allein zunächst nur geringe Gitterveränderungen der Glimmer auftreten, die dann bei fortschreitender Oxidationsverwitterung zunehmen. BISDOM et al. (1982: 230f) sehen in dieser Verwitterungsabfolge den Übergang vom Biotit (bzw. Illit) über Vermiculit/Glimmer-Wechsellagerungen zu Vermiculit. KAPOOR (1972: 393) belegte in podsoligen Böden eine Verwitterung von Biotit über Mixedlayer-Stadien zu Vermiculit und weiter zu Smectit. Zum selben Ergebnis gelangten auch REICHENBACH & RICH (1975: 77).

Nach Untersuchungen von BLUM (1976: 120) verläuft die Bildung sekundärer Chlorite aus Glimmern häufig über die Vermiculitstufe. Im Gegensatz zu Vermiculiten dürften Bodenchlorite nach K-Behandlung keine Kontraktion zeigen (BLUM 1976: 110). Immerhin kann in den vorliegenden Proben durchaus bereits eine sekundäre Chloritisierung erfolgt sein,

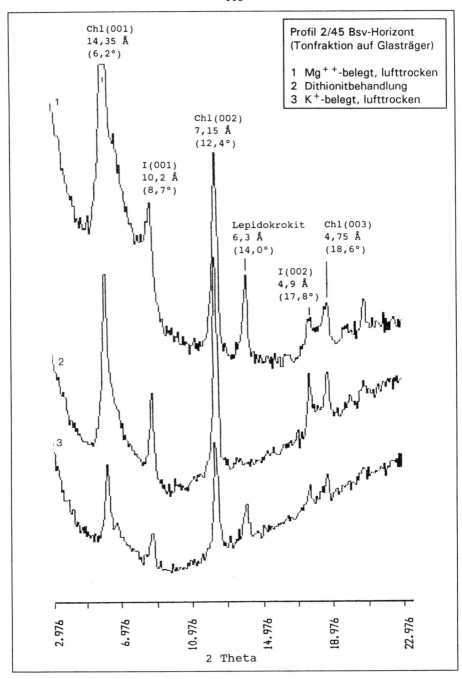

Chl(001)
14,35 Å
(6,2°)

Chl(002)
7,15 Å
(12,4°)

I(001)
10,2 Å
(8,7°)

Lepidokrokit
6,3 Å
(14,0°)

Chl(003)
4,75 Å
(18,6°)

I(002)
4,9 Å
(17,8°)

Profil 2/45 Bsv-Horizont
(Tonfraktion auf Glasträger)

1 Mg^{++}-belegt, lufttrocken
2 Dithionitbehandlung
3 K^{+}-belegt, lufttrocken

2,976   6,976   10,976   14,976   18,976   22,976

2 Theta

Abb. 25: Röntgendiffraktogramme (Bsv-Horizont, Profil 2/45) der Tonfraktion. Neben den scharfen lithogenen Illit- und Chlorit-Reflexen treten zwischen 10 und 14 Å diffuse Interferenzen, sowie ein deutlicher Peak bei 6,3 Å auf (vgl. Abb. 26). 2 Theta 3-23°.

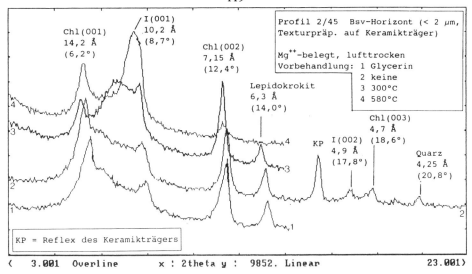

Abb. 26: Röntgendiffraktogramme (Bsv-Horizont, Profil 2/45) der Tonfraktion. Aufnahmen auf Keramikträgern (Mg, Glycerin, 300 bis 580°C). Nach der Hitzebehandlung verlagern sich die diffusen Interferenzen in Richtung auf den Illitpeak. Quellfähige Minerale sind offenbar nicht vorhanden. 2 Theta 3-23°.

wodurch das Quell- bzw. Kontraktionsverhalten vermiculitischer Minerale möglicherweise reduziert würde (s. SCHEFFER & SCHACHTSCHABEL 1992: 34). Interessant sind in diesem Zusammenhang auch die Ergebnisse von SCHWERTMANN (1976), der nachweist, daß selbst in stark sauren Braunerden primäre Chlorite meist noch vorhanden sind, während Illite bereits vermiculitisiert sind. Mg-reiche Chlorite gelten als recht säureresistent und bilden scharfe Reflexe aus (SCHWERTMANN 1976: 28f.). Diese Ergebnisse lassen sich auf die untersuchten Proben insofern anwenden, als auch hier der primäre Chlorit keine nennenswerte Transformation zeigt. Insbesondere der scharfe (002)-Reflex des Chlorits stützt diese Aussage (s. Abb. 26).

In welchem Ausmaß diese Mineraltransformationen rezent stattfinden und welche Bedeutung dabei organischen Säuren zukommt, kann auf der Grundlage dieser Untersuchungen nicht beurteilt werden. Schwach saure, festländische Milieubedingungen der gemäßigten bis kühlen Klimate sind nach HEIM (1990: 78) besonders geeignet für die Bildung trioktaedrischer Vermiculite aus Biotit. Legt man einen anderen Zeitfaktor zugrunde, so ist dieser Verwitterungsablauf jedoch auch unter ungünstigeren klimatischen Bedingungen noch vorstellbar (vgl. BOCKHEIM 1980a: 62; LOCKE 1985).

Unter Einbeziehung der mikromorphologischen Ergebnisse (s. 5.4.1.2), welche die Biotit-
verwitterung eindeutig belegt haben, können die röntgenographischen Untersuchungen besser
interpretiert werden. Demnach hat in den untersuchten Profilen eine Tonmineraltrans-
formation stattgefunden, die über eine rein mechanisch bedingte Kornverkleinerung hinaus-
geht und zur Neubildung von Illit/Vermiculit-Wechsellagerungen bzw. "Übergangsmineralen"
i.S.v. TRIBUTH (1976: 17) geführt hat. Außer in Profil 2/45 wurden diese Ergebnisse auch
in den Profilen 2/42 und 2/46 erzielt.

5.4.2 Das Bodenmuster glazial geprägter Reliefeinheiten

Aufgrund des maßstabsbedingten hohen Generalisierungsgrades der Bodenkarte Germaniahalvöya konnten die interessanten kleinräumigen Bodenwechsel der glazial geprägten Reliefeinheiten nicht dargestellt werden. Die Bodengesellschaften der Kartiereinheiten 14 und 15
sind dabei charakteristisch für die kristallinen Rundhöckerbereiche, wobei sich **KE 14** von
KE 15 durch eine lückenhafte und weniger mächtige Moränendecke unterscheidet. In beiden
Kartiereinheiten sind lokal schwach podsolige Profile anzutreffen. Dies unterscheidet die
glazial geprägten Gebiete im Bereich der Kristallingesteine von den Red Bay-Rundhöckern
in der Umgebung des Basislagers. Die dort ausgewiesenen Kartiereinheiten **12** und **13** zeichnen sich ansonsten durch ein sehr ähnliches Bodenmuster aus (s. Bodenkarte, Blatt 1).

Um die kleinräumigen Differenzierungen auf den Lernerinseln zu erfassen, wurde die Bodenverbreitung auf einer der Inseln detaillierter kartiert (s. Abb. 27). Das Bodenmuster wird
vorwiegend von der Mächtigkeit und Verbreitung der allochthonen Moränendecke bestimmt
und ist charakteristisch für die glazial geprägten, nichtkarbonatischen Reliefeinheiten in
diesem Teil des Arbeitsgebietes (s. 5.2).

Die Topbereiche der Rundhöcker sind meist frei von Lockersedimenten oder Frostschutt, da
die anstehenden Gneise und Glimmerschiefer nur vereinzelt stärker kryoklastisch verwittert
sind (s. Photo 19 u. Abb. 28). Nicht selten lassen die vegetationsfreien Felsflächen noch
deutliche Schrammen erkennen, ein klarer Hinweis auf die Verwitterungsresistenz der Kristallingesteine. Die Gesteinsoberflächen weisen jedoch meist dichten Flechtenbesatz auf.

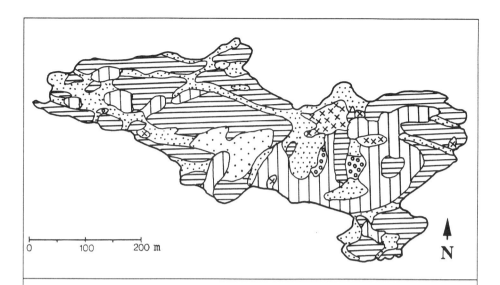

Lernerinsel 2:

Geologie: Gneise und Glimmerschiefer (Hecla Hoek)
Quartär: Strandsedimente (kristalline Kiese und Sande), sandig-schluffiges
              Grundmoränenmaterial und grobklastischer Frostschutt
Morphologie: Rundhöckerlandschaft, vereinzelt Strandterrassen

Anstehende Gneise und Glimmerschiefer mit fehlender
oder geringmächtiger Frostschutt- bzw. Moränendecke,
lokal Syrosem (Gelic Leptosol).

Frostschutt und Moräne unterschiedlicher Mächtigkeit,
meist grobklastisch, Syrosem (Gelic Leptosol), lokal
flachgründige Braunerde-Ranker (Umbri-gelic Leptosol).

Frostschutt und Moränenmaterial (gering mächtig),
häufig unverwittertes Gestein, Syrosem (Gelic Leptosol)
bis flachgründige, teilweise podsolige Braunerde (Gelic
Cambisol, Cambi-gelic Podzol).

Frostschutt und Moränenmaterial, lokal auch unverwittertes
Gestein, flachgründige, oft podsolige Braunerde (Gelic
Cambisol bis Cambi-gelic Podzol) daneben Ranker (Umbri-
gelic Leptosol) und Syrosem (Gelic Leptosol).

Moränenmaterial und Schutt (> 1m mächtig), Lockersyrosem
und Regosol (Gelic Leptosol/Gelic Regosol) bzw. vergleyter
Regosol (Gleyi-gelic Regosol), vereinzelt Braunerde-Regosol
(Umbri-gelic Regosol), häufig aktive Kryoturbation.

Strandsedimente (Kies und Sand), Braunerde (Gelic Cambisol),
Regosol-Braunerde und Regosol (Gelic Regosol).

Abb. 27: Detailkartierung auf der Lernerinsel 2. Das Bodenmuster wird weitgehend von der
Verbreitung und Mächtigkeit der glazigenen Substrate bestimmt (vgl. Abb. 24). Die
Insel erhebt sich bis ca. 30 m.ü.M.

Photo 19:

Glazialrelief der Lernerinseln.
Bei den dunklen Flächen handelt
es sich um anstehenden Glimmerschiefer ohne Lockersubstratbe-
deckung. Dazwischen liegen Moränensedimente unterschiedlicher
Mächtigkeit, die eine nahezu geschlossene Vegetationsdecke tragen (Aufnahme August 1991,
große Lernerinsel, vgl. Bodenkarte).

Sobald dem Anstehenden eine geringmächtige Moränendecke aufliegt, sind höhere Pflanzen und erste Bodenbildungen anzutreffen. Fehlt das Feinmaterial, so treten skelettreiche, extrem flachgründige **Syroseme** (Lithi-gelic Leptosols) oder **Ranker** (Umbri-gelic Leptosols) auf. Häufig ist jedoch selbst in skelettreichen Substraten etwas verbrauntes Feinmaterial vorhanden. An manchen Stellen sind sogar bereits **Braunerde-Ranker** (Cambi-umbri Gelic Leptosols, s. Profil **2/44** in Tab. A1.5 u. A2.5) anzutreffen. Die grobklastischen Substrate besitzen eine nur lückenhafte Vegetationsdecke, in welcher *Luzula confusa-Rhacomitrium lanuginosum*-Gesellschaften dominant vertreten sind (THANNHEISER 1992).

Mit zunehmendem Feinmaterialanteil der allochthonen Sedimentdecke treten verbreitet 10-25 cm mächtige, oft leicht **podsolige Braunerde-Ranker** und **flachgründige Braunerden** (Cambi-umbri gelic Leptosols bis Gelic Cambisols bzw. Cambi-gelic Podzols lithic phase, s. Abb. 27 u. 28) auf. Diese Böden lassen trotz ihrer Flachgründigkeit eine deutliche pedogene Horizontierung erkennen (vgl. Profile **2/41** bis **2/46** in Tab. A2.5 u. Tab. 12). Die geringe Substratmächtigkeit ist für die geomorphologische Stabilität der Standorte und die vergleichsweise intensive in situ-Verwitterung verantwortlich (s. 5.4.1).

In **Profil 2/45** wurde röntgenographisch Lepidokrokit nachgewiesen, was nach SCHEFFER & SCHACHTSCHABEL (1992: 45) auf Staunässe hinweist (s. Abb. 25, 28 u. Photo 20). Auch der erhöhte Mn(d)-Gehalt des Bsv-Horizontes weist auf hydromorphe Verhältnisse hin (s. Tab. 12). Die Reliefposition des Profils in leichter Muldenlage könnte einen Wasserstau nach der Schneeschmelze begünstigen. Während der Geländearbeiten 1990-1992 war der Standort jedoch immer trocken, sodaß die rezente Wirksamkeit einer solchen Dynamik nicht belegt werden konnte. Auch in diesem Falle ist die Frage zu stellen, inwieweit hier rezente oder reliktische Bodenmerkmale vorliegen (s. 7.4).

Photo 20: Flachgründige, podsolige Braunerde (Cambi-gelic Podzol, lithic phase) auf der grossen Lernerinsel (s. Bodenkarte). Auffallend ist die starke Durchwurzelung des Solummaterials und die intensive Verbraunung (Profil 2/45, vgl. auch Tab. 12 und Photos 16-17).

Tab. 12: Kennwerte des Profils 2/45 (s. auch Abb. 28 u. Tab. A1.5, A2.5, A4 im Anhang).

Profil 2/45		Bodentyp: Podsolige Braunerde / FAO: Cambi-gelic Podzol, lithic phase												
Hori-zont	Tiefe (cm)	Farbe Munsell (dry)	$CaCO_3$ Gew. %	pH-Wert $CaCl_2$	Fe(o) %	Fe(d) %	Mn(d) ppm	C(t) %	N(t) %	C/N	Fein-boden-art	S	U (Gew. %)	T
OAeh	10	10YR2/2	-	4,0	0,89	1,51	25	15,4	0,71	22	Sl3	54,4	36,1	9,5
Bsv	18	10YR4/4	-	4,0	0,60	1,50	225	2,66	0,14	19	Sl3	61,6	27,2	11,2
IICn	> 18	-	-	-	-	-	-	-	-	-	Glimmerschiefer			
Prozesse: Geomorphologisch stabil **Substrat:** Frostschutz und Moräne, skelettreich						**Vegetation:** Salix polaris, Luzula confusa, Rhacomitrium lanuginosum								

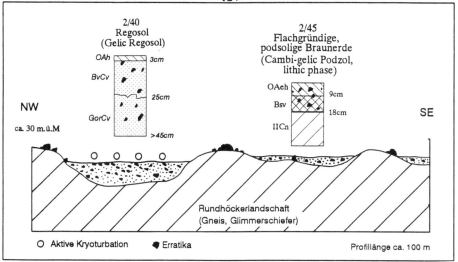

Abb. 28: Profilabfolge im Nordosten der großen Lernerinsel (s. Bodenkarte, Blatt 1 und Tab. A1.5 u. A2.5 im Anhang). Die leicht schematisierte Darstellung soll den kleinräumigen Bodenwechsel auf den Rundhöckern verdeutlichen, der durch die unterschiedliche Mächtigkeit der glazigenen Ablagerungen zu erklären ist.

Auffallend ist die nahezu geschlossene und recht artenreiche Vegetationsdecke, die lediglich an den stark sauren Standorten auf acidophile Arten wie *Rhacomitrium lanuginosum* und *Empetrum nigrum* reduziert ist (s. ELVEBAKK 1982). Insbesondere *Empetrum nigrum* gilt als Zeigerpflanze für trockene und geomorphologisch sehr stabile Verhältnisse und ist auch auf podsoligen Böden der borealen Zone weit verbreitet (s. JONASSON 1986: 186; PETÄJÄ & RONKAINEN et al. 1992). Auf den flachgründigen, stabilen Standorten kommen deswei-teren häufig *Dryas octopetala*, *Carex rupetris*, *Carex nardina* und *Salix polaris* vor (THANNHEISER 1992). An besonders günstigen Stellen sind *Cassiope tetragona*-Gesell-schaften anzutreffen. Die Untersuchungsergebnisse von THANNHEISER (1992) belegen sehr unterschiedliche Wuchsleistungen - etwa von *Dryas octopetala* -, die von der Wasserver-sorgung, pedologischen und mikroklimatischen Faktoren (z.B. Dauer der Schneebedeckung, Windexposition etc.) bestimmt werden (vgl. RAUP 1969a).

Ganz anders sieht das Boden- und Vegetationsmuster in den grösseren Exarationswannen aus, die eine mächtigere Moränenverfüllung aufweisen (s. Abb. 27 und 28, sowie 5.2). Wie be-reits erläutert wurde, sind diese Standorte aufgrund schlechter Drainage und hoher Wasser-gehalte des Feinmaterials anfällig für kryoturbate Materialbewegungen (s. 5.3 u. Photo 21). Eine intensive pedogene Differenzierung wird dadurch verhindert. Weit verbreitet sind **Lockersyroseme** und **Regosole** (Gelic Leptosols bis Gelic Regosols), vereinzelt sind an etwas stabileren Standorten auch **Braunerde-Regosole** (Cambi-gelic Regosols) anzutreffen (s. Profile **2/16, 2/40** u. Photo 21). Vor allem in abgeschlossenen Hohlformen treten auch feuchtere Standorte auf, wobei aber meist nur eine leichte Hydromorphierung im Unterboden festzustellen ist (s. Abb. 28 u. Tab. 13). Lediglich in unmittelbarer Nähe von Seen kommen kleinflächig anmoorige Böden (Gelic Histosols) - zusammen mit Pflanzenarten einer Moor- und Wasservegetation - vor.

Die mechanische Störung im Bereich kryoturbat aktiver Standorte wirkt sich auch auf die Vegetation aus. Einerseits wird durch diese periglazialen Prozesse ständig unverwittertes und folglich nährstoffreiches Material bereitgestellt (s. ELVEBAKK 1982; JONASSON 1986),

Photo 21:

Das Profil 2/40 (Nordostecke der grossen Lernerinsel, s. Bodenkarte, Blatt 1 sowie Tab. A1.5 u. A2.5 im Anhang) zeigt deutlich Merkmale einer kryoturbaten Dynamik. Vorhandene Bodenhorizonte werden zerstört, unverwittertes Moränenmaterial gelangt an die Oberfläche.

Tab. 13: Eigenschaften und Kennwerte des Profils 2/40 (s. auch Tab. A1.5 und A2.5).

Profil 2/40	Bodentyp: Regosol, schwach vergleyt / FAO: Gleyi-gelic Regosol									
Horizont	Tiefe (cm)	Farbe Munsell (dry)	CaCO$_3$ (Gew. %)	pH-Wert CaCl$_2$	Fe(o) %	Fe(d) %	Fein-Boden-art	S	U (Gew. %)	T
OfAh	3	10YR4/2	-	-	-	-	-	-	-	-
BvCv	25	10YR5/2	-	5,9	0,09	0,47	Slu	42,0	48,1	9,9
GorCv	>45	10YR6/2	1,0	7,2	0,07	0,43	Slu	46,4	42,9	10,7
Prozesse:Kryoturbation Substrat:Feinklastische Grundmoräne				Vegetation: Salix polaris, Bryum-Arten						

andererseits erfolgt dabei aber eine massive mechanische Störung im Wurzelraum. Insgesamt herrschen deswegen Pflanzen vor, die feuchtere Verhältnisse bevorzugen und gleichzeitig keine zu großen Ansprüche an die Standortstabilität stellen (z.B. *Bryum*-Gesellschaften, *Salix polaris, Oxyria digyna*).

Im Zuge der eisisostatischen Landhebung sind in Küstennähe zum Teil auch noch marin über-prägte Reliefeinheiten entstanden. Auf den Lernerinseln wurden oft nur quadratmetergroße Flächen kiesig-sandiger Strandsedimente angetroffen (s. 5.2). Der kristalline Küstenstreifen der Germaniahalvöya weist dagegen einige größere Terrassen auf, die in der Bodenkarte dar-gestellt werden konnten (KE 16, s. Bodenkarte, Blatt 1). Wie im Bereich der Devongesteine sind auf diesen gut drainierten Substraten Regosole und Braunerden entwickelt (Gelic Regosols bis Gelic Cambisols, s. Profile 2/8, 2/11 und 2/14 in Tab. A1.4 u. A2.4). Fein-materialreiche marine Sedimente und Böden der Kartiereinheit 17 sind nur punktuell anzu-treffen und oft nicht leicht von skelettarmem Moränenmaterial zu unterscheiden.

5.5 Pedogenese und Bodenmuster im Bereich kaledonischer Marmore

Marmor steht im Untersuchungsgebiet nur auf den westlichen Lernerinseln (Profile 2/24 bis 2/26 s. Tab. A1.5) sowie kleinflächig etwa 700 m westlich des Basislagers an. Die Boden-karte fasst die Bodenbildungen im Bereich der Marmorflächen maßstabsbedingt in einer Kartiereinheit zusammen (s. Bodenkarte, Blatt 1, KE 11). Die glazigene Überprägung hat zu einer vergleichbaren geomorphologischen und substratspezifischen Differenzierung geführt wie im Bereich der nichtkarbonatischen Kristallingesteine (s. 5.2). Bodenbildungen, die ausschließlich durch eine in situ-Verwitterung des anstehenden Marmors entstanden sind, treten demzufolge kaum auf. Am Beispiel der westlichen Lernerinsel soll das Bodenmuster dieser petrographischen Einheiten dargestellt werden. Mikromorphologische und mineralo-gische Detailuntersuchungen wurden hier nicht durchgeführt.

Die westliche Lernerinsel (s. Abb. 29) ist geologisch und geomorphologisch auffällig dreigeteilt. Während im Westteil der Insel Konglomerate der devonischen Red Bay-Gruppe anstehen, wird die Osthälfte von kaledonischem Marmor aufgebaut. Im Süden wird der Marmor von Endmoränenwällen überdeckt, die die äußerste Grenze einer postglazialen

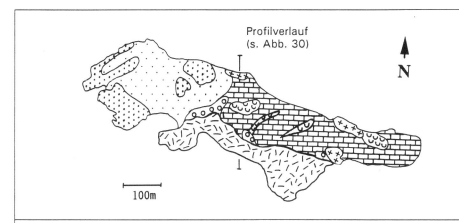

Lernerinsel 8:

Geologie: Marmor (Hecla Hoek) und Konglomerat (Red Bay, Devon).
Quartär: Sandig-schluffiges Grundmoränenmaterial und Frostschutt, lokal marine Sedimente (Kies, Sand).
Morphologie: Rundhöckerlandschaft, vereinzelt Strandterrassen und Moränenwälle.

Anstehendes Konglomerat (Red Bay) ohne nennenswerte Bodenbildung, z.T. geringmächtige Moränendecke und/oder Frostschuttdecke.

Grundmoräne und Frostschutt über Red Bay-Konglomerat. Syrosem (Gelic Leptosol) und Braunerde-Ranker (Umbri-gelic Leptosol), lokal flachgründige Braunerde (Gelic Cambisol, lithic phase).

Anstehender Marmor, häufig mit geringmächtiger Frostschuttdecke und allochthonem Moränenmaterial. Lokal Karbonatsyrosem (Calci-gelic Leptosol, lithic phase).

Frostschutt und Moränenmaterial über anstehendem Marmor. Syrosem-Rendzina (Rendzi-gelic Leptosol, lithic phase) und Regorendzina (Rendzi-gelic Regosol), Oft mehrschichtige Profile.

Feinklastisches, weitgehend unverwittertes Moränenmaterial über anstehendem Marmor.

Feinklastisches Moränenmaterial mit initialen hydromorphen Böden (Moosboden), lokal Lockersyrosem (Gelic Regosol).

Strandsedimente (Kies und Sand) über anstehendem Marmor und Konglomerat. Regosol (Gelic Regosol) und Braunerde-Regosol (Cambi-gelic Regosol), lokal Braunerde (Gelic Cambisol).

Abb. 29: Substrat- und Bodenmuster auf der westlichen Lernerinsel (Marmorinsel, vgl. Bodenkarte Blatt 1). Die petrographisch-geomorphologische Dreiteilung der Insel prägt auch das Bodenmuster. Der höchste Rundhöcker (Westhälfte der Insel) erreicht ca. 35 m.ü.M.

128

Photo 22: Das glazigen geprägte Relief der Lernerinsel 8 (Blick Richtung Westen): Im Vordergrund ist ein Marmorrundhöcker mit grusiger Verwitterungsdecke und einzelnen erratischen Blöcken zu erkennen. In den vegetationsbedeckten Mulden sind Syrosem-Rendzinen (Rendzi-gelic Leptosols, lithic phase) entwickelt. Im Mittelgrund ist der noch eishaltige Moränenwall eines postglazialen Monacobreen-Standes zu erkennen (s. Abb. 29 u. 30). Im Hintergrund der Seeligerbreen, links außerhalb des Bildrandes folgt der Monacobreen.

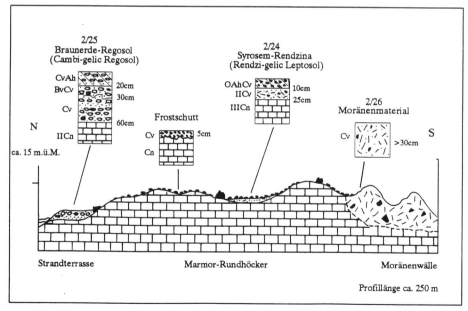

Abb. 30: Abfolge von Bodenprofilen auf der westlichen Lernerinsel (s. Bodenkarte, Blatt 1). Die Catena verläuft über anstehenden Marmor und die reliktische Endmoräne des Monacobreen (s. Abb. 29; Bodenkennwerte s. Tab. 14 sowie Tab. A1.5 u. A2.5 im Anhang).

Vorstoßphase des Monacobreen markieren (s. 5.2 u. Photo 22 sowie FURRER 1992). Die Moräne weist noch einen Eiskern auf, der gegenwärtig austaut.

Das Bodenmuster auf den Red Bay-Konglomeraten unterscheidet sich kaum von den glazigenen Einheiten östlich und westlich des SPE-Basislagers (KE 12). Podsolige Böden wie in den Kartiereinheiten 14 und 15 treten nicht auf (s. 5.4). Die Endmoränenwälle an der Südküste sind größtenteils vegetationsfrei (KE 1, s. Profil 2/26 in Abb. 30) und zeigen lediglich in einigen flachen Mulden, unter Moospolstern und Salzrasenvegetation (s. THANNHEISER 1992), initiale hydromorphe Böden oder Lockersyroseme.

Das Bodenmuster im Bereich des Marmors ist kleinräumig differenziert und weist vielfach genetisch komplexe Bodenprofile auf (s. Abb. 30). Die gebänderten Marmore verwittern kryoklastisch wesentlich intensiver als die nichtkarbonatischen Hecla Hoek-Gesteine. Dies führt dazu, daß selbst auf exponierten Marmorkuppen eine geringmächtige, feinsplittrige Frostschuttdecke entsteht. Vereinzelt sind in diesen autochthonen Schuttdecken initiale Böden entwickelt (Karbonatsyrosem bzw. Calci-gelic Leptosol lithic phase). Solche Standorte sind feinmaterialarm (überwiegend Fein- und Mittelgrus) und tragen nur lokal eine lückenhafte Vegetationsdecke, die sich großteils aus *Salix polaris* und *Saxifraga oppositifolia*-Beständen zusammensetzt.

In flachen Hohlformen zwischen den Rundhöckern wurde - wie auch auf nichtkarbonatischen glazigenen Einheiten - feinklastisches Grundmoränenmaterial akkumuliert. In einigen der kleineren Exarationswannen wird dieses Moränenmaterial wiederum von feinsplittrigem Marmorschutt überdeckt, der von den Kuppen in die Hohlformen verlagert wurde. Dadurch zeigen auch flachgründige Profile oft einen komplexen, mehrschichtigen Aufbau (vgl. Profil 2/24 in Abb. 30 u. Tab. 14). Der skelettreiche OAhCv-Horizont des **Profils 2/24** wird von schluffreichem, ebenfalls stark karbonathaltigem Moränenmaterial (IICv-Horizont) unterlagert, bevor in 25 cm Tiefe der anstehende Marmor (III Cn-Horizont) folgt. Durch kryogene Sortierung kann diese Substratdifferenzierung in einem so flachgründigen, geomorphologisch stabilen Profil nicht erklärt werden. Zudem streicht der Marmorgrus eindeutig von der benachbarten Kuppe in die flache Exarationsform hinein. Das Bodenprofil wurde daher als mehrschichtige **Syrosem-Rendzina (Rendzi-gelic Leptosol, lithic phase)** angesprochen. In der geschlossenen Vegetationsdecke dominiert *Salix polaris*.

Tab. 14: Eigenschaften und Kennwerte des Profil 2/24 auf einem Marmorrundhöcker der westlichen Lernerinsel (vgl. Abb. 30 u. Tab. A1.5 u. A2.5 sowie Bodenkarte Blatt 1).

Profil 2/24	Bodentyp: Syrosem-Rendzina / FAO: Rendzi-gelic Leptosol lithic phase									
Horizont	Tiefe (cm)	Farbe Munsell (dry)	CaCO$_3$ (Gew. %)	pH-Wert CaCl$_2$	Fe(o) %	Fe(d) %	Fein-Boden-art	S	U (Gew. %)	T
OAhCv	10	10YR2/1	73,6	7,3	0,06	0,35	wenig Feinboden (> 80 Skelett)			
IICv	25	10YR5/2	72,3	7,2	0,13	0,36	Ut4	19,7	59,5	20,8
IIICn	>25	-	-	-	-	-	anstehender Marmor			
Prozesse: Geomorphologisch stabiler Standort Substrat: Frostschutt und Moräne				Vegetation: Salix polaris, Dryas octopetala						

Die meisten Ausgangssubstrate bestehen aus einer Mischung von autochthonem Frostschutt und Moränenmaterial, so daß die Bezeichnung "Rendzina" i.e.S. nicht mehr verwendet werden kann. Eine Lösungsmöglichkeit bietet der Bodentyp der "Regorendzina" (AG BODENKUNDE 1982: 211). Die Bodenbildungen auf den kaledonischen Marmoren sind vergleichbar mit den von UGOLINI & TEDROW (1963) untersuchten Rendzinen der Brooks Range in Alaska.

Die Böden der marinen Strandsedimente (s. Profil 2/25 in Abb. 30) unterscheiden sich nur wenig von entsprechenden Profilen aus anderen Teilen des Arbeitsgebietes. Verbreitet sind **Regosole, Braunerde-Regosole und Braunerden (Gelic Regosols bis Gelic Cambisols).** Trotz anstehenden Marmors weisen die Kieskörper der Strandterrassen nur wenig Marmormaterial auf. Die wesentlich widerständigeren Gneise und Glimmerschiefer, aber auch devonische Komponenten bestimmen die petrographische Zusammensetzung der marinen Ausgangssubstrate. Der Marmor wurde offensichtlich im Zuge der marinen Dynamik vollständig zu Feinmaterial aufgearbeitet und fehlt daher in den grobkörnigen Meeresablagerungen. Selbst der Cv-Horizont des **Profils 2/25** weist nur einen geringen Karbonatgehalt auf, der zudem größtenteils durch Muschelbruchstücke zu erklären ist (s. Tab. A2.5). Der lockere, kiesreiche Cv-Horizont liegt einer Abrasionsfläche aus anstehendem Marmor (IIICn) auf. Das Profil 2/25 ist ein besonders gutes Beispiel für einen Standort, an welchem das anstehende Gestein keinerlei Bedeutung für die Substrateigenschaften und die Pedogenese hat. Die Vegetation dieser trockenen, gut drainierten Standorte wird - bei einem Deckungsgrad von meist weniger als 70 % - von *Dryas*-Heiden bestimmt.

5.6 Zusammenfassung

Verwitterung, Pedogenese und Bodenmuster in diesem Teil des Arbeitsgebietes werden ganz wesentlich von der glazialen und postglazialen Landschaftsentwicklung im hinteren Liefdefjord bestimmt. Den Lernerinseln kommt eine wichtige Schlüsselposition im Hinblick auf das Verständnis der Pedogenese und ihrer zeitlichen Einordnung im gesamten Arbeitsgebiet zu (s. 7.4). Die Inseln liegen isoliert von den periglazialen Prozeßbereichen der Germaniahalvöya und sind folglich seit ihrer Deglaziation nur an wenigen Stellen stärker periglazial überformt worden.

Infolge der inhomogenen Verteilung und Mächtigkeit von glazigenen Sedimenten haben die anstehenden Kristallingesteine eine sehr unterschiedliche Bedeutung für die Bodenbildung. In grösseren, sedimentverfüllten Exarationsformen hat das anstehende Festgestein keinen Einfluß auf die Bodenbildung. Bei geringmächtiger Substratauflage dagegen wirken sich die petrographischen und mineralischen Eigenschaften des Anstehenden auf Verwitterung und Pedogenese aus. Auf Rundhöckern ohne Moränenschleier sind keine Böden entwickelt. Verbreitung und Mächtigkeit der Moränendecke bestimmen folglich das Bodenmuster im Bereich dieser glazial geprägten Reliefeinheiten.

Auch auf den Lernerinseln ist die Intensität der Verwitterung von der geomorphologischen Stabilität der Standorte - und damit vom Faktor Zeit - abhängig. Als weitgehend stabil können Standorte mit geringmächtiger Moränendecke über anstehendem Kristallingestein betrachtet werden. Als Maximalbodenbildungen sind hier flachgründige, teilweise schwach podsolige Braunerden, auf den Marmorinseln dagegen Syrosem-Rendzinen entwickelt. In mächtigeren glazigenen Feinmaterialakkumulationen treten kryoturbate Prozesse auf. Durch solche mechanischen Mischungseffekte wird nicht nur eine intensivere Bodenbildung verhindert, sondern auch die Vegetation vor erhebliche Standortprobleme gestellt, was sich wiederum negativ auf die Pedogenese auswirkt. Die Standortstabilität wird damit auf den Lernerinseln überwiegend von der Mächtigkeit und weniger von der Korngröße der postglazialen Sedimente bestimmt. Dies unterscheidet die glazigenen Ausgangssubstrate von solchen mariner Entstehung (s. 4.6.2). Letztere sind in diesem Teil des Arbeitsgebietes nur sehr kleinräumig verbreitet und weisen ein Bodenmuster auf, das durchaus mit den in Kap. 4.6.1 erläuterten Verhältnissen vergleichbar ist.

Die Verwitterungsmerkmale der flachgründigen Braunerden sind intensiver ausgeprägt als diejenigen der Böden aus überwiegend devonischem Ausgangsmaterial. Neben dem niedrigeren pH-Milieu und einer stärkeren Verbraunung läßt sich in diesen Böden mikromorphologisch eine pedogene Biotitalteration nachweisen. Die röntgenographischen Untersuchungen der Tonfraktion zeigen eine Neubildung von Illit/Vermiculit-Wechsellagerungsmineralen. Pedogene Transformationen der lithogenen Chloritkomponente konnten hingegen nicht festgestellt werden. Neben den Neubildungen in der Tonfraktion weisen auch die Podsolierungsmerkmale vieler Profile - unter den gegebenen geographischen Rahmenbedingungen - auf eine beachtliche Standortstabilität hin.

6 SUBSTRATGENESE, VERWITTERUNG UND BODENBILDUNG IM BEREICH VULKANISCHER SEDIMENTE AM SVERREFJELL (BOCKFJORD)

Die Bodenbildungen im Vorland des quartären Sverre-Vulkans (Arbeitsgebiet C, s. Abb. 1) stellen eine Besonderheit Spitzbergens, mit großer Wahrscheinlichkeit sogar der gesamten hochpolaren Tundrengebiete der Erde dar. Aus diesem Grunde wurde der eigentlich außerhalb des engeren Expeditionsgebietes liegende Teilraum in die Untersuchungen miteinbezogen (s. 2.2 und Photo 23).

6.1 Geologie und Petrographie

Der Sverrefjell ist der größte von drei bekannten quartären Vulkanen Spitzbergens, die entlang einer N-S verlaufenden Blattverschiebung (transform fault), im Bereich von Bock- und Woodfjord auftreten. Entlang dieser Störungszone, die in auffallender Weise mit dem Rand des Devongrabens zusammenfällt (s. Abb. 2), kam es bereits im Miozän zu Basaltförderungen. Die Reste dieser tertiären Vulkanite sind heute in Gipfelbereichen des Andrée-landes anzutreffen (PRESTVIK 1977). Die Reaktivierung des Vulkanismus im Quartär wird mit der Wärmeanomalie des Yermak Hot Spot, 200 Kilometer nordwestlich von Spitzbergen in Verbindung gebracht (CRANE et al. 1982). Warme Quellen und Sinterterrassen nördlich und südlich des Sverrefjell sind gleichfalls Hinweise auf eine Wärmeanomalie bzw. postvulkanische Erscheinungen im Bockfjord.

Entgegen älteren Vorstellungen von HOEL & HOLTEDAHL (1911), die das Alter des Sverrefjell mit weniger als 9000 Jahre einstuften, wird die Hauptaktivitätsphase des Vulkans neuerdings in den Zeitraum zwischen 100000 bis 250000 y BP gestellt (SKJELKVÅLE et al. 1989). Aufgrund seines außergewöhnlich hohen Anteils an Mantelxenolithen wird der Sverrefjell bereits seit geraumer Zeit von Geologen und Vulkanologen intensiv untersucht (stellv. GJELSVIK 1963; AMUNDSEN et al. 1987; SKJELKVÅLE et al. 1989).

Die chemische Zusammensetzung der Sverre-Vulkanite zeigt nach Untersuchungen von SKJELKVÅLE et al. (1989) die typischen Merkmale eines alkalibasaltischen Intraplatten-Vulkanismus. Der Gesamtchemismus der Vulkanite ist jedoch auf die Ausgangssubstrate der

Böden - aufgrund der postvulkanischen Landschaftsentwicklung (s. 6.2) - nur bedingt übertragbar (s. SKJELKVÅLE et al. 1989: 4 u. Tab. A4). Die Dominanz alkalibasaltischen Materials läßt sich dennoch in allen hier untersuchten Profilen, insbesondere durch niedrige SiO_2-Gehalte sowie hohe Na_2O-, MgO-, und CaO-Anteile belegen. Charakteristisch ist auch das hohe Ti/Zr-Verhältnis (meist > 50) der vorwiegend vulkanogenen Ausgangssubstrate, das durch TiO_2-Gehalte von über 2% zu erklären ist (s. Tab. A4).

Am Sverrefjell überwiegt pyroklastisches Material gegenüber basaltischen Lavaströmen. Die unterschiedlichen Förderprodukte (Tuffe, Lapilli, Aschen, Pillows) belegen eine mehrfache und recht vielfältige Aktivität des Sverre-Vulkans. Von Bedeutung für die Bodenbildung ist der hohe Anteil leicht verwitterbarer Gläser in den vulkanogenen Ablagerungen. Die Basalte zeigen im Dünnschliff ein intersertales Gefüge mit mikrokristallinen Plagioklasleisten und Titanaugit in einer glasigen Matrix (vgl. PICHLER & SCHMITT-RIEGRAF 1987: 211). Daneben treten große idiomorphe, überwiegend forsteritische Olivine, Pyroxene und Magnetite auf. Die Vulkanite weisen mit Titanaugit, Chromspinell, Olivin und Mineralen der Ortho-pyroxengruppe ein sehr spezifisches Schwermineralspektrum auf, das sich klar von den Mineralgesellschaften der Metamorphite und Sedimentgesteine abtrennen läßt (s. Tab. 1 u. Tab. A3.3 sowie Photo 29).

Der Xenolith-Reichtum der Vulkanite führt dazu, daß das Mineralspektrum bereits primär durch nichtbasaltische Komponenten (u.a. Glimmer, Hornblenden) ergänzt wird. Wesentlich bedeutender und für die Bodenbildung entscheidender ist jedoch der Fremdmaterialanteil der Sedimente infolge der postvulkanischen Landschaftsentwicklung im hinteren Bockfjord (s. 6.2). Umgekehrt belegt das Vorkommen der oben genannten vulkanischen Leitminerale im gesamten Bockfjord die Verbreitung vulkanogenen Materials weit über das Gebiet des Sverrefjell hinaus (s. 4.6.1.2).

6.2 Landschaftsentwicklung und Substratgenese

Für die Erklärung von Genese und Verbreitung der Böden ist auch in diesem Teilgebiet - neben den speziellen petrographischen Verhältnissen - die postglaziale Landschaftsent-wicklung zu berücksichtigen. Auf der Basis von Untersuchungen durch SKJELKVÅLE et

135

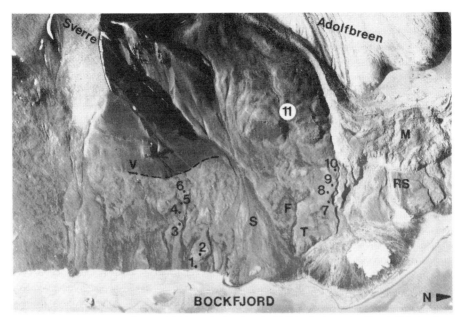

Photo 23: Das Vorland des Sverrefjell (Ausschnitt einer Luftbildaufnahme des Norsk Polarinstitutts Oslo 1966). Die untere Bildkante entspr. ca. 2,1 km. Der Ausschnitt des Photos ist fast deckungsgleich mit der Bodenkarte in Abb. 40.

Wichtige geomorphologische Einheiten:

F   Feinmaterialreiche feuchtere Ausraum- bzw. Strandwallseebereiche zwischen marinen Grobsedimenten (dunkelgraue Flächen im Vorlandbereich).
M   Subrezente Moränen des Adolfbreen.
RS Reliktische Sanderschüttung, die durch Endmoränen des Adolfbreen (M) zum Teil verschüttet ist (der Aufschluß von Abb. 31 liegt knapp außerhalb des rechten Bildrandes).
S   Schwemmfächer, der das marin geprägte Vorland durchschneidet.
T   Ausgeprägte marine Terrasse. Weitere Terrassenreste in unterschiedlichen Niveaus werden durch hellgraue, scharf begrenzte Flächen erkennbar.
V   Unterhang des Sverrevulkans (der 506 m hohe Gipfel liegt außerhalb des oberen Bildrandes). Die gestrichelte Linie markiert die Obergrenze der marinen Überprägung bei 40-50 m.ü.M. (vgl. Catena Sverre 1 in 6.4.1).

Nummmer 1-6 (Lage der Profile von Catena Sverre 1, vgl. Abb. 39 u. 6.4.1)
1 Profil 6/3, ca. 2 m.ü.M., jüngstes marines Niveau.
2 Profil 6/4, 9 m.ü.M., Strandterrasse.
3 Profil 6/2, 22 m.ü.M., Strandterrasse (s. Photo 31).
4 Profil 6/12, 27 m.ü.M., Mulde mit marinen Feinsedimenten.
5 Profil 6/13, 31 m.ü.M., Nähe Profil 6/1 (s. Tab. A1.6 u. A2.6 im Anhang).
6 Profil 6/1, 39 m.ü.M., oberstes marines Niveau am Fuß des Sverrefjell.

Nummmer 7-10 (Lage der Profile von Catena Sverre 2, vgl. Abb. 41 u. 6.4.2)
7 Profil 6/6, 24 m.ü.M., marine u. glazifluviale Sedimente (s. Photo 28).
8 Profil 6/11, 34 m.ü.M., degradiertes Profil an einer Terrassenkante.
9 Profil 6/9, 40 m.ü.M., Terrassenoberfläche.
10 Profil o.Nr., 48 m.ü.M., Basaltstrom (s. Photo 32).
11 Profil 6/14, ca. 180 m.ü.M., Nordwesthang des Sverrefjell.

al.(1989), SALVIGSEN & ÖSTERHOLM (1982), FURRER et al. (1991, 1992) und eigener Geländebeobachtungen, lassen sich die einzelnen Phasen der Landschaftsgenese - soweit sie für die Pedogenese und das Bodenmuster von Bedeutung sind - grob rekonstruieren (s. Photo 23, Abb. 31 und Tab. 15):

Der Sverrefjell (506 m.ü.M.) ist ein glazial erodierter Restvulkan, dessen Höhe ursprünglich wesentlich größer gewesen sein dürfte. Erratische Blöcke bis in die Gipfelregion belegen diese Vorstellungen von SKJELKVÅLE et al.(1989). Das Alter dieser "Supervereisung" läßt sich nicht exakt bestimmen, doch gibt es aus Nordspitzbergen mehrere Untersuchungen, die zu dem Ergebnis kommen, daß diese letzte übergeordnete Vereisung mindestens 100000 bis 200000 Jahre zurückliegt (stellv. KELLOGG 1979; SALVIGSEN & NYDAL 1981; vgl. **Phase 1** und **2** in Tab. 15).

Für die weitere Landschaftsgenese liefert ein Aufschluß unmittelbar vor der heutigen Endmoräne des Adolfbreen wichtige Hinweise. An dieser Stelle ist eine mehrere Meter mächtige, ältere Moräne aufgeschlossen, die von einer Sanderschüttung überlagert wird (s. Abb. 31). Die Moräne führt - neben kaledonischen Kristallingesteinen - auch Basalt. Sie ist folglich syn- oder postvulkanisch entstanden. Mit einer solchen Vorstoßphase des Adolfbreen lassen sich auch die Ablagerungen der vulkanischen Sande im Aufschluß bei Naesspynthen erklären, die nur durch glazifluvialen Transport über einen vorstossenden Gletscher auf die andere Seite des Bockfjords gelangt sein können (s. 4.6.3.1 u. Abb. 21). Während dieser Phase wurde das heutige Vorland des Sverre-Vulkans wahrscheinlich letztmals glazial überprägt, wobei allochthones Moränenmaterial abgelagert wurde (**Phase 3**, s. Tab. 15). In ihrem Ausmaß läßt sich diese - möglicherweise mehrphasige - Vereisung gut mit der hoch- bis spätweichselzeitlichen Vereisung im Liefdefjord und der von SALVIGSEN & ÖSTER-HOLM (1982: 100 f.) postulierten weichselzeitlichen Eisfreiheit im Zentrum der Reinsdyrflya parallelisieren (s. auch SALVIGSEN & NYDAL 1981 sowie 4.6.2.1). Die Vorstellung von einer vergleichsweise schwachen Ausprägung der hoch- und spätweichselzeitlichen Vereisung in den ozeanisch geprägten nordatlantischen Regionen, wird auch durch andere Untersuchungen belegt (stellv. VELICHKO et al. 1984 zitiert in DAWSON 1992; FRENZEL 1992).

Die hangende Sanderschüttung im Aufschluß Adolfbreen besteht zum größten Teil aus vulkanischen Sanden und Kiesen (s. Abb. 31). Die Sanderbildung läßt sich nur mit einer Abschmelzphase hinter den heutigen Stand des Gletschers erklären, wobei im Sanderbereich vorwiegend vulkanisches Material, aber auch gerundete Kristallingerölle abgelagert wurden (**Phase 4**). Im Luftbild läßt sich die Dimension des alten Sanders gut erkennen (s. Photo 23). Die Zunge des Adolfbreen muß während der Sanderschüttung weit hinter ihrer heutigen Position zurückgelegen haben.

In der Folgezeit wurde der Sander glazifluvial zerschnitten und die liegende Moräne stellenweise freigelegt (**Phase 5**). Wie das später wieder verschüttete Paläorelief zeigt, muß die Deglaziation während dieser Phase noch weitergegangen sein. Bei einer Eintiefung durch

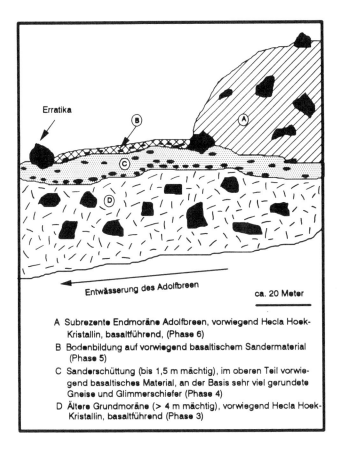

Entwässerung des Adolfbreen

ca. 20 Meter

A Subrezente Endmoräne Adolfbreen, vorwiegend Hecla Hoek-Kristallin, basaltführend, (Phase 6)
B Bodenbildung auf vorwiegend basaltischem Sandermaterial (Phase 5)
C Sanderschüttung (bis 1,5 m mächtig), im oberen Teil vorwiegend basaltisches Material, an der Basis sehr viel gerundete Gneise und Glimmerschiefer (Phase 4)
D Ältere Grundmoräne (> 4 m mächtig), vorwiegend Hecla Hoek-Kristallin, basaltführend (Phase 3)

Abb. 31: Aufschluß unterhalb der subrezenten Endmoränenwälle des Adolfbreen am Ausfluß des Gletscherbaches (Oberfläche bei B ca. 40 m.ü.M.). Chronologie und Phasengliederung s. Tab. 15.

subglaziale Erosion im Rahmen eines größeren Gletschervorstosses, wäre das vulkanische Material des Sanders mit Sicherheit vollständig abgetragen worden. Diese Befunde decken sich gut mit den von FURRER et al. (1991, 1992) im Liefdefjord belegten klimatischen Gunstphasen (Wärmeschwankungen) während des Holozäns (s. 5.2). Sie stehen auch in Einklang mit dem in vielen Regionen der Nordhemisphäre nachgewiesenen holozänen Klima-optimum zwischen 7000 und 5000 y BP (stellv. TARNOCAI & VALENTINE 1989; FRENZEL et al. 1992).

Tab. 15: Landschaftsentwicklung am Sverrefjell (Geländebeobachtungen vgl. Abb. 21 u. 31, Photo 23). Die Zeitangaben erfolgen in Anlehnung an Untersuchungen von SALVIGSEN & ÖSTERHOLM (1982), SKJELKVÅLE et al. (1989) und FURRER et al. (1991, 1992).

Gliederung	Postulierter Klimawandel und Landschaftsentwicklung	Korrelate Sedimente, Formen, Hinweise auf bestimmte Prozesse	Ungefähre zeitliche Einordnung
Phase 1	Entstehung des Sverrefjell; mehr-phasiger, z.T. auch subglazialer Vulkanismus	Basalte, Pyroklastika	zw. 250000 und 100000 y BP
Phase 2	"Supervereisung", Sverre wird voll-ständig glazial überformt und teil-weise erodiert	Erratisches Material bis in Gipfelregion des Sverre (506m)	zw. 200000 und 90000 y BP
?	?	?	
Phase 3	Vorstoß des Adolfbreen bis Naess-pynthen; Eisvorstoß aus dem hinte-ren Bockfjord; Südschulter des Sverrefjell wird von Eisstrom über-fahren (mehrere Vorstoßphasen sind möglich); Danach einsetzende Degla-ziation	Kristallines Moränenmaterial im Vorland des Sverrefjell; Ältere Grundmoräne im Aufschluß Adolfbreen; Vulkanische Sande bei Naesspynthen	20000-13000 y BP (?) Hoch- bis spätweichsel-zeitliche Kaltphase
Phase 4	Deglaziation bis hinter rezenten Stand des Adolfbreen; eisisosta-tische Landhebung; Bodenbildung (?)	Entstehung der 25-35m Strandterrassen im Küstenvor-land des Sverrefjell; Sander-schüttung im Vorland des Adolfbreen	ab ca. 11000 y BP
Phase 5	Gletscher noch hinter subrezentem Stand; weitere Landhebung; Bodenbildung	Fluviale Zerschneidung des Adolfsanders; Entstehung von Strandterrassen (< 25 m.ü.M) im Vorland des Adolfbreen	ab ca. 6000 y BP
Phase 6	Mehrfaches Vorstoßen und Rück-schmelzen des Adolfbreen (Oszilla-tion). Kein Vorstoß über rezente Lage der Endmoräne hinaus. Boden-bildung während klimatisch günsti-ger Phasen (?)	Verschüttung des Adolf-sanders und der fluvial einge-tieften Tälchen durch Morä-nenmaterial; Fossilierung vor-handener Bodenhorizonte; Ent-stehung der jüngsten Strand-terrassen	ab ca. 3000 y BP
Phase 7(?)	Rezente Rückschmelzphase des Adolfbreen	Fluviale Zerschneidung der jungen Endmoräne; Schwemm-fächerentwicklung	seit 1850 (?)

Während Phase 4 und 5 kam es bedingt durch eisisostatische Landhebung zur Ausbildung der älteren und mittleren Strandterrassenniveaus im Vorland des Sverrefjell (s. Photo 23). Ein marines Niveau in ca. 35 m.ü.M. wurde von SALVIGSEN & ÖSTERHOLM (1982) auf 10050 ± 120 y BP datiert. Dasselbe ^{14}C-Alter wurde für ein entsprechendes Niveau bei Kapp Kjeldsen (Untersuchungsgebiet D, s. 4.6.3) ermittelt. Mindestens seit dieser Zeit muß folglich das Vorland des Sverrefjell eisfrei gewesen sein.

Die jüngere postglaziale Entwicklung ist gekennzeichnet durch ein mehrfaches Oszillieren des Adolfbreen und die weitgehende Verschüttung des glazifluvial zerschnittenen Sanders durch Moränenmaterial (Phase 6, s. Photo 23). Die heutige, von mehreren Einzelwällen aufgebaute Endmoräne zeigt eine ähnliche petrographische Zusammensetzung wie die Moräne der Phase 3. Unmittelbar vor der Front der rezenten Endmoräne konnten FURRER et al. (1991) eine auf dem Sander entwickelte und von Moränenmaterial fossilierte Bodenbildung auf 710 $\pm$ 60 y BP (^{14}C) datieren.

Die Zeitangaben der Tab. 15 können nur eine ungefähre Vorstellung vom Ablauf der Landschaftsentwicklung am Sverrefjell geben. Vergleiche mit Befunden aus anderen Teilen Spitzbergens sind aufgrund lokaler Besonderheiten problematisch (s. FEYLING-HANSSEN 1965; BOULTON 1979). Unabhängig von der exakten zeitlichen Einordnung ist jedoch die aufgezeigte Landschaftsentwicklung für die Beantwortung der Frage nach dem Alter der Bodenbildungen und der Rolle der Vorzeitverwitterung von großer Bedeutung (s. 6.4.3 und 7.4).

Die gegenwärtige Entwicklung ist durch das Zurückschmelzen des Adolfbreen, eine verstärkte lineare Zerschneidung der Endmoräne und die Ausbildung eines neuen Schwemmfächers gekennzeichnet (Phase 7). Es kann sich dabei jedoch auch um eine erneute Oszillation im Verlauf der Phase 6 handeln. Die rezente Geomorphodynamik im Vorland des Sverrefjell beschränkt sich auf fluviale bzw. glazifluviale Prozesse im Bereich von Schwemmfächern. Daneben ist in feuchten Mulden äolische Akkumulation und kryogene Formung zu beobachten, während an Trockenstandorten äolische Abtragungsprozesse wirksam sind (s. 6.4.1, 6.4.2 sowie Abb. 39 u. 41).

6.3 Verwitterung und Pedogenese

Die Bodenbildungen auf den überwiegend vulkanischen Ausgangssubstraten am Sverrefjell besitzen großteils andische Eigenschaften (s. 6.3.2). Da die BODENKUNDLICHE KAR-TIERANLEITUNG (1982) solche Böden nicht definiert, werden im Arbeitsgebiet C ausschließlich die FAO-Richtlinien zur Boden- und Horizontansprache verwendet (Gegenüberstellung der Horizontsymbolik in Tab. 3, s. 3.4).

Andosole[*] sind bisher aus hochpolaren Regionen nicht bekannt. Intensiv untersucht wurden diese Böden vor allem in Japan und Neuseeland (stellv. HETIER et al. 1977; PARFITT et al. 1983; PARFITT & WILSON 1985; WADA 1985), sowie im Mediterrangebiet (stellv. JAHN et al. 1983; QUANTIN et al. 1985). Von besonderem Interesse sind neuere Arbeiten zur Andosolgenese unter semiariden Klimabedingungen auf Lanzarote (JAHN 1988, 1991; ZAREI 1989). Aus subarktischen Regionen sind Untersuchungen im Bereich der Aleuten und auf Island zu erwähnen (SIMONSON & RIEGER 1967; SHOJI et al. 1988; PING et al. 1989, DELLÉ 1986). Verwitterungsprozesse an Basalten der kanadischen Arktis (Baffin Island) studierten EVANS & CHESWORTH (1985). Auch die von BLÜMEL et al. (1985, 1986) im Bereich der Süd-Shetlandinseln (Antarktis) nachgewiesenen Braunerdebildungen auf Vulkaniten weisen möglicherweise andische Eigenschaften auf.

Eine wesentliche Voraussetzung für die Genese andischer Böden ist das Vorhandensein und die pedogene Alteration vulkanischer Gläser (s. FIELDES & CLARIDGE 1975; PING et al. 1989). Die Glasverwitterung wurde bisher unter hochpolaren Klimabedingungen nicht untersucht, weshalb dieses Phänomen im Rahmen der vorliegenden Arbeit mikromorphologisch detailliert bearbeitet wurde (s. 6.3.1).

----

[*] Andosols (ando, jap. = schwarzer Boden) sind Böden glasreicher vulkanogener Ausgangssubstrate. Die Böden sind in aller Regel humusreich und weisen eine geringe Lagerungsdichte auf. In der Tonfraktion dominieren nicht oder schlecht kristallisierte Produkte der Glasverwitterung (Imogolit, Allophane bzw. allophanartige Komponenten; vgl. FAO 1988; SCHEFFER & SCHACHTSCHABEL 1992: 447; FERNANDEZ CALDAS & YAALON 1985).

6.3.1 Alteration vulkanischer Gläser

Trotz der allochthonen Mineralkomponente dominiert in der Leichtfraktion fast aller Proben im Vorland des Sverrefjell vulkanisches Material. Für die Fein- und Mittelsandfraktion wurden meist zwischen 40 und 70 Kornprozent Glas ermittelt (s. Tab. A3.3). Sowohl in Körnerpräparaten als auch in Dünnschliffen läßt sich die Glasverwitterung klar belegen, wobei in allen Bodenprofilen eine zunehmende Glasalteration von unten nach oben festzustellen ist (s. HETSCH 1974). In Abbildung 32 wurden die beobachteten Verwitterungsstadien schematisch zusammengefasst.

In den C-Horizonten bzw. in unverwitterten pyroklastischen Sedimenten treten hellbraune, scharf begrenzte Glaspartikel auf. Die optisch isotropen Gläser sind in diesem Stadium nur vereinzelt leicht oxidiert, bei nur schwacher Eigenfärbung teilweise sogar fast transparent. In marinen Sedimenten sind die Glaspartikel schwach gerundet, während sie ansonsten einen splittrig-angularen Habitus aufweisen (s. Photo 24). Die Gläser zeigen eine Vesikularstruktur und enthalten in ihrer Matrix mikrokristallinen Titanaugit sowie Plagioklasleisten. Daneben sind größere idiomorphe Titanaugite, Orthopyroxene und Feldspäte, seltener Olivin, Magnetit

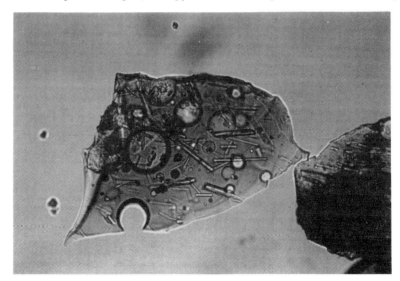

Photo 24: Unverwittertes, fast transparentes vulkanisches Glas der Feinsandfraktion (Cw-Horizont Profil 6/2, vgl. Abb. 36 u. 39 sowie Photo 25 u. 31). In der Glasmatrix eingeschlossen sind Plagioklas und Titanaugit. Durchlichtaufnahme am Streupräparat in Mountex (Firma Merck). Bildunterkante ca. 1,2 mm.

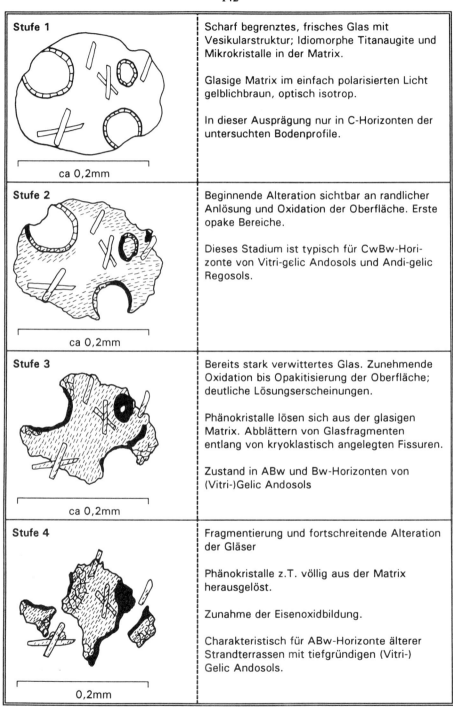

| Stufe 1 | Scharf begrenztes, frisches Glas mit Vesikularstruktur; Idiomorphe Titanaugite und Mikrokristalle in der Matrix.

Glasige Matrix im einfach polarisierten Licht gelblichbraun, optisch isotrop.

In dieser Ausprägung nur in C-Horizonten der untersuchten Bodenprofile. |
| ca 0,2mm | |
| Stufe 2 | Beginnende Alteration sichtbar an randlicher Anlösung und Oxidation der Oberfläche. Erste opake Bereiche.

Dieses Stadium ist typisch für CwBw-Horizonte von Vitri-gelic Andosols und Andi-gelic Regosols. |
| ca 0,2mm | |
| Stufe 3 | Bereits stark verwittertes Glas. Zunehmende Oxidation bis Opakitisierung der Oberfläche; deutliche Lösungserscheinungen.

Phänokristalle lösen sich aus der glasigen Matrix. Abblättern von Glasfragmenten entlang von kryoklastisch angelegten Fissuren.

Zustand in ABw und Bw-Horizonten von (Vitri-)Gelic Andosols |
| ca 0,2mm | |
| Stufe 4 | Fragmentierung und fortschreitende Alteration der Gläser

Phänokristalle z.T. völlig aus der Matrix herausgelöst.

Zunahme der Eisenoxidbildung.

Charakteristisch für ABw-Horizonte älterer Strandterrassen mit tiefgründigen (Vitri-) Gelic Andosols. |
| 0,2mm | |

Abb. 32: Schematische Darstellung der Glasverwitterung in Horizonten andischer Böden am Sverrefjell.

und xenolithische Komponenten enthalten. Titanaugit taucht in der Schwermineralfraktion der meisten Cw-Horizonte nur untergeordnet auf, da er als Glaseinschluß in der Leichtfraktion verbleibt (s. Tab. A3.3 u. 6.3.2.2). Der Titanaugit zeigt häufig Zwillingsbildung, seine charakteristische anomale Doppelbrechung sowie starke Dispersion (s. Photo 29).

In schwach verbraunten CwBw-Horizonten ändert sich das Erscheinungsbild der Gläser. Die Körner sind bereits deutlich oxidiert, wobei die Alteration besonders entlang von Rissen oder in blasigen Hohlräumen rasch voranschreitet (s. Photo 25). Auf der Oberfläche der Glaspartikel scheiden sich erste, überwiegend isotrope Eisenoxidgele ab (s. Abb. 32). Die Glasmatrix schützt in dieser Phase eingeschlossene Olivinphänokristalle noch teilweise vor der Verwitterung.

In den Bw- und AhBw-Horizonten der Gelic Andosols verstärken sich diese Verwitterungsmerkmale. Durch die Oxidation der Glasoberflächen ist vor allem in Körnerpräparaten (Sandfraktionen) eine zunehmende Opakitisierung festzustellen (s. Photo 25). Lediglich die Vesikularstruktur erlaubt noch die Identifikation der Gläser. Im Dünnschliff wird erkennbar, daß die Verwitterung entlang von Rissen bereits bis ins Zentrum der Glaspartikel eingreift (s. Photo 26). Die Bildung isotroper, selten auch doppelbrechender Eisenoxide hat in dieser Phase stark zugenommen. Die eingeschlossenen Phänokristalle wittern langsam aus der Glasmatrix heraus. Dadurch gelangt der eingeschlossene Titanaugit verstärkt in die Schwermineralfraktion. Indirekt gibt damit das Schwermineralspektrum Hinweise auf den Verwitterungsgrad der Gläser (s. Tab. A3.3). Allerdings ist davon auszugehen, daß durch die übliche Vorbehandlung der Schwermineralproben mit ca. 15 % HCl, ebenfalls eine Freisetzung von Mineralen aus der Glasmatrix erfolgt. Davon dürften vor allem bereits intensiver verwitterte Glaspartikel betroffen sein.

Die Verwitterung der Gläser folgt Rissen, die in einer REM-Aufnahme besonders deutlich sichtbar werden (s. Photo 27). Erkennbar ist ein dichtes Netz von winkligen, polygonartigen Rissen. Offensichtlich handelt es sich um das Ergebnis thermisch-physikalischer Verwitterungsprozesse und nicht um perlitische Erscheinungen (s. MATTHES 1990: 181). Durch die Rissbildung wird die Glasoberfläche enorm vergrößert und die Verwitterungsanfälligkeit der ohnehin wenig resistenten Komponenten noch erhöht. Die verschiedenen eingeschlos-

144

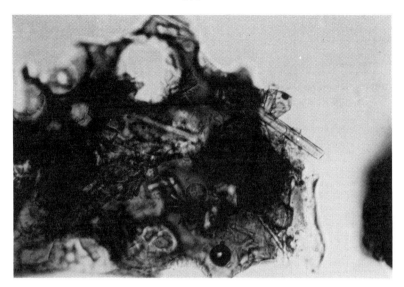

Photo 25: Deutlich verwittertes vulkanisches Glas (Feinsandfraktion des BwAh1-Horizontes von Profil 6/6; vgl. Abb. 36 u. 41 sowie Photo 24 u. 29). Neben der fortschreitenden Opakitisierung wird erkennbar, daß Phänokristalle aus der Glasmatrix herauswittern. Durchlichtaufnahme am unbehandelten Streupräparat. Bildunterkante ca. 0,3 mm (vgl. Abb. 32).

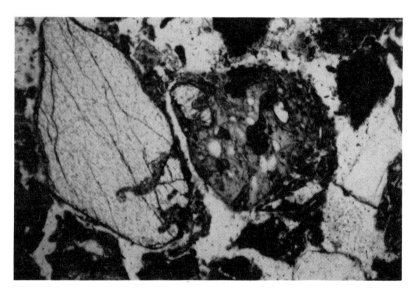

Photo 26: Dünnschliffaufnahme aus dem BwAh1-Horizont des Profils 6/6 (vgl. Abb. 41 u. Photo 28). Während die Gläser intensive Verwitterungsmerkmale aufweisen, sind höher kristalline Komponenten - wie der Orthopyroxen in der linken Bildhälfte - nur randlich oxidiert. Die Bildunterkante der Aufnahme entspricht ca. 1,2 mm.

senen Phänokristalle (Magnetit, Feldspäte, Titanaugit) zeigen keinerlei Rissbildungen. Die Fragmentierung, die auch in Dünnschliffen bei entsprechender Vergrösserung erkennbar wird, bewirkt außerdem eine Zunahme des Glasanteils in den feinen Korngrößen. Selbst tiefgründige Andosols weisen aber noch sehr viel Glas in der Sandfraktion auf (s. Tab. A3.3).

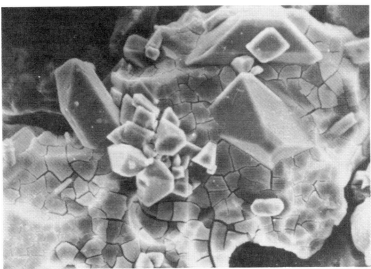

Photo 27: REM-Aufnahme eines Glaspartikels. In dieser Vergrößerung (Bildunterkante ca. 0,1 mm) wird erkennbar, daß die Glasmatrix durch zahllose, polygonartige Risse zerteilt wird. Die in der Matrix eingeschlossenen idiomorphen Minerale (Magnetit und Feldspat sowie Titanaugit) zeigen dagegen keine derartigen Verwitterungsmerkmale (Aufnahme M. ZAREI, Universität Hohenheim).

6.3.2 Differenzierung lithogener und pedogener Merkmale

Die Böden im Vorland des Sverrefjell haben sich überwiegend in marinen und glazifluvialen Sedimenten entwickelt. Im Zuge dieser Dynamik wurden ältere Grundmoränensedimente, die sich aus devonischen Sedimentgesteinen und Gesteinen des kristallinen Basements zusammensetzen, mit pyroklastischem Material vermischt (s. 6.2). Folglich muß auch am Sverrefjell eine Differenzierung lithogener und pedogener Merkmale vorgenommen werden. Insgesamt wurden dreizehn Profile untersucht (s. Tab. A1.6 und A2.6). Auf drei Profile (6/2, 6/3, 6/6 vgl. Photo 23) wird im folgenden verstärkt Bezug genommen, da diese sowohl chemisch als auch mineralogisch besonders umfassend analysiert wurden. Die Bodenprofile befinden sich auf verschiedenen marinen bzw. glazifluvialen Niveaus und weisen sehr unterschiedliche Entwicklungstiefen auf (vgl. Abb. 39, 41).

6.3.2.1 Sedimentologische Untersuchungen

In allen untersuchten Böden dominiert die Sandfraktion (meist > 60%), wobei jedoch die Anteile der Fein-, Mittel- und Grobsandfraktion sehr unterschiedlich ausfallen (s. Tab. A1.6). Reine Sande sind charakteristisch für unverwitterte C-Horizonte mariner und glazifluvialer Grobsedimente, während ansonsten schwach lehmige (Sl2) bis stark lehmige (Sl4) Substrate auftreten (s. Abb. 33). Vor allem in den schichtigen marinen Terrassensedimenten variiert der Kiesanteil im Tiefenprofil ganz erheblich (z.B. Profil 6/2; s. Tab. A1.6). Geringe Tongehalte (< 15%) und die niedrige Lagerungsdichte (< 1,26 g/cm^3 bezogen auf die Gesamterde) sind unter anderem Merkmale andischer Bodenbildungen (s. SHOYI et al. 1988). Trotz Dispergierung kann durch Allophane[*] die Aggregierung des Feinmaterials teilweise bestehen bleiben und damit die Korngrößenzusammensetzung - insbesondere durch zu niedrige Ton- und Feinschluffanteile - verfälscht werden (s. 6.3.2.2 sowie SIMONSON & RIEGER 1967: 696; PING et al. 1989: 11).

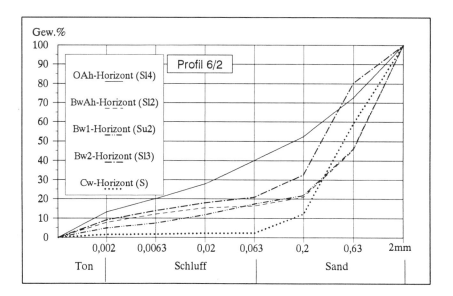

Abb. 33: Korngrößenzusammensetzung des Feinbodens im Profil 6/2 (vgl. Abb. 39 sowie Photos 23 u. 31).

----

[*] Die Bezeichnung "Allophan" wird hier als Oberbegriff für nicht oder schlecht kristallisierte wasserhaltige Aluminiumsilikate (einschl. Imogolit) verwendet (s. 6.3.2.2; vgl. WADA 1985; KÖSTER & SCHWERTMANN 1993: 67).

Aus Abbildung 33 wird ersichtlich, daß im Oberboden eine erhöhte Ton- und Schluffkomponente auftritt. Der höhere Feinmaterialanteil ist nicht allein durch Verwitterung zu erklären. Zwar spielen abluale Prozesse im Vorland des Sverrefjell nur eine untergeordnete Rolle, doch findet insbesondere auf Verebnungen oder in etwas geschützten Muldenpositionen eine Akkumulation äolischen Materials statt. Die fast geschlossene Vegetationsbedeckung am Standort 6/2 begünstigt die äolische Sedimentation (s. auch Profile 6/9, 6/10, 6/13 in Tab. A1.6). Das Feinmaterial wird vor allem im Bereich des wattartigen, hinteren Bockfjords, aber auch an exponierten und oft fast vegetationsfreien Terrassenkanten - wie etwa gegenwärtig an den Standorten 6/6 und 6/11 - ausgeweht (s. 6.4.2 und Abb. 41 sowie Photo 23). Während des Geländeaufenthaltes im Sommer 1991 konnte die rezente Wirksamkeit der äolischen Dynamik mehrfach beobachtet werden.

Am Beispiel von **Profil 6/6** läßt sich besonders deutlich die oft komplexe Genese und daraus resultierende Substratinhomogenität der Böden belegen. Das Profil befindet sich auf einem Niveau ca. 27 m.ü.M. und stellt mit einer Entwicklungstiefe von stellenweise bis zu 90 cm die mächtigste Bodenbildung des gesamten Arbeitsgebietes dar (s. Abb. 41 sowie Photo 23 u. 28).

Die Auswertung der Schwermineralfraktion deutet auf eine Schichtgrenze im Profil hin (s. Abb. 34). Auffallend ist der starke Rückgang vulkanischer Schwerminerale im unteren Profilabschnitt (2Cw-Horizont). Während die Abnahme des Titanaugits (s. Photo 29) noch mit Hilfe der Glasverwitterung im oberen Teil des Profils erklärt werden könnte (s. 6.3.1), ist die Abnahme von Olivin, Spinell und Orthopyroxen im 2Cw-Horizont auf diese Weise kaum zu erklären. Die deutliche Zunahme der Hornblende- und Granatanteile weist auf den verstärkten Einfluß nichtbasaltischen Materials (Hecla Hoek-Kristallin, s. 5.1) hin. Gleichzeitig reduziert sich in der Leichtfraktion der Glasanteil von 62% im BwCw- auf 20% im 2Cw-Horizont, während die Quarz- und Glimmeranteile zunehmen. Auch die chemischen Analysen (Gesamtgehalte) lassen den polygenetischen Aufbau des Profils 6/6 erkennen (s. 6.3.2.2 und Tab. A4).

Der untere Profilbereich stellt eine fluvioglaziale Sanderschüttung dar, die mit der in Abb. 31 dargestellten Schicht "C" vergleichbar ist. Die Schicht weist gut gerundete Gneis- und Glimmerschieferkiese auf, die im oberen Profilbereich weniger häufig auftreten (s. Photo 28).

148

Photo 28:

Profil 6/6 (Gelic Andosol). Der
helle Bereich im oberen Profilabschnitt ist durch starke Austrocknung zu erklären. Deutlich erkennbar ist die kristalline Fremdkomponente v.a. im unteren Profilbereich
(gerundeter Gneiskies, vgl. auch Abb.
41). Lage des Profils s. Photo 23.

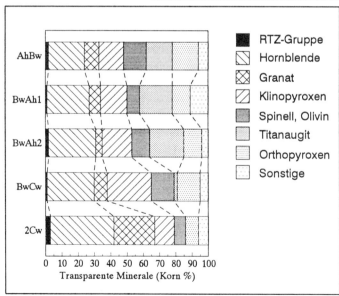

Abb. 34: Schwermineralzusammensetzung (Feinsandfraktion) im Profil 6/6: Gelic Andosol,
27 m.ü.M. (s. Tab. A3.3 u. Photo 28).

Photo 29: Titanaugit-Zwilling (Bildunterkante ca. 0,3 mm). Typisches Schwermineral der vulkanogenen Substrate. Präparat Feinsandfraktion (HCl-behandelt) in Mountex (Firma Merck, s. 3.3.2).

Unter der Sanderschüttung folgt anstehender Basalt (s. Abb. 41). Auch die hangende Schicht stellt eine fluvioglaziale Schüttung dar, wobei allerdings in dieser Phase vorwiegend vulkanisches Material aus der unmittelbaren Umgebung zur Ablagerung gelangt ist. Das Profil macht deutlich, daß durch Änderung oder Verlegung eines glazifluvialen Systems petrographisch unterschiedliche Sedimente zur Ablagerung gelangen können. Wenngleich die anderen - überwiegend in marinen Substraten entwickelten - Profile am Sverrefjell keine so deutliche Mehrschichtigkeit erkennen lassen, muß auch hier von Substratinhomogenitäten ausgegangen werden (s. Tab. A3.3).

Am Nordwesthang des Sverrefjell wurde in ca. 350 m.ü.M. **Profil 6/14** beprobt (s. Photo 23), das in fast homogenem pyroklastischen Material (geringe äolische Einflüsse) entwickelt ist. Das Schwermineralspektrum dieses Andi-gelic Leptosols unterscheidet sich grundlegend von den Böden des marin bzw. glazifluvial überprägten Vorlandes (s. Tab. A3.3). Rechnet man außer dem Titanaugit auch die übrigen Vertreter der Klinopyroxengruppe (insbes. Diopsid und Pigeonit) noch zu den vulkanogenen Komponenten, so beträgt der Anteil vulkanischer Schwerminerale in diesem Profil über 80%.

Der Olivin unterliegt einer Umwandlung in braungelbe und rötliche, doppelbrechende Zersetzungsprodukte, deren genaue Zusammensetzung nicht untersucht wurde. Es könnte sich um goethitische Bildungen oder auch um Iddingsit handeln (s. BOLTER 1961: 118 ff.; HUGENROTH et al. 1970). Olivin tritt daher in stärker verwitterten Horizonten nur noch untergeordnet auf (s. Tab. A3.3). Auch in basaltischen Lapilli ist der Olivin zum Teil bereits umgewandelt worden (s. Photo 30). Pyroxene und Feldspäte sind dagegen lediglich oberflächlich oxidiert, zeigen ansonsten aber keine Verwitterungsmerkmale (vgl. Photo 26).

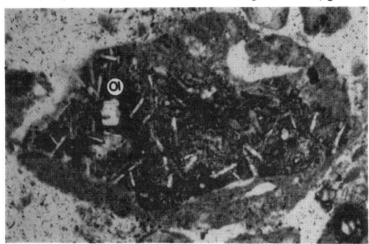

Photo 30: Oxidiertes Lapilli im Dünnschliff (Bildunterkante ca. 1,2 mm). Der eingeschlossene Olivin (Ol) ist bereits weitgehend zersetzt. Gut erkennbar ist das intersertale Gefüge des Lapilli mit mikrokristallinem Plagioklas und Pyroxen. Aufnahme aus dem BwAh1-Horizont von Profil 6/6 (s. Photo 28 und Abb. 41).

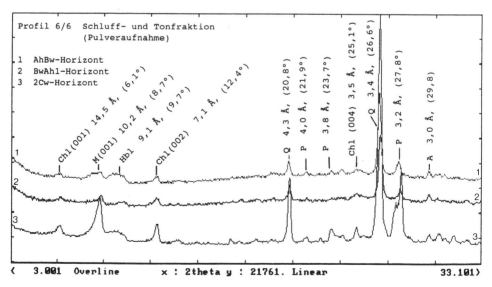

Abb. 35: Röntgendiffraktogramme (Pulveraufnahme) von Bodenhorizonten des Profils 6/6. Chlorit (Chl), ᴄ̈ mmı ɟruppe (M), Hornblende (Hbl), Quarz (Q), Plagioklasgruppe (P), Augitgruppe (A) ₍2 Theta, 3 - 33°; vgl. auch Abb. 37 u. 38).

In Ergänzung der mikromorphologischen und mineralogischen Untersuchungen wurden an wenigen Proben auch röntgenographische Analysen am Pulverpräparat durchgeführt. Infolge der hohen Glasanteile und amorpher Substanzen aus der Glasverwitterung sind kleinere Peaks der Diffraktogramme kaum interpretierbar. Dies gilt insbesondere für die stärker verwitterten AhBw- bzw. Bw-Horizonte (s. Abb. 35 sowie 6.3.2.3). Die schwermineralogisch nachgewiesene Schichtgrenze im Profil 6/6 ist daher im Röntgendiffraktogramm nicht ohne weiteres zu erkennen. Auch die Röntgenaufnahme zeigt jedoch, daß in allen Horizonten nichtvulkanisches Material vorhanden ist. Während die Feldspäte - aufgrund der Position und Intensität der Reflexe dürfte es sich überwiegend um Albit und Anorthit handeln - die Augitgruppe und auch Magnetit (in Abbildung 35 nicht mehr dargestellt) großteils vulkanogen gedeutet werden müssen, weisen insbesondere die Glimmer- und Quarzpeaks auf nichtvulkanisches Material hin. Der wenig markante Hornblende-Reflex ist in Anbetracht der schwermineralogischen Befunde ebenfalls vorwiegend durch allochthones Hecla Hoek Material zu erklären (vgl. auch SKJELKVÅLE et al. 1989 u.Tab. A3.3).

6.3.2.2 Bodenchemische Untersuchungen

Eine für Andosole gemäßigter Breiten charakteristische Neubildung in der Tonfraktion sind nicht oder schlecht kristallisierte wasserreiche Aluminiumsilikate (Allophane bzw. allophanartige Komponenten), die aus der Glasverwitterung hervorgehen (HETSCH 1974; FIELDES & CLARIDGE 1975). Auf eine weitergehende Differenzierung dieser Komponenten wurde im Rahmen der vorliegenden Untersuchungen verzichtet (vgl. hierzu BIRRELL & FIELDES 1952; FIELDES & CLARIDGE 1975: 361; GEBHARDT 1976). Mit Hilfe bodenchemischer und röntgenographischer Analysen sollte lediglich geprüft werden, ob es Hinweise auf amorphe oder kristalline Stoffneubildungen in den hier untersuchten Böden gibt (s. EBERLE et al. 1993b).

Abbildung 36 zeigt die Tiefenfunktion der oxalat- und dithionitlöslichen Aluminium- bzw. Eisengehalte der **Profile 6/6, 6/2** und **6/3** (vgl. Photo 23). Durch die Oxalatbehandlung werden Allophane größtenteils gelöst und das in ihnen enthaltene oxalatlösliche Aluminium und Silicium aber auch Eisen freigesetzt (HIGASHI & IKEDA 1974; JACKSON et al. 1986). Allophanreiche Böden zeichnen sich folglich durch eine hohe Oxalatselektivität aus und unterscheiden sich damit von Bodenbildungen nichtvulkanischer Ausgangssubstrate durch

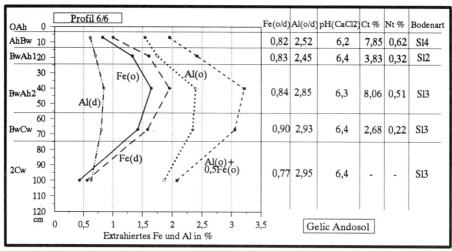

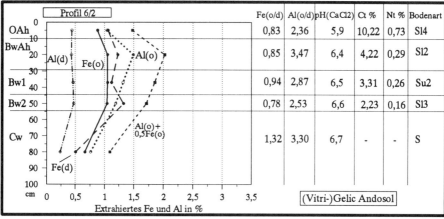

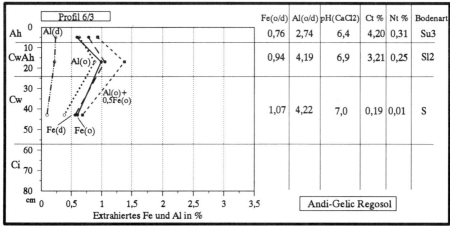

Abb. 36: Chemische Kennwerte der andischen Böden 6/6, 6/2 und 6/3 im Tiefenprofil (s. dazu 3.3.1 und Tab. A2.6 sowie Photos 23, 28 u. 31).

besonders hohe Al(o), Si(o) und Fe(o)-Werte. Wie aus Abbildung 36 ersichtlich wird, liegt der Anteil des oxalatlöslichen Aluminiums mit über 2% im BwAh2- und BwCw-Horizont des Profils 6/6 weit über dem dithionitlöslichen Anteil. Hohe Al(o)-Werte bzw. hohe Al(o/d)-Quotienten weisen auf größere Mengen nicht oder schlecht kristallisierter, Al-reicher Verwitterungsprodukte hin (s. JAHN 1988: 96).

Beim Eisen liegt der Fe(o)-Wert dagegen häufig in derselben Größenordnung wie der Dithionitwert und erreicht Absolutwerte von über 1,5% (s. Abb. 36). Die vergleichsweise geringe Abweichung der Fe(o) und Fe(d)-Werte ist charakteristisch für andische Böden und zeigt, daß in dieser Phase offenbar überwiegend amorphe Eisenoxide gebildet werden (SHOYI & FUJIWARA 1984: 221; JAHN 1988: 124 ff.). Si(o)-Werte wurden aufgrund methodischer Schwierigkeiten nur an wenigen Proben ermittelt. Die Werte lagen in vergleichbarer Größenordnung wie die Fe(o)-Gehalte (z.B. BwAh1-Horizont des Profils 6/6: Si(o) = 1,3%).

Nach ICOMAND 9 (LEAMY 1987) zeichnet sich der Feinboden andischer Böden durch Al(o) + 0,5Fe(o)-Gehalte von > 0,4% aus, sofern der Grobschluff- bis Grobsandanteil der Feinerde mindestens 30% beträgt. Diese Bedingung erfüllen alle untersuchten Bodenhorizonte. In Profil 6/6 erreicht dieser Wert in einzelnen Horizonten sogar über 3% (s. Abb. 35 u. Tab. A2.6).

Bereits nach einmaliger Oxalatbehandlung der Feinsandfraktion konnte mikroskopisch festgestellt werden, daß auch weitgehend unverwittertes Glas des Cw-Horizontes angelöst wurde. Nach sechsmaliger Oxalatbehandlung war der Glasanteil deutlich reduziert, verbleibende Glaspartikel zeigten starke Lösungserscheinungen. Eine Parallelprobe wurde mit Dithionit behandelt, wobei keine nennenswerten Veränderungen der Gläser festzustellen waren. Aufgrund dieser Befunde erscheinen die häufig angestellten quantitativen Berechnungen des Allophangehaltes auf der Basis von Oxalatwerten etwas fragwürdig (stellv. PARFITT & HENMI 1982). Hinzu kommt, daß die Größenordnung der Oxalatwerte sehr stark vom Zustand des Probenmaterials (feldfrisch, lufttrocken oder 105°C getrocknet) beeinflusst wird. Die geringe Resistenz der vulkanischen Gläser gegenüber einer Oxalatbehandlung würde auch die recht hohen Oxalatwerte der Cw-Horizonte erklären. Beim Eisen tritt gerade in den Cw-Horizonten häufig ein Fe(o/d)-Quotient von über 1 auf (s. Tab. A2.6 u. Abb. 36, Profil 6/2 und 6/3). Die Gläser enthalten offensichtlich Eisen, das nach Oxalatbehandlung gelöst vorliegt, während es durch die Dithionitbehandlung nicht freigesetzt werden kann (s. PARFITT & HENMI 1980).

Das **Profil 6/2** liegt auf einer Strandterrasse in ca. 22 m.ü.M. (s. Photo 31 und Abb. 39). Auch dieses Profil weist die oben ausgeführten andischen Merkmale auf, wenngleich die Oxalatwerte deutlich unter denjenigen des Profils 6/6 liegen (s. Abb. 36). Die Entwicklungstiefe des Profils erreicht nur noch 50-60 cm, wobei der Bw2-Horizont eine auffallend scharfe Untergrenze zum Cw-Horizont ausbildet. Im Gegensatz zu Profil 6/6 konnte hier jedoch keine eindeutige Schichtgrenze nachgewiesen werden (s. 6.3.2.1 und 6.4.3).

Das **Profil 6/3** schließlich liegt auf dem jüngsten marinen Niveau (ca. 3-4 m.ü.M., s. Abb. 39). Ein Bw-Horizont hat sich hier noch nicht ausgebildet. Wie das Tiefenprofil der Oxalatwerte erkennen läßt, sind jedoch bereits andische Merkmale vorhanden (Al(o)+0,5 Fe(o) > 0,4 %). Auch in diesem Profil fällt der hohe Fe(o/d)-Quotient des Cw-Horizontes auf. Während das Profil 6/3 als **Andi-gelic Regosol** bezeichnet wurde, müssen die Profile 6/2 und 6/6 aufgrund ihrer chemischen und mineralogischen Eigenschaften als **Gelic Andosols** bzw. glasreiche **Vitri-gelic Andosols** angesprochen werden (s. 6.4).

Das pH-Milieu der Bodenprofile im Untersuchungsgebiet C liegt im schwach sauren (pH CaCl$_2$) bis neutralen Bereich (pH H$_2$O). Dies begünstigt die Bildung amorpher Eisenoxide und von Allophan (FIELDES & CLARIDGE 1975: 388; WADA 1985: 192). Nennenswerte Karbonatgehalte wurden in keiner Probe festgestellt (s. Tab. A2.6). Die Profile 6/2 und 6/6 wiesen auch in größerer Tiefe noch C(t)-Gehalte von über 2% auf, was mit der teilweise intensiven und tiefreichenden Durchwurzelung erklärt werden kann. Die andischen Böden sind insgesamt wesentlich humoser als Böden der nichtvulkanisch geprägten Teiluntersuchungsgebiete. Aufgrund der Degradierung vieler Oberbodenhorizonte sind die C(t)-Werte der einzelnen Profile aber nur bedingt vergleichbar (s. 6.4 sowie EBERLE et al. 1993a).

Von einigen Horizonten der Profile 6/2 und 6/6 wurden Gesamtgehalte bestimmt (s. Tab. A4). Die Werte dokumentieren die Dominanz alkalibasaltischen Materials in den Ausgangssubstraten. Der Vergleich mit einer Olivinbasalt-Mischprobe zeigt dies deutlich (s. Tab. A4). Lediglich in Profil 6/6 weist der 2Cw-Horizont eine markante Veränderung im Gesamtchemismus auf, der durch den bereits lichtmikroskopisch nachgewiesenen Schichtwechsel zu erklären ist (s. 6.3.2.1). Erkennbar wird dies insbesondere in der Zunahme des SiO_2- und der Abnahme des TiO_2-Gehaltes im 2Cw-Horizont. Das Ti/Zr-Verhältnis geht von 67 im BwAh1- auf 38 im 2Cw-Horizont zurück.

6.3.2.3 Tonmineralogische Untersuchungen

Auch für die Erläuterung der röntgenographischen Befunde der Tonfraktion wird auf **Profil 6/6** Bezug genommen. Das Diffraktogramm der Mg-belegten Proben des AhBw- und BwAh1-Horizontes zeigt keine interpretierbaren Reflexe (Abb. 37). Dies änderte sich auch nach Glycerinbehandlung sowie stufenweisem Erhitzen der Probe nicht. Größere Mengen amorpher Eisenoxide können eine Erhöhung des Hintergrundes und eine Maskierung vorhandener Reflexe ebenso bewirken, wie hohe Anteile organischer Komplexe oder amorpher Substanzen aus der Glasverwitterung (MOORE & REYNOLDS 1989: 184). ZAREI et al. (1987) konnten auf Lanzarote nachweisen, daß röntgenamorphe Neubildungen bereits in einem sehr frühen Stadium der Verwitterung basischer Vulkanite auftreten. GEBHARDT (1976: 84) belegt, daß amorphe Tonbestandteile meist als Hüllsubstanzen auf der negativ geladenen Oberfläche kristalliner Tonminerale vorliegen, was die bekannten Probleme bei röntgenographischen Analysen gut erklärt.

Um den Einfluß der Eisenoxide und/oder amorpher Substanzen zu reduzieren, wurde im BwAh1-Horizont eine Dithionitbehandlung und - an einer Parallelprobe - eine Oxalatbehandlung durchgeführt (s. Abb. 38). Das Diffraktogramm zeigt nach der Dithionitbehandlung keine interpretierbare Veränderung. In der mit Oxalatlösung behandelten Parallelprobe treten dagegen Reflexe auf, die mit denen des 2Cw-Horizontes gut übereinstimmen (s. Abb. 37 u. 38). Durch die Oxalatbehandlung werden nach Untersuchungen von PARFITT & HENMI (1982) insbesondere Allophan, schlecht kristallisierte Fe-Oxide (Ferrihydrit) und organische Komplexverbindungen gelöst. Die Ergebnisse zeigen, daß vorwiegend Allophane für die Maskierung der Reflexe in den Mg-behandelten Proben verantwortlich sind. Wären hauptsächlich oxidische Neubildungen oder organische Komplexe die Ursache, so müßten nach der Dithionitbehandlung ebenfalls deutliche Reflexe auftreten. Allophane werden dagegen durch Dithionit nicht nennenswert angegriffen (PARFITT & HENMI 1980: 290, s. 6.3.2.2).

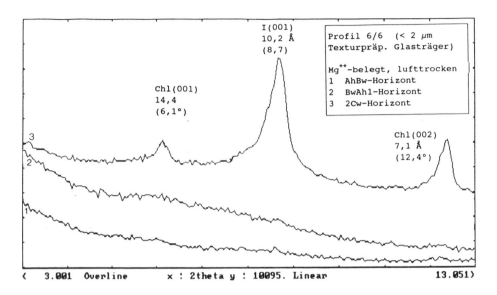

Abb. 37: Röntgendiffraktogramme der Tonfraktion von Horizonten des Profils 6/6 (s. Photo 23 u. 28). Aufnahmen Mg-belegt, lufttrocken (2 Theta 3 - 13°). Nur im Cw-Horizont sind interpretierbare Reflexe zu erkennen, die dem lithogenen Illit/Chlorit-Spektrum zuzuordnen sind.

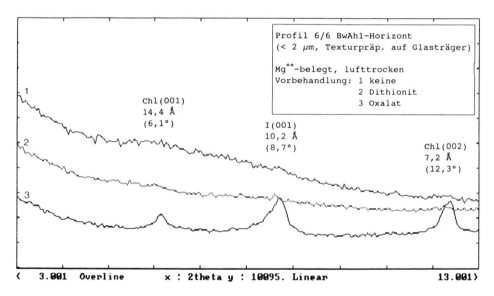

Abb. 38: Röntgendiffraktogramme der Tonfraktion des BwAh1-Horizontes von Profil 6/6 (s. Photo 23 u. 28). Nach Oxalatbehandlung treten im BwAh1-Horizont Reflexe auf, die mit denen des Cw-Horizontes (s. Abb. 37) gut übereinstimmen (2 Theta 3 - 13°).

Der kaum pedogen veränderte 2Cw-Horizont des Profils 6/6 läßt bereits ohne Vorbehandlung deutliche Interferenzen erkennen (Abb. 37). Weitere röntgenographische Analysen ergaben, daß die Reflexe wiederum einem einfachen Illit/Chlorit-Spektrum zuzuordnen sind (s. 4.5.3). Auch im Pulver-Diffraktogramm ließ sich diese allochthone lithogene Komponente bereits nachweisen (s. 6.3.2.1). WADA (1985: 197) weist darauf hin, daß Andosole meist arm an in situ-gebildeten Tonmineralen sind, jedoch häufig größere Mengen lithogener Tonminerale - oft äolischer Herkunft - besitzen. Im vorliegenden Fall ist die Fremdkomponente nicht nur äolisch, sondern vor allem durch glazifluviale Einarbeitung nichtvulkanischen Materials zu erklären (vgl. auch SMITH 1957). HETIER et al. (1977) machen die stabilisierende Wirkung organischer Komponenten für die geringe Neubildung kristalliner Tonminerale in Andosolen gemäßigter Klimate verantwortlich.

Smectite, die nach JAHN (1988: 202) in Andosolen semiarider Gebiete als Tonmineral-neubildungen auftreten, waren in keinem der untersuchten Profile sicher nachzuweisen. Smectitvorkommen in Bodenbildungen auf Basalten der Antarktischen Halbinsel wurden von BLÜMEL et al. (1985, 1986) als hydrothermale Bildungen gedeutet.

6.4 Bodenmuster und standörtliche Differenzierung am Sverrefjell

In Ergänzung der pedogenetischen Untersuchungen erfolgte auch im Vorland des Sverrefjell eine flächenhafte Kartierung des Bodenmusters (s. Abb. 40). Für dasselbe Gebiet wurden gleichzeitig durch THANNHEISER (1992) Karten der Pflanzengesellschaften und des Deckungsgrades der Vegetation erstellt. Auf der Basis dieser Aufnahmen lassen sich Ursachen kleinräumiger standortökologischer Differenzierungen und die beobachteten aktuellen Systemveränderungen interpretieren (s. 6.4.3 und 7.5). Mit Hilfe der Bodenkartierung und zwei ausgewählter Catenen soll im Anschluß das Substrat- und Bodenmuster - unter Einbeziehung der wichtigsten vegetationsgeographischen Befunde - erläutert werden.

6.4.1 Catena Sverre 1

Die Catena Sverre 1 verläuft direkt unterhalb des Sverrefjell von der Küste über mehrere marine Niveaus (u.a. Höhenpunkt 22) bis zum markanten Hangknick in der Nähe des Höhenpunktes 51 (s. Abb. 39 u. 40 sowie Photo 23). Die Vegetationsbedeckung endet an diesem

Hangknick abrupt. Ursache hierfür ist die Instabilität des groben pyroklastischen Materials (Lapillis) am bis zu 25° steilen Unterhang des Sverrefjell (s. Abb. 39). Die in diesen Bereichen ausgewiesene KE 1a zeichnet sich durch weitgehend vegetationslose Flächen ohne nennenswerte Bodenbildung aus. Aktive Schwemmfächer und rezente Strandwälle wurden derselben Kartiereinheit zugeordnet (s. Abb. 40). Günstiger sind die Verhältnisse an den flacheren und etwas feinmaterialreicheren Nord- und Südhängen des Sverrefjell, wo lokal bis in eine Höhe von fast 400 m.ü.M. noch Fleckentundra und initiale Bodenbildungen (Lithigelic Leptosols bis Andi-gelic Regosols) angetroffen wurden (s. Profile 6/14, 6/16 in Tab. A1.6, sowie KE 2b in Abb. 40, Photo 23).

Die Abfolge der marinen Grob- und Feinsedimente im Verlauf der Catena entspricht substratgenetisch den marinen Serien im Bereich der devonischen Sedimentgesteine (s. z.B. 4.6.2.1). Marine Grobsedimente (Strandwallfazies) wechseln mit feinkörnigen Ablagerungen (Lagunenfazies) in Mulden oder flachen Ausraumbereichen. Letztere sind zum Teil auch durch fluviale Zerschneidung der marinen Reliefeinheiten entstanden. Abrasionsflächen sind dagegen im Vorland des Vulkans nicht entwickelt.

Die Verbreitung tief entwickelter **(Vitri-) Gelic Andosols** beschränkt sich weitgehend auf die sand- und kiesreichen Sedimente der Strandwallfazies mittlerer (20-25 m.ü.M.) und höher gelegener (25-35 m.ü.M.) mariner Niveaus (s. KE 4, sowie teilw. KE 3a, 3b in Abb. 40). Außerdem sind diese Böden vereinzelt auch auf (glazi-)fluvialen Sedimenten älterer, inaktiver Schwemmfächer bzw. Sanderflächen anzutreffen. Das Verbreitungsmuster der Gelic Andosols ist damit vergleichbar mit demjenigen der Gelic Cambisols im Bereich mariner Reliefeinheiten der devonischen Sedimentgesteine (s. 4.6.2).

Der Profilaufbau der Gelic Andosols ist sehr uneinheitlich. Insbesondere die Mächtigkeit der organischen Auflagehorizonte hängt entscheidend von der Dichte und Zusammensetzung der Vegetationsdecke ab (s. 6.4.2). Reine Ah-Horizonte sind selten entwickelt, meist treten OA und/oder AB-Mischhorizonte auf (s. Photo 31). Charakteristisches Merkmal der tiefgründigen Profile ist der intensiv braun gefärbte (MUNSELL 7,5 YR4/6), meist recht humose Bw- bzw. BwAh-Horizont, der häufig eine sehr scharfe Untergrenze zum Cw-Horizont aufweist (s. Photo 31 u. 6.4.3). Besonders auffällig ist die Mächtigkeit des Auftauboden im Bereich der

159

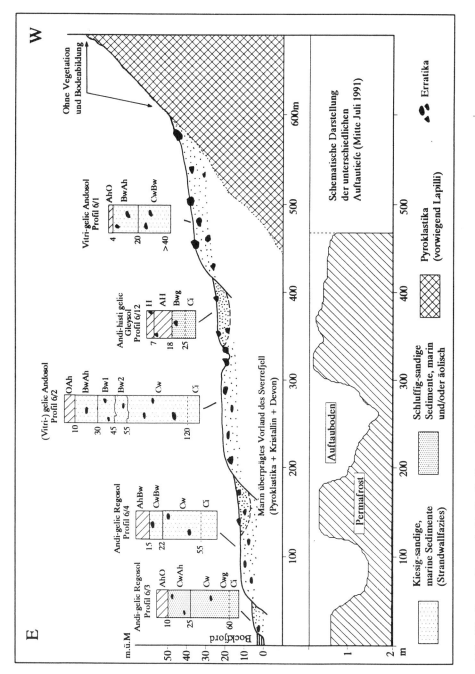

Abb. 39: Catena Sverre 1. Die Profilreihe verläuft im Bereich des marin geprägten Vorlandes unterhalb des Sverrefjell, über die Höhenpunkte 22 und 51 m.ü.M. (s. Abb. 39 u. Photo 23).

KE 1a	Fehlende Bodenbildung, lokal (Andi-) Gelic Leptosol. Frostschutt-bereiche, rezente Schwemmfächer und Strandwälle.
KE 1b	Fehlende Bodenbildung, lokal Gelic Leptosol oder Gelic Regosol. Block- und feinmaterialreiche Moränen des Adolfbreen, nur unter-geordnet vulkanisches Material.
KE 1c	(Andi-) Gelic Leptosol und (Andi-) Gelic Regosol, vereinzelt hydro-morphe Bodenbildungen (Andi-gelic Gleysol, lithic phase), oft je-doch auch fehlende Bodenbildung. Schneetälchen und feuchte Rinnen, häufig Moospolster ("Moosböden") direkt auf Schutt und Kies.
KE 2a	(Andi-) Gelic Leptosol lithic phase, skelettreiche, geringmächtige Bodenbildungen auf Basalt.
KE 2b	Andi-gelic Leptosol bis Andi-gelic Regosol, lokal Vitri-gelic Ando-sol. Größere Bereiche ohne Bodenbildung. Feinklastische Pyro-klastika oder grobklastischer Basaltschutt.
KE 3a	Andi-gelic Leptosol bis Vitri-gelic Andosol, häufig auch degra-dierte Profile. Marin und glazifluvial aufgearbeitete Sedimente windexponierter Kanten und inaktiver Schwemmfächer.
KE 3b	Andi-gelic Regosol und Vitri-gelic Andosol, lokal Andi-gelic Lepto-sol und Andi-gelic Gleysol. Marin und glazifluvial aufgearbeitete, vorwiegend vulkanische Sedimente. Jüngere Strandterrassen und Hangfußbereiche, inaktive Schwemmfächer.
KE 4	(Vitri-) Gelic Andosol und Andi-gelic Regosol. Gut drainierte, trockene Standorte mit mächtigem Auftauboden, Bodenentwick-lung bis 80cm. Marin oder glazifluvial aufgearbeitetes, vorwie-gend vulkanisches Material meist älterer Strandterrassen.
KE 5	Andi-gelic Gleysol bis Andi-histi Gelic Gleysol, daneben auch Gleyi-vitri Gelic Andosol. Feinmaterialreiche Mulden zwischen Strandterrassen mit geringmächtigem Auftauboden (20-30cm). Verbreitet Auffrierhügel (earth hummocks, turf hummocks).
KE 6	Gelic Regosol, Cambi-gelic Regosol bis Gelic Cambisol und Gelic Leptosol in kleinräumigem Wechsel. Periglazial und/oder marin aufgearbeitetes Grundmoränenmaterial mit geringerer vulkani-scher Komponente, blockreich, ausgeprägtes Mikrorelief.

(Bodenansprache nach FAO UNESCO 1988)

Abb. 40: Karte der Bodengesellschaften am Sverrefjell. Bezeichnung der Bodentypen nach FAO (1988, s. Tab. 3). ▸ S. 161

Photo 31: Profil 6/2 im Bereich einer marinen Strandterrasse (22 m.ü.M.). Deutlich erkennbar ist die scharfe Untergrenze des Bw- sowie die fast horizontale Schichtung des Cw-Horizontes zu beiden Seiten des ausgetauten Eiskeils. Am unteren Ende des Maßstabes ist an der dunklen Färbung (Feuchte) die Permafrostgrenze zu erkennen (vgl. auch Photo 23, Abb. 36 u. 39 sowie Tab. A1.6 u. A2.6).

grobkörnigen marinen Sedimente. Bereits Mitte Juli 1991 wurden bei **Profil 6/2** Auftautiefen von über 100 cm gemessen (s. Abb. 39). Das Solummaterial war zu dieser Zeit - abgesehen von einer geringmächtigen Schicht unmittelbar oberhalb der eisreichen Permafrosttafel - bereits stark abgetrocknet (s. 6.4.3). Die geomorphologische Stabilität der Grobsedimentstandorte äußert sich auch am Sverrefjell in der rezenten Inaktivität kryogener Prozesse und einer teilweise noch autochthonen, schichtigen Lagerung der marinen Sedimente in den C-Horizonten.

Der Deckungsgrad der Vegetation im Bereich gut drainierter Standorte ist häufig auffallend gering. So sind an exponierten Terrassenkanten oder im Bereich leicht konvexer Formen häufig Deckungsgrade von weit unter 50% anzutreffen (THANNHEISER 1992). Lückige Dryasheiden (v.a *Nardino-Dryadetum*, *Rupestri-Dryadetum*) und *Potentilla pulchella*-Gesellschaften sind hier verbreitet (s. EBERLE et al 1993a). Sehr oft treten auch größere, völlig vegetationsfreie Flächen im Bereich der gut drainierten Standorte auf. An solchen Stellen findet gegenwärtig verstärkt äolische Abtragung und damit eine Degradierung der Oberböden statt (s. 6.4.2 u. 6.4.3 u. Photo 33).

An weniger exponierten Geländepartien (Terrassenmitte oder Schneeschutzlage in flacher Mulde) steigt der Deckungsgrad der Dryasheide rasch auf über 75 % an und setzt sich vorwiegend aus *Polari-Dryadetum* (z.B. bei Profil 6/2) und *Cassiope-Dryadetum* (z.B. bei Profil 6/1) Einheiten zusammen (s. EBERLE et al. 1993a). *Cassiope tetragona* gilt als thermophile Pflanze mikroklimatisch begünstigter Standorte und benötigt längeren Schneeschutz (stellv. ELVEBAKK 1982, THANNHEISER 1989, 1992: 148). Die Innerfjordbereiche des Liefde- und Bockfjordes stellen eines der nördlichsten Verbreitungsgebiete dieser Pflanze dar (s. RÖNNING 1969). Im Bereich dichterer Vegetationsbedeckung und schwacher Muldenlage wird bevorzugt das an exponierten Stellen ausgewehte Feinmaterial wieder abgelagert (erhöhte Schluffkomponente im Oberboden, vgl. 6.3.2.1 u. Tab. A1.6). Vor allem Dryas- und Cassiopepolster scheinen dabei sehr effektive "Feinmaterialfänger" zu sein. Unter Cassiope-Polstern treten besonders mächtige organische Auflagehorizonte (lokal über 20 cm) und gut entwickelte AB-Horizonte auf (vgl. MANN et al. 1986: 4). Bedingt durch die Schluffkomponente und die isolierende Wirkung der Vegetationsdecke, zeigen die Böden eine wesentlich geringere Auftaumächtigkeit und trocknen folglich weniger stark aus (stellv. Profil 6/9 s. Abb. 41 u. Tab. A1.6).

Im Bereich jüngerer Strandterrassen (unterhalb ca. 20 m.ü.M., vgl. Profil 6/3 und 6/4 in Abb. 39) und inaktiver Schwemmfächer sind fast alle Übergänge von **(Andi)-gelic Leptosols** über **Andi-gelic Regosols** bis zu **Vitri-gelic Andosols** vertreten (s. KE 2b, 3a, 3b in Abb. 40). Die Entwicklungstiefe der Böden ist wesentlich geringer als auf den höher gelegenen marinen Niveaus, so daß sich hier erstmals im Arbeitsgebiet eine Bodenchronosequenz zwischen jüngeren und älteren Oberflächen abzeichnet.

Während die Bodenbildungen der gut drainierten Standorte im Bereich von Strandterrassen und flachen Vollformen entwickelt sind, finden sich hydromorphe Böden in Muldenpositionen zwischen Strandwällen und Terrassenresten. Hier herrschen schluff- und feinsandreiche Sedimente vor, die teils mariner (Lagunenfazies), teils äolischer Genese sind. Bei Grabungen wurde stets nach 20-40 cm Tiefe der Permafrost erreicht.

Die Wassersättigung der feinkörnigen Substrate führt bei Frostwechseln zu kryogenen Prozessen, die in Form ausgeprägter, bis zu 40 cm aufgewölbter "earth- und turf-hummocks"

(s. WASHBURN 1969: 106 ff.) in Erscheinung treten. SCHUNKE (1975) bezeichnete vergleichbare Bildungen auf Island als Thufure. Zur Entstehung solcher unsortierten Substrataufpressungen (mineralisches bzw. organisches Material mit Durchmessern von 20 bis >100 cm) kommt es nach GERRARD (1992: 128) in feinkörnigen, weitgehend steinfreien Substraten, bei ausreichender Wasserversorgung und flacher oder ebener Reliefposition. Inaktive, bewachsene Formen können bei nur oberflächlicher Betrachtung leicht mit aufgefrorenen Blöcken verwechselt werden. Einige earth-hummocks am Sverrefjell zeigten frische Feinmaterialaufpressungen, was auf die rezente Wirksamkeit dieser Dynamik hinweist.

Die Bodenbildungen solcher mikromorphologisch differenzierten Feuchtstandorte bezeichnet TEDROW (1974) als "soils of the hummocky ground". Unter Berücksichtigung der hier verwendeten Klassifikation sind diese Böden großteils als **Andi-gelic Gleysols** zu bezeichnen (KE 5, s. Abb. 39). Stellenweise wurden auch anmoorige Standorte mit **Andi-histi gelic Gleysols** (**Profil 6/12**, s. Abb. 39) angetroffen. Die Bodenansprache muß jedoch unter Vorbehalten erfolgen, da die hydromorphen Böden nicht in vergleichbarem Umfang untersucht wurden wie die Bodenbildungen der gut drainierten Standorte.

Unter der meist geschlossenen Vegetationsdecke der Feuchtstandorte sind bis zu 30 cm mächtige organische Auflagehorizonte ausgebildet, die deutliche Anteile mineralischen Feinbodens aufweisen. Die schwache biotische Aktivität und geringe Zersetzungsrate in hochpolaren Böden wird durch Sauerstoffmangel noch weiter reduziert (s. HEAL & BLOCK 1987). Die Folge ist eine verstärkte Akkumulation organischen Materials, was durch hohe C_t-Werte belegt wird (s. Profil 6/13 in Tab. A2.6). Unter der organischen Auflage folgt meist ein wassergesättigter, sandig-lehmiger Bwg-oder BCr-Horizont, der in eisreichen Permafrost (Ci-Horizont) übergeht (s, Profil 6/12 in Abb. 39). Infolge der dunklen Eigenfarbe des Solummaterials (MUNSELL 7,5YR4/3) treten Reduktionsmerkmale jedoch kaum profilprägend in Erscheinung.

Entsprechend den extrem unterschiedlichen Drainagebedingungen sind an die hydromorphen Standorte auch spezifische Vegetationsgesellschaften gekoppelt. Während auf größeren Hummocks noch Dryaspolster gedeihen können, sind auf ständig wassergesättigten Substraten mit

Deschampsia alpina-Juncus biglumis- und *Bryum cryophilum*-Gesellschaften Vertreter einer Naßstellenvegetation anzutreffen (THANNHEISER 1992). Lokal wurden sogar Seggen-Phytozönosen (*Carex lachenalii-* und *Carex saxatilis*-Gesellschaften) ausgewiesen, die THANNHEISER (1992) dem Vegetationstyp der Flachmoore zuordnet.

Bedingt durch den guten Isolationsschutz der dichteren Vegetationsdecke bzw. der organischen Auflage, der hohen spezifischen Wärmekapazität der feinmaterialreicheren Substrate aber auch infolge stetiger lateraler (Schmelz-)Wasserzufuhr, nimmt die Auftautiefe in den hydromorphen Böden im Verlauf des arktischen Sommers nur geringfügig zu. Lediglich dort, wo durch kleine Rinnen eine Entwässerung stattfindet, sind etwas weniger feuchte Verhältnisse mit **Gleyi-andi Gelic Regosols** oder auch **Gleyi-gelic Andosols** anzutreffen.

Südlich des Vulkans läßt der Einfluß des basaltischen Materials im Vorlandbereich nach. Kleinräumige Substratwechsei der marin überprägten Grundmoräne erzeugen ein differenziertes Bodenmuster, das in KE 6 zusammengefasst wurde (s. Abb. 40). Leitprofile wurden in diesem Bereich nicht angelegt.

6.4.2 Catena Sverre 2

Die Catena Sverre 2 erfaßt eine Profilreihe über anstehendem Basalt und glazifluvialen Sedimenten (s. Abb. 41). Die Catena verläuft über die Höhenpunkte 17 und 24 bis südlich der markanten Endmoräne des Adolfbreen (vgl. Abb. 40 u. Photo 23).

Basalt steht nur an wenigen Stellen des Küstenvorlandes an (vgl. SKJELKVÅLE et al. 1989, sowie 6.1 und 6.2). Die auf Basalt entwickelten Böden sind außerordentlich flachgründig und meist arm an Feinbodenmaterial. Eine sinnvolle Probennahme war daher kaum möglich. Es handelt sich überwiegend um **Lithi-gelic Leptosols** (s. Abb. 41 u. Photo 32), lokal möglicherweise auch um **Andi-gelic Leptosols** (KE 2a in Abb. 40). Der feinkristalline Basalt ist gegenüber kryoklastischen Prozessen sehr resistent, sodaß eine tiefgründige Verwitterung verhindert wird. Zudem kann das wenige, kryoklastisch gebildete Feinmaterial, auf diesen trockenen und vegetationsarmen Standorten leicht ausgeweht werden.

167

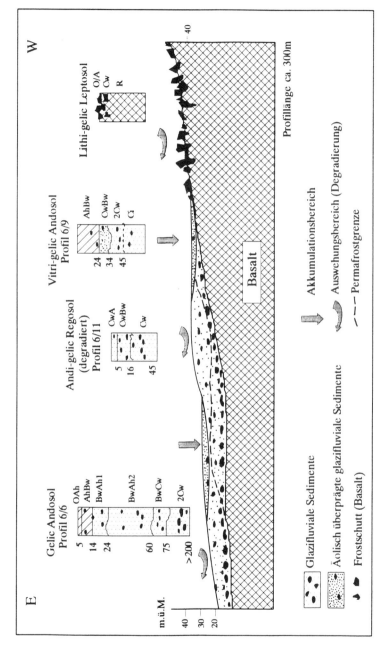

Abb. 41: Catena Sverre 2. Die Profilreihe verläuft entlang des südlichen Randes der Endmoränenwälle des Adolfbreen (Nähe Höhenpunkt 48 m.ü.M) über anstehenden Basalt sowie glazifluviale und/oder marine Sedimente (Höhenpunkte 17 u. 24 m.ü.M., vgl. Abb. 40 u. Photo 23). Der Basalt ist durch ein etwa 8 m tief eingeschnittenes Tälchen aufgeschlossen, das im Luftbild (Photo 23) gut zu erkennen ist.

Photo 32:

In situ-Verwitterung auf Basalt
(Profil 10, Photo 23 und Abb. 41).
Das Festgestein ist nur mäßig
durch Frostverwitterung aufbereitet worden. Die initiale Bodenbildung wurde als Lithi-gelic
Leptosol ausgewiesen.

Im Oberboden des **Profils 6/9** (s. Abb. 41) tritt eine erhöhte Feinsand- und Schluffkomponente auf, die zum Teil äolisch gedeutet werden muß. Die starke Verringerung des Grob-
sandanteils zugunsten der Mittel- und Feinsandfraktion weist allerdings auch auf eine ver-
witterungsbedingte Korngrößenreduzierung v.a. im BwAh-Horizont hin (s. Abb. 41 u. Tab.
A1.6). Die Überlagerung der glazifluvialen Grobsedimente mit äolischem Feinmaterial wirkt
sich günstig auf die hygrischen Eigenschaften des Standorts aus (s. 6.4.3 u. 4.6.3.2). Trotz
der vergleichsweise geringen Auftautiefe zeigt das Profil 6/9 keine hydromorphen Merkmale
und wurde daher als **Vitri-gelic Andosol** bezeichnet. Die Abnahme des Feinmaterialgehaltes
im 2Cw-Horizont dürfte für die gute Drainage verantwortlich sein. Die nahezu geschlossene
Vegetationsdecke setzt sich vorwiegend aus *Dryas octopetala, Salix polaris, Saxifraga nivalis*
und *Cassiope tetragona* zusammen.

In Richtung auf das **Profil 6/11** nimmt der Deckungsgrad der Vegetation ständig ab. Zwischen den Profilen 6/9 und 6/11 wurde noch **Profil 6/10** aufgenommen, das in Abb. 41 nicht
dargestellt ist (s. Tab. A1.6 und Tab. A2.6). Die Oberfläche bei Profil 6/11 ist - abgesehen
von einzelnen, sehr kümmerlichen Individuen von *Carex nardina, Carex rupestris* und
Potentilla pulchella - vegetationsfrei. Eine organische Auflage fehlt völlig, sattdessen hat sich
an der Oberfläche eine grus- und sandreiche Schicht gebildet, die durch Auswehung des Fein-

materialanteils und nicht durch Auffrieren von Grobmaterial zu erklären ist (vgl. TEDROW 1977: 201; BOCKHEIM & UGOLINI 1990: 60). Der tiefere Teil des Profils 6/11 weist noch eine deutliche pedogene Differenzierung auf (s. Abb. 41 u. Tab. A2.6). Zahlreiche Wurzelreste belegen die einstmals dichtere Vegetationsbedeckung. Das Bodenprofil muß folglich als degradierter **Andi-gelic Regosol** bezeichnet werden.

6.4.3 Die rezente Veränderung der Auftautiefe und ihre pedologische und standortökologische Bedeutung

Wie die vorhergehenden Ausführungen gezeigt haben, wird das Bodenmuster im Vorland des Sverrefjell überwiegend durch eine Vergesellschaftung hydromorpher und gut drainierter Böden charakterisiert. Trocken- und Feuchtstandorte liegen in unmittelbarer Nachbarschaft. Ursache hierfür ist die unterschiedliche Mächtigkeit des Auftaubodens, die wiederum von den Substrateigenschaften und der Lage im Relief gesteuert wird (s. 6.4.2 und 6.4.1). Darüberhinaus gibt es Hinweise auf ein rezentes Absinken der Permafrostoberfläche infolge klimatischer Veränderungen.

Viele Andosols weisen eine auffallend scharfe Untergrenze des Bw-Horizontes auf (z.B. Profil 6/2, s. Photo 31). Eine mögliche Erklärung für dieses Phänomen könnte in einem raschen Absinken der Permafrostoberfläche gesehen werden. Auch der mit Solummaterial verfüllte, ausgetaute Eiskeil weist auf eine solche Systemveränderung hin (s. Photo 31). Einige geringmächtige, oxidische Bändchen im oberen Teil des Cw-Horizontes von Profil 6/2 belegen, daß die Zunahme der mittleren sommerlichen Auftautiefe rasch, aber nicht ganz gleichmäßig erfolgt ist und mehrfach unterbrochen wurde. Bei kontinuierlicher und eher langsamer Zunahme der Auftautiefe hätte sich ein fließender Übergang vom Bw- zum Cw-Horizont entwickeln müssen. Dies sollte auch der Fall sein, wenn vergleichbare Auftautiefen in der Vergangenheit bereits mehrfach aufgetreten wären. Die Beobachtungen sprechen dafür, daß die gegenwärtige Mächtigkeit des Auftaubodens an gut drainierten Standorten von außergewöhnlichem Ausmaß ist und mit klimatischen Veränderungen der jüngsten Vergangenheit in Zusammenhang steht (s. 7.5).

In grobkörnigen Sedimenten ist meist ein eisreicher, kompakter Permafrost entwickelt (s. Profil 6/2 u. 6/9 sowie TEDROW 1977). Die Degradierung eines solchen Permafrostes durch

Austauprozesse stellt, bei einem Jahresniederschlag von unter 300 mm (vorwiegend als Schnee im Winterhalbjahr vgl. 2.1) eine entscheidende - und ohne gravierende Veränderung der hydrologischen Verhältnisse kurzfristig nicht rückgängig zu machende - Veränderung der Drainagesituation dar (WILLIAMS & SMITH 1989; KOSTER & NIEUWENHUIJZEN 1992: 45). Mit Einsetzen des winterlichen Dauerfrostes ist der Auftauboden weitgehend ausgetrocknet und der Porenraum luftgefüllt ("dry permafrost" i.s.v. MULLER 1947, zitiert in TEDROW 1977: 59). Dies bedeutet, daß die Grobsedimente im Frühsommer thermisch begünstigt sind, da wenig Energie für Auftauprozesse verwendet werden muß. Entsprechend früh treten positive Bodentemperaturen in größerer Tiefe auf. Hinzu kommt die dunkle Färbung der vulkanogenen Substrate, die eine hohe Absorption der einfallenden Strahlung und damit zusätzliche thermische Vorteile mit sich bringt.

Aus hygrischer Sicht sind die Eigenschaften der gut drainierten Standorte jedoch anders zu bewerten. Das im Sommer anfallende Schmelzwasser wird vorwiegend lateral über die Permafrostoberfläche zu- und abgeführt, sodaß bei großer Auftautiefe die Oberbodenhorizonte kaum durchfeuchtet werden. Hinzu kommt, daß die Strandterrassen - im Gegensatz zu den feuchten Muldenpositionen - großteils windexponierte Flächen darstellen, auf denen nur eine geringe winterliche Schneeakkumulation erfolgt. Deswegen kann allenfalls während des Frühsommers kurzzeitig eine Perkolation stattfinden, zur Hauptvegetationsperiode im Juli sind die Standorte jedoch bereits stark ausgetrocknet. Teilweise kam es bei der Begehung dieser Flächen im Juli und August 1991 sogar zur Staubentwicklung. Die Verdunstung während der Sommermonate (24 Stunden/Tag!) übertrifft bei weitem die während dieser Zeit fallenden Niederschläge (SCHERER 1992, 1993). Den Schmelzwässern aus der Schneerücklage des Winters kommt daher eine entscheidende Bedeutung im Wasserhaushalt der Böden zu.

Der Deckungsgrad und die Zusammensetzung der Vegetation sind besonders zuverlässige Indikatoren für die Veränderung der Drainagebedingungen (RÖNNING 1969: 37; NAGEL 1979). In keinem anderen Teiluntersuchungsgebiet treten so unterschiedliche Deckungsgrade der Vegetation auf wie am Sverrefjell (s. Photo 33). Da exponierte Terrassenkanten auch im Bereich der devonischen Sedimentgesteine auftreten, kann die besonders starke Degradierung der Pflanzendecke im Sverrefjell-Vorland nicht nur auf winterliche Frosttrocknis zurückgeführt werden. Während die Feuchtstandorte meist zu über 75% vegetationsbedeckt sind, weisen die extrem drainierten Standorte ɛft kaum noch Pflanzenwuchs auf (EBERLE et al. 1993a). In Profil 6/6 (s. Abb. 41 u. Photo 28) wurden bis in 80 cm Tiefe vitale *Potentilla pulchella* Wurzeln angetroffen. Eine so tiefe Durchwurzelung ist aus thermischer Sicht äußerst ungünstig und kann eigentlich nur durch Wassermangel im Oberboden erklärt werden. Erst in grösserer Tiefe - insbesondere direkt oberhalb der Permafrosttafel - steht ausreichend Feuchtigkeit zur Verfügung, die einigen Pflanzen die Erschliessung des potentiell hohen Nährstoffvorrates der vulkanogenen Substrate erlaubt. Die meisten Pflanzen können jedoch in dieser Tiefe nicht mehr wurzeln und gehen bei Auftautiefen von über 100 cm rasch zugrunde. Abgestorbene Pflanzen und Reste organischer Auflagehorizonte belegen an mehreren Stellen diese aktuellen dynamischen Veränderungen des Geosystems. In Nordostgrönland wurden durch RAUP (1969b: 211) ebenfalls Degradierungserscheinungen der Vegetation infolge extremer Drainage nachgewiesen.

Fehlt erst einmal die isolierende Vegetationsdecke, so verstärkt sich die Permafrost-degradierung. Es erscheint nicht abwegig, daß an solchen Standorten ein einziger überdurchschnittlich warmer Sommer ein deutliches Absinken der Permafrostoberfläche bewirken kann

Photo 33: Vegetationsverteilung im marin überprägten Vorland des Sverrefjell. Deutlich erkennbar ist die kontrahierte Pflanzendecke in den Muldenpositionen (u.a. Cassiope tetragona, Salix polaris mit nahezu 100% Deckungsgrad). Die leicht konvexen und stärker exponierten Bereiche (hellgraue Flächen) sind dagegen stellenweise vollkommen vegetationsfrei (Deckungsgrade 0 bis < 25%). Diese Vegetationsverteilung läßt sich sowohl im Meso- wie auch im Mikroreliefbereich beobachten. Neben winterlicher Frosttrocknis sind die unterschiedlichen - relief- und substratabhängigen - Drainagebedingungen für diese Erscheinung verantwortlich zu machen.

(s. KOSTER & NIEUWENHUIJZEN 1992: 50). Der geschilderte Selbstverstärkungseffekt infolge Degradierung der Pflanzendecke zeigt, wie sensibel das arktische Ökosystem auf Veränderungen reagieren kann. Auch die Feuchtstandorte sind in Randbereichen teilweise schon von Veränderungen betroffen, was vor allem an abgestorbenen Moospolstern sichtbar wird. Moospolster sind außerordentlich wirksame Isolatoren. Ein Absterben dieser Pflanzen muß sich daher besonders drastisch auf die Veränderung der Auftautiefe auswirken. Mit der Degradierung der Vegetationsdecke verstärkt sich die Wirksamkeit äolischer Prozesse. Innerhalb kurzer Zeit wird abgestorbenes organisches Material, aber auch mineralischer Feinboden ausgeweht (s. 6.3.2 u. Abb. 41).

Im Vorland des Sverrefjell wird deutlich, daß eine mögliche Erwärmung keineswegs üppigeren Pflanzenwuchs zur Folge haben muß, wie dies verschiedentlich in früheren Arbeiten postuliert wird (stellv. BIBUS 1975: 108). Die Standortdifferenzierung im Arbeitsgebiet ist gegenwärtig weniger thermisch als vielmehr hygrisch zu erklären. Darin zeigt sich einmal mehr die Verwandschaft kalt- und warmarider Gebiete der Erde (vgl. CLARIDGE & CAMPBELL 1982).

Spätestens an dieser Stelle muß die Frage gestellt werden, inwieweit die nachgewiesenen Verwitterungsmerkmale der tiefgründig entwickelten Gelic Andosols das Ergebnis rezent wirksamer pedogener Prozesse sind, oder aber überwiegend Merkmale einer reliktischen Verwitterung darstellen?

Für die Bildung von Allophanen aus der Glasverwitterung reichen nach neueren Untersuchungen sehr geringe Feuchtegehalte aus (s. ZAREI et al. 1985; JAHN 1988, 1991). Die Andosols am Sverrefjell können jedoch - aufgrund der vergleichsweise ungünstigen edaphischen Verhältnisse - keinesfalls ausschließlich als rezente Bildungen angesehen werden. Unter warmhumiden Bedingungen sind Allophane etwa 10000 Jahre stabil (WADA 1985: 196). Die gute Drainage und Austrocknung der Böden, wie sie in den untersuchten Profilen beobachtet wurde, reduziert chemische Bodenreaktionen und dürfte sich dadurch stabilisierend auf allophanische Substanzen auswirken. Unter kaltariden Bedingungen kann daher von einer Stabilität der Gläser und ihrer amorphen Verwitterungsprodukte über lange Zeiträume hinweg ausgegangen werden (s. FÜCHTBAUER 1988: 773, vgl. auch 7.4).

Die scharfe Bw-Cw-Grenze (Profil 6/2, s. Photo 31) könnte ein Hinweis darauf sein, daß die Tiefenverwitterung gegenwärtig nur sehr langsam voranschreitet. Berücksichtigt man ferner die Befunde zur holozänen Landschaftsentwicklung (s. 6.2 und Tab. 15), so sind die mächtigen Bodenprofile der älteren marinen Niveaus überwiegend als Vorzeitbildungen zu deuten. Die Ableitung der rezenten Wirksamkeit pedogener Prozesse anhand von Verwitterungsmerkmalen dieser Böden ist folglich äußerst problematisch (s. 7.4).

6.5 Zusammenfassung

Die im Vorland des quartären Sverrevulkans untersuchten Bodenbildungen und Verwitterungsmerkmale stellen eine Besonderheit dar. Das Vorkommen von leicht verwitterbarem, vulkanischem Ausgangsmaterial in Verbindung mit der klimatischen Gunstlage im Innerfjordbereich, haben stellenweise zu Maximalbodenbildungen geführt, die aufgrund ihrer mineralogischen und chemischen Eigenschaften als Gelic Andosols bzw. Vitri-gelic Andosols bezeichnet werden müssen. Vergleichbare Bodenbildungen sind bisher aus hochpolaren Gebieten nicht bekannt geworden. Die Ergebnisse zeigen, daß die Entwicklung von Andosolen - unter Berücksichtigung eines anderen Zeitfaktors - auch unter hochpolaren Klimabedingungen möglich ist.

Voraussetzung für die Genese der Andosols sind glasreiche, basische Vulkanite. Im Zuge der Pedogenese verwittern die Gläser zu allophanartigen Substanzen, die sich aufgrund ihrer hohen Oxalatselektivität bodenchemisch nachweisen lassen. Die mikromorphologischen Untersuchungen belegen eine intensive Glasverwitterung und in situ-Verbraunung der tiefgründigen (Vitri-) Gelic Andosols älterer mariner und glazifluvialer Ablagerungen.

Für das Verständnis des Bodenmusters im Vorland des Sverrefjell und die zeitliche Einordnung der Verwitterungsmerkmale, konnte auch in diesem Teiluntersuchungsgebiet nicht auf landschaftsgenetische Untersuchungen verzichtet werden. Im Abstand von wenigen Metern liegen gut drainierte, trockene und geomorphologisch stabile Standorte (Strandwallfazies) neben nassen und kryoturbat aktiven Standorten (Lagunenfazies). Auch die Ausgangssubstrate im Vorland des Sverrefjell sind großteils polygenetisch entstanden und besitzen eine entsprechend komplexe mineralische Zusammensetzung. Die Ergebnisse der schwermineralogischen, röntgenographischen und bodenchemischen Analysen ergänzen sich in ihrer Aussage.

Das Boden- und Vegetationsmuster am Sverrefjell liefert besonders eindrucksvolle Hinweise auf klimatisch induzierte, rezente Systemveränderungen. Eine Zunahme der Auftautiefe hat im Bereich gut drainierter Standorte Wassermangel und daraus resultierend eine Degradierung von Vegetation und Oberböden zur Folge. Dem Permafrost kommt folglich eine wichtige ökologische Steuerfunktion zu. Die Mächtigkeit des Auftaubodens schwankt zwischen 20 und über 200 Zentimetern.

Nicht nur thermische, sondern auch hygrische Faktoren können als limitierende Faktoren der Bodenbildung im Arbeitsgebiet in Erscheinung treten. Die Untersuchungsergebnisse stützen die These, daß unter den rezenten, kaltariden Klimabedingungen möglicherweise nur eine geringe bis mäßige Weiterbildung der tiefgründigen Andosols stattfindet (s. 7.4 und 7.5).

7 ZUSAMMENFASSENDE BETRACHTUNG ZUR PEDOGENESE UND BODEN-VERBREITUNG AM LIEFDE- UND BOCKFJORD

7.1 Die Bedeutung von Landschaftsentwicklung und Substratgenese für die Pedogenese und Bodenverbreitung

In allen Teiluntersuchungsgebieten konnte nachgewiesen werden, daß sich die glaziale und postglaziale Landschaftsentwicklung ganz entscheidend auf die Substrateigenschaften und das Bodenmuster der Gegenwart auswirkt (s. EBERLE 1993). Die Böden und ihre Ausgangssubstrate haben meist eine komplexe Geschichte. Klima, Relief und Petrographie als übergeordnete Einzelfaktoren reichen für die Erklärung des differenzierten Bodenmusters nicht aus:

▸ Die Ausgangssubstrate sind überwiegend das Ergebnis glazialer, periglazialer und mariner Prozesse der Vergangenheit (s. Abb. 42). Die komplexe, häufig wiederholte Abfolge solcher Formungsphasen ist weitgehend durch paläoklimatische Veränderungen zu erklären. Außerdem ist der Paläorelief-Situation eine wichtige Bedeutung beizumessen. Dagegen kann das jeweils anstehende Gestein für den hier relevanten Zeitraum des jüngeren Quartärs als konstante Größe angesehen werden.

▸ Die petrographischen Eigenschaften der anstehenden Gesteine sind für die Bodenbildung selten direkt von Bedeutung. Entscheidend sind die unterschiedlichen physikalischen Eigenschaften glazialer, periglazialer, glazifluvialer und mariner Sedimente, die als quartäre Deckschichten das Ausgangsmaterial der Bodenbildung darstellen. So sind beispielsweise durch Sortierungsprozesse im Zuge der marinen Aufarbeitung, unabhängig vom geologischen Untergrund, Ausgangssubstrate mit ganz spezifischen Eigenschaften (Strandwallfazies, Lagunenfazies) entstanden.

▸ Die unterschiedliche Resistenz der Gesteine gegenüber kryoklastischer Verwitterung wirkt(e) sich jedoch indirekt vor allem auf die Korngröße der unsortierten glazigenen und periglazialen Deckschichten und auf diesem Wege insbesondere auf die Art und Intensität der periglazialen Geomorphodynamik aus (s. 7.2 u. Abb. 42).

▸ Das kleinräumig differenzierte Bodenmuster läßt sich kartographisch nur mit Hilfe landschaftsgenetischer und geomorphologischer Kriterien zu sinnvollen Bodengesellschaften zusammenfassen (Kartiereinheiten s. Legendenblatt der Bodenkarte).

▸ Die Rekonstruktion der geomorphologisch-bodengeographischen Zusammmenhänge mit Hilfe geeigneter Untersuchungsmethoden, erlaubt - neben der Erklärung kleinräumiger Substrat- und Bodenwechsel - auch Rückschlüsse auf den Zeitraum, der für Verwitterung und Bodenbildung zur Verfügung stand (Frage der Vorzeitverwitterung, s. 7.4).

▸ Letztendlich macht dieser genetische Untersuchungsansatz jedoch auch deutlich, wie individuell die Entwicklung am Einzelstandort abgelaufen sein kann. So ist die marine Aufarbeitung glazialer und periglazialer Sedimente gefolgt von mehrfacher ablualer Überprägung (s. Profil 1/16 in 4.6.1.1) nur ein Beispiel dafür, wie dynamisch sich das hochpolare Geosystem verhält und wie schwierig und methodisch aufwendig sich daher ein exakter quantitativer Standortvergleich bzgl. einzelner Systemgrößen gestalten würde.

7.2 Die Bedeutung geomorphologischer Stabilität für Verwitterung und Bodenbildung

Unter hochpolaren Klimabedingungen konzentrieren sich pedochemische Prozesse auf wenige Monate im Jahr. Für die Entwicklung von Bodenhorizonten ist folglich ein ungleich längerer Zeitraum ungestörter Pedogenese notwendig, als in außerpolaren Gebieten. Eine wesentliche Voraussetzung für die Entstehung eines Bodenprofils im Periglazialgebiet ist daher ein hoher Grad geomorphologischer Standortstabilität (Faktor Zeit, s. Abb. 42). Obwohl Periglazialräume zu den morphodynamisch aktivsten Bereichen der Erde zählen, sind auch hier über längere Zeit inaktive Oberflächen anzutreffen. Die Stabilität eines Standorts bzw. das Ergebnis der Bodenentwicklung wird ganz wesentlich durch die Drainagesituation bestimmt, die unter den herrschenden klimatischen Bedingungen vor allem von folgenden Parametern abhängt:

▸ den physikalischen Eigenschaften (v.a. Gefüge, Textur, Skelettgehalt) des Ausgangssubstrates, welche Wassergehalt, Perkolation, Auftautiefe und Auftaugeschwindigkeit steuern;

▸ der Mächtigkeit der Lockersubstratdecke über anstehendem Festgestein;

▸ der Lage im Relief (catenare Beziehungen).

Weitgehend **stabile**, d.h. durch periglaziale Prozesse ungestörte Verhältnisse mit intensiveren Bodenbildungen (Regosole und Braunerden bzw. Gelic Regosols bis Gelic Cambisols oder auch Gelic Andosols) sind folglich anzutreffen:

▸ auf marinen Grobsedimenten der Strandterrassen (Strandwallfazies) sowie glazifluvialen Ablagerungen, die eine gute Drainage, große Auftautiefe und trockenen Permafrost im active layer aufweisen (s. 4.6.1.2; 4.6.2; 4.6.4; 6.4 sowie KE 4, 16, 17 der Bodenkarte);

▸ auf geringmächtigen, rasch abtrocknenden Lockersubstraten über anstehendem Festgestein (s. 4.6.2.2; 5.4.2 sowie KE 12, 13, 14, 15 der Bodenkarte);

▸ auf mächtigeren, feinmaterialreichen Ausgangssubstraten nur im Bereich ausreichend drainierter Konvexbereiche der Hänge, oder in abtragungsgeschützter Position hinter größeren (erratischen) Blöcken (s. 4.6.1 sowie KE 7, 9, 10 der Bodenkarte).

In folgenden Bereichen der Tundrenzone sind **instabilere** Standorte mit nur initialer (Lockersyroseme, Regosole bzw. Gelic Leptosols bis Gelic Regosols) oder auch fehlender Bodenbildung verbreitet:

▸ auf rezent fluvial, glazifluvial oder marin geprägten Flächen (s. 4.6.4 sowie KE 3 der Bodenkarte);

▸ auf Flachbereichen und in Mulden mit schluff- und tonreichen Feinsedimenten glazialer, ablualer oder mariner Genese. Bei unzureichender Drainage treten hydromorphe Merkmale und aktive Kryoturbation auf (s. 4.6.1.1; 4.6.2.2; 5.4.2; 6.4.1 sowie KE 5, 6, 7 der Bodenkarte);

▸ an Hängen mit feinmaterialreichen periglazialen Sedimenten (vorw. Devonbereiche der Germaniahalvøya) mit ablualer Abtragung am Mittel- und Feinmaterialakkumulation am Unterhang. Flächenhafte Aktivität dieser Dynamik während der Schneeschmelze sowie unterhalb perennierender Schneeflecken und Nivationsbereiche über den ganzen Sommer hinweg. Rezent aktive Solifluktion vor allem im Übergang von der Fleckentundra zur Frostschutzzone (s. 4.6.1; 4.6.3 sowie KE 2, 7, 8 der Bodenkarte).

Obwohl häufig eine Verzahnung kryogener und pedogener Merkmale festzustellen ist, zeigt diese Gegenüberstellung doch, daß sich intensive Bodenbildung und intensive periglaziale Geomorphodynamik in ihrer Verbreitung weitgehend ausschließen. Deswegen ist die begriffliche Unterscheidung von entwickelten Böden und rein mechanisch sortierten Substraten erforderlich bzw. möglich (3.4).

Durch kryogene Prozesse findet eine mechanische Kornverkleinerung statt. Damit vergrößert sich zwar die Angriffsfläche für chemische Stoffumwandlungen, doch stellen vor allem vertikale Turbationen horizontzerstörende Prozesse dar[*], die immer wieder frisches unverwittertes Material bereitstellen. Auch wenn dadurch die Entwicklung von Bodenhorizonten weitgehend verhindert wird, bedeutet dies keineswegs, daß chemische Verwitterungsprozesse nicht stattfinden (s. VAN VLIET LANÖE 1990: 16). Die mechanische Störung überdeckt lediglich chemische Verwitterungsmerkmale, die an solchen Standorten - absolut gesehen - gegenwärtig sogar intensiver sein können, als in extrem drainierten, stabilen Braunerdeprofilen (s. 7.5).

Die unterschiedliche geomorphologische Stabilität läßt sich weitgehend durch die Landschaftsentwicklung und Substratgenese sowie die Lage im Relief erklären. Auch wenn weite Bereiche des Untersuchungsgebietes gegenwärtig einen geomorphologisch stabilen Eindruck vermitteln, kann daraus nicht unbedingt auf entsprechende Verhältnisse in der Vergangenheit geschlossen werden. Fossile O- und Ah-Horizonte oder auch nur humose Schlieren belegen die einstmals aktive kryoturbate, abluale oder solifluidale Dynamik. Lediglich bei den marinen Grobsedimenten der Strandterrassen sowie den flachgründigen Substraten der Rundhöcker, kann aufgrund der Profilausprägung von einer Stabilität über lange Zeiträume hinweg ausgegangen werden (s. 7.4). Insgesamt erlauben die Bodenprofile also auch Aussagen bezüglich der Intensität rezenter und vorzeitlicher Formungsphasen (s. HEINRICH 1990).

Ein hoher Deckungsgrad der Vegetation ist dagegen nicht immer ein Hinweis auf gegenwärtig stabile Verhältnisse. Einerseits können viele Pflanzen abluale Überprägungen kleineren

---

[*] davon zu unterscheiden sind durch Auffriersortierung bedingte Primärhorizonte, die eine nachfolgende pedogene Differenzierung begünstigen können. Im Arbeitsgebiet dominieren jedoch gegenwärtig in feinmaterialreichen Substraten Mischungseffekte, grobkörnige Substrate sind stabil.

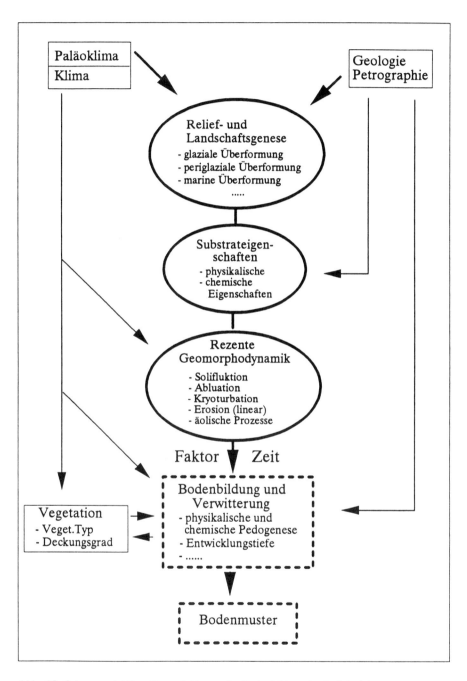

Abb. 42: Schema wichtiger Steuerfaktoren der Bodenbildung im Periglazialraum.

Ausmaßes ohne weiteres überstehen. Andererseits kann an gut drainierten, stabilen Standorten infolge Wassermangels eine Degradierung der Vegetation auftreten. Dadurch ist hier
oft hygrisch bedingt ein geringerer Deckungsgrad anzutreffen, als im Bereich feuchter, kryoturbat aktiver Standorte (s. 6.4.3 u. 7.5). Nur an Stellen tiefgründiger und rezent aktiver
Turbationen können Veränderungen in Zusammensetzung und Deckungsgrad der Vegetation
unmittelbar auf Periglazialerscheinungen zurückgeführt werden.

7.3 Das Ausmaß der in situ-Verwitterung (Differenzierung lithogener und pedogener Profilmerkmale)

Die vergleichsweise schwache Ausprägung von Verwitterungsmerkmalen in den meisten
Böden des Arbeitsgebietes erforderte ein methodisch differenziertes Vorgehen, um primäre
(lithogene) und sekundäre (pedogene) Profilmerkmale qualitativ sicher unterscheiden zu können. Durch die Kombination bodenchemischer, mikromorphologischer und mineralogischer
Analysen konnten folgende pedogene Veränderungen nachgewiesen werden:

▶ Eine Dekarbonatisierung im Oberboden verbunden mit einer Abnahme des pH-Wertes war
- zumindest in geringem Ausmaß - in solchen Profilen festzustellen, die das Rohboden-
stadium (Syrosem, Lockerssyrosem bzw. Gelic Leptosol) überschritten haben. Diese pedogene Differenzierung ist bereits ein Hinweis auf gewisse Standortstabilität.

▶ Eine recht intensive in situ-Verbraunung mit der Bildung überwiegend amorpher Eisenoxide, ließ sich in flachgründigen Braunerden des kristallinen Basements sowie auf
marinen und glazifluvialen vulkanischen Sedimenten am Sverrefjell nachweisen. Im Bereich der devonischen Sedimentgesteine dagegen hat lediglich an sehr stabilen Standorten
eine stärkere in situ-Verbraunung stattgefunden. In den von devonischen Substraten geprägt-
ten Profilen dominieren lithogene, hämatitische und limonitische Eisenoxide, durch deren
intensive Eigenfarbe eine Verbraunung oft vorgetäuscht wird. Die Intensität der Verbraunung hängt außer von den physikalischen Substrateigenschaften und der Standortstabilität
auch von der Petrographie des Ausgangsmaterials ab (s. Abb. 42). Die vulkanogenen Substrate sind aufgrund ihres hohen Glasanteils als petrographischer Sonderstandort zu be-
trachten.

▸ Podsolierungsmerkmale wurden vereinzelt in flachgründigen, sauren Braunerden und Braunerde-Rankern auf geomorphologisch stabilen Rundhöckern des kristallinen Basements festgestellt.

▸ Im Tonmineralspektrum der nichtvulkanischen Substrate dominieren lithogene Minerale der Illit- und Chloritgruppe. Eine Transformation des Illits zu Mixed-layer-Mineralen konnte nur in den flachgründigen, sauren Braunerdeprofilen der Lernerinseln nachgewiesen werden (s. 5.4.1.3). In diesen Böden läßt sich auch in der Sandfraktion lichtmikroskopisch eine deutliche Biotitalteration belegen (s. 5.4). Dagegen unterscheidet sich das Tonmineralspektrum der Ah- und Bv-Horizonte von Böden vorwiegend devonischer Ausgangssubstrate qualitativ in keiner Weise vom lithogenen Spektrum der Sedimentgesteine (s. 4.5.3).

▸ In den vulkanischen Ausgangssubstraten im hinteren Bockfjord belegen die bodenchemischen, röntgenographischen und mikromorphologischen Ergebnisse eine pedogene Alteration vulkanischer Gläser sowie die Neubildung allophanischer Komponenten in der Tonfraktion (s. 6.3.1 u. 6.3.2.3).

▸ Außer der Alteration des Biotits auf den Lernerinseln sowie der Olivinverwitterung in den vulkanogenen Substraten, ließ sich keine nennenswerte Verwitterung von Primärsilikaten feststellen. Auch kryoklastisch beanspruchte Feldspäte zeigen keine intensiveren Lösungskavernen sondern lediglich oxidische Ablagerungen an den Kornoberflächen (s. 4.5.3).

Die nachgewiesenen pedogenen Profilmerkmale erlauben zunächst keine Aussage darüber, inwieweit die entsprechenden Prozesse gegenwärtig noch wirksam sind. Auch nach Systemveränderungen können die Bodenmerkmale geomorphologisch stabiler Standorte über lange Zeiträume erhalten bleiben. Klimatisch induzierte Prozeßänderungen lassen sich folglich erst nach längerer Zeit im Bodenprofil nachweisen (s. 7.5).

7.4 Belege für eine postglaziale Vorzeitverwitterung

Die landschaftsgenetischen Untersuchungen haben gezeigt, daß im Arbeitsgebiet Relief- und Substrateinheiten auftreten, die seit ihrer Entstehung weitgehend stabile Verhältnisse dokumentieren. Dabei handelt es sich um Teile der höher gelegenen Strandterrassen im Liefde-

und Bockfjord, die Rundhöckerbereiche im hinteren Liefdefjord sowie Teilbereiche des Flachreliefs der Reinsdyrflya. Insbesondere die Untersuchungsergebnisse im hinteren Liefdefjord (s. FURRER 1991, 1992) sowie im Vorland des Sverrefjell belegen, daß im Postglazial zeitweise günstigere, v.a. edaphisch feuchtere Bedingungen für die Bodenbildung geherrscht haben müssen als dies gegenwärtig der Fall ist.

Für das bereits von BLANCK (1919: 456) und MEINARDUS (1930: 70) vermutete hohe Alter arktischer Böden konnten im Arbeitsgebiet folgende Hinweise gefunden werden:

▸ Von Moränenmaterial fossilierte Bodenhorizonte, die mit Hilfe der ^{14}C-Methode bis ins Jüngere Atlantikum datiert wurden (s. FURRER 1992 und 5.2). Die Basis einer Torfbildung (71 cm Tiefe) auf der Måkeöyane (kleine Insel am Ausgang des Liefdefjords, s. Bodenkarte) weist nach FURRER (1992) ein ^{14}C-Alter von ca. 7400 y BP auf.

▸ Tiefgründig entwickelte Braunerden (Gelic Cambisols) und Gelic Andosols treten erst oberhalb der jüngsten marinen und glazifluvialen Niveaus auf ($>$ 10-15 m.ü.M.). Wenngleich eindeutige Chronosequenzen selten erkennbar sind, weist diese Tatsache doch auf einen "Verwitterungsvorsprung" der älteren Oberflächen hin.

▸ Die pedogenen Merkmale der tiefgründig verwitterten Böden lassen sich mit den gegenwärtigen edaphischen Standortverhältnissen kaum erklären. So ist beispielsweise die Bildung von Allophanen in den Gelic Andosols am Sverrefjell unter den herrschenden kaltariden Bedingungen nicht gänzlich auszuschließen, doch gibt es verschiedene Hinweise darauf, daß es sich überwiegend um reliktische Bildungen handelt (s. 6.4.3 u. 7.5). Eindeutige Beweise dafür konnten jedoch mit den gewählten Untersuchungsmethoden nicht erbracht werden.

▸ Auf den Lernerinseln nachgewiesene Podsolierungsmerkmale (s. 5.4.1.1) lassen sich gleichfalls nur schwer mit den gegenwärtigen kaltariden Klimaverhältnissen in Einklang bringen. Morphologische Podsolierungsmerkmale belegen zwar die Stabilität der Landoberfläche, sie sind jedoch kein ausreichender Beweis für die rezente Wirksamkeit entsprechender Verwitterungsprozesse (s. UGOLINI 1986a: 113).

Weitere Argumente für den großteils reliktischen Charakter der Bodenmerkmale liefern auch die Ergebnisse paläoklimatischer und paläopedologischer Arbeiten aus anderen arktischen Regionen (stellv. TEDROW 1977: 345; WILLIAMS & BRADLEY 1985; TARNOCAI & VALENTINE 1989; FRENZEL et al. 1992). Das raschere Abschmelzen des skandinavischen Inlandeises im Vergleich zum laurentischen Eisschild, verursachte nach FLOHN (1985: 138) eine Klima-Asymmetrie zu beiden Seiten des Atlantiks zwischen 8000 und 6000 y BP. Daraus leitet er eine Verstärkung des Golfstroms und seiner nördlichen Ausläufer ab. Im Bereich von Spitzbergen hätte dies mit Sicherheit höhere Niederschläge zur Folge gehabt.

Interessante Parallelen zu solchen holozänen Klimaveränderungen wurden auch bei pedologischen Untersuchungen auf der Südhemisphäre gefunden. So haben GROSJEAN et al. (1991) im heute kaltariden Trockenraum der chilenischen Nordanden frühholozäne Oberflächenböden nachgewiesen, die gegenwärtig aus hygrischen Gründen keine Weiterbildung erfahren (s. auch MESSERLI et al. 1992).

Die Maximalbodenbildungen des Arbeitsgebietes können aufgrund all dieser Fakten nicht ausschließlich als das Ergebnis rezenter Pedogenese interpretiert werden. Vielmehr muß davon ausgegangen werden, daß ein Großteil der Merkmale reliktisch ist und gegenwärtig möglicherweise nur eine geringe Weiterbildung erfolgt (s. 7.5). Es ist daher auch problematisch, Braunerden (Gelic Cambisols) generell als rezente Klimaxbodenbildungen der Polargebiete zu bezeichnen.

7.5 Auswirkungen rezenter Klimaveränderungen auf das Pedosystem

Die Zunahme der mittleren Jahrestemperatur in Spitzbergen während der letzten 100 Jahre, fällt im globalen Vergleich überdurchschnittlich hoch aus (s. TEDROW 1977: 460; WALLÉN 1986; KOSTER & NIEUWENHUIJZEN 1992). Besonders in eisfreien Gebieten dürften sich diese thermischen Veränderungen bemerkbar machen. Aufgrund der Konstanz pedogener Merkmale (s. 7.3) ist nicht zu erwarten, daß sich Auswirkungen rezenter Klimaveränderungen bereits makroskopisch in Bodenhorizonten erkennen lassen. Es gibt jedoch eine Reihe indirekter Hinweise auf junge, klimatisch bedingte Systemveränderungen, denen aufgrund des Fehlens älterer klimatologischer Messwerte aus dem engeren Arbeitsgebiet eine wichtige Bedeutung zukommt:

▸ Auffallend ist zunächst die geringe aktive Geomorphodynamik in weiten Teilen der Tundrenzone. Selbst die feinmaterialreichen Hangschuttdecken im Bereich der devonischen Sedimentgesteine weisen großteils bewachsene, wenig aktive Solifluktions- und Kryoturbationsformen auf. Im Bereich der Tundrenzone hat offensichtlich eine Stabilisierung stattgefunden, die mit einer Zunahme der Auftautiefe und/oder geringerem Schmelzwasseraufkommen (weniger Niederschläge) erklärt werden kann. Lediglich nivationsgebundene, abluale Prozesse haben an den Hängen flächenmäßig eine größere Bedeutung.

▸ Die festgestellten sommerlichen Auftautiefen lagen in allen nicht hydromorphen Böden bei 80 bis über 120 cm, in den extrem drainierten Bereichen teilweise über 200 cm. Diese Werte liegen beträchtlich über den Angaben früherer Untersuchungen in Spitzbergen (stellv. FURRER 1969).

▸ Ein weiterer Hinweis auf eine rezente Permafrostdegradierung sind die mehrfach festgestellten scharfen Horizontgrenzen in Braunerden und Andosolen (s. Photo 10 u. 31). Die makroskopisch scharf ausgeprägte Grenze zwischen B- und C-Horizonten zeigt eine rasche Zunahme der Auftautiefe an, welcher die Bodenbildung nicht folgen konnte. Dies belegen die sprunghaften Änderungen der chemischen Kennwerte (pH, Karbonatgehalt, Fe(o)) in diesen Profilbereichen (s. 6.4.3). Daraus kann der Schluss gezogen werden, daß eine ähnliche Auftaumächtigkeit - unabhängig davon welche Ursachen ihr zugrunde liegen - in der Vergangenheit nicht erreicht wurde.

▸ Veränderungen der hygrischen Verhältnisse infolge der Permafrostdegradierung zeigen an vielen Standorten Auswirkungen auf die Zusammensetzung und den Deckungsgrad der Vegetation. Eine aus thermischer Sicht ungünstige, tiefreichende Durchwurzelung (bis 80 cm in den Gelic Andosols) ist ein klarer Hinweis auf Wassermangel im Oberboden. Vollständig vegetationsfreie Flächen und degradierte Oberböden auf Substraten mit günstigen chemischen und physikalischen Eigenschaften können gleichfalls nur durch ein Feuchtedefizit erklärt werden (s. 6.4.3). Lokal noch vorhandene Reste abgestorbener organischer Substanz einer ehemals dichteren Pflanzendecke belegen das geringe Alter dieser Systemveränderung.

▸ Eine Besonderheit in Bereichen mit feinmaterialreichen devonischen Lockersubstraten sind große (bis zu mehreren m^3), aufgefrorene erratische Blöcke, die aufgrund noch vorhandener Sedimentauflage und fehlenden Flechtenbewuchses als Ergebnis einer ganz jungen Permafrostabsenkung anzusehen sind (s. Photo 12). Vor Zunahme der Auftautiefe lag die Unterkante dieser Blöcke noch im Permafrostbereich, wodurch keine Hebung erfolgen konnte (s. WILLIAMS & SMITH 1989; STÄBLEIN 1992).

▸ Luftbildvergleiche (1966 und 1990) zeigen, daß die Gletscher im Arbeitsgebiet in den letzten 25 Jahren erheblich an Substanz verloren haben (s. ehem. Eisrandlagen in der Bodenkarte).

Nach der Gesamtbetrachtung aller hier aufgezählten Indikatoren fällt es schwer, die Veränderungen ausschließlich als regelhafte Oszillation des Systems zu interpretieren. Unabhängig von den Ursachen muß zumindest für die jüngste Vergangenheit (10-50 Jahre) eine Zunahme der Aridität und ein Abtauen des Permafrostes im Arbeitsgebiet postuliert werden.

Veränderungen der Auftautiefe wirken sich offenbar sehr rasch auf das Ökosystem aus. Eine Permafrostdegradierung kann daher als sensibler Indikator für klimatisch induzierte Systemveränderungen angesehen werden, während die Regeneration einen sehr langen Zeitraum und/oder ausgeprägte hygrisch-thermische Veränderungen voraussetzt (KOSTER & NIEUWENHUIJZEN 1992). Wie die Szenarien von GORYACHKIN & TARGULIAN (1990) zeigen, kommt es mit Zunahme der Aridität rasch zu Prozessänderungen, in hydromorphen Böden bereits mittelfristig (10-100 J) zu makroskopisch nachweisbaren Veränderungen im Bodenprofil.

Die standortökologische Bedeutung des Permafrostes, als wichtige Steuergröße des Wasserhaushalts in kaltariden Gebieten, wurde bislang meist unterschätzt. Während die Vegetation Veränderungen des Wasserhaushalts sehr rasch anzeigt (RÖNNING 1969: 37 f.), sind die Auswirkungen auf die Bodenbildung zunächst nur indirekt abzuschätzen. Eine Zunahme der Aridität und Absenkung der Permafrostoberfläche kann sich an gut drainierten Standorten auf Vegetation und Bodenbildung negativ auswirken. Das Beispiel der Trockenstandorte am Sverrejell zeigt besonders eindrucksvoll, daß sich nicht nur thermische, sondern auch hygrische Faktoren limitierend auf die chemische Verwitterung im Arbeitsgebiet auswirken können.

1

1

86

7.6 Offene Fragen

Die Ergebnisauswertung dieser Arbeit hinterläßt einige offene Fragen, die abschließend genannt werden sollen:

▸ Auf der Basis der durchgeführten Untersuchungen kann keine gesicherte oder gar quantitative Aussage darüber gemacht werden, in welchem Ausmaß pedogene Prozesse gegenwärtig ablaufen. Aufgrund der nachgewiesenen teilweise komplexen und individuellen Substratgenese erscheint es allerdings eher fragwürdig, ob quantitative, standortspezifische Erhebungen in die Fläche übertragen werden können.

▸ Dynamische Veränderungen des Geosystems verhindern auch die eindeutige Beantwortung der Frage, wo gegenwärtig die intensivsten pedogenen Stoffveränderungen stattfinden. Aufgrund der erläuterten Merkmalskonstanz scheint es durchaus möglich, daß die in situ-Verwitterung derzeit in feinmaterialreicheren ehemals morphodynamisch aktiven Substraten aus hygrischen Gründen rascher voranschreitet, als in überwiegend reliktischen Maximalbodenbildungen der dauerhaft stabilen Standorte. Die Bedeutung des Faktors "Stabilität" müßte dann eine gewisse Einschränkung dahingehend erfahren, daß bei extremen Drainagebedingungen - hygrisch bedingt - eine Abnahme der Verwitterungsintensität eintreten kann.

▸ Wie wird sich eine zukünftige weitere Degradierung des Permafrostes auf das Pedosystem auswirken? Dieser Frage sollte künftig, vor allem im Hinblick auf die nur langsame Regenerationsmöglichkeit des Permafrostes und seiner Bedeutung als ökologische Steuergröße, mehr Beachtung geschenkt werden. Eine Zunahme der Aridität hat in kaltariden Gebieten ähnliche Folgen für das Geosystem wie in warmariden Regionen der Erde.

▸ Lassen sich so dynamische Systeme oder Teile derselben durch einfache Modelle erfassen, bzw. können die komplexen natürlichen Gegebenheiten durch ausreichend aussagekräftige Parameter dargestellt und erklärt werden?

▸ Die parallele Systematisierung der Böden nach FAO und AG BODENKUNDE führt an verschiedenen Stellen - aufgrund unterschiedlicher Abgrenzungskriterien - zu Problemen. Künftig sollten die polaren Böden auch in physisch-geographischen Arbeiten einheitlich nach den Richtlinien der FAO (1988) klassifiziert werden, um so eine überregionale Vergleichbarkeit zu gewährleisten. Die FAO-Bezeichnung "Gelic" sollte streng genommen nur dort verwendet werden, wo der Permafrost von Bedeutung für das Pedosystem ist.

Nicht zuletzt stellt sich auch die Frage, inwieweit die Untersuchungsergebnisse am Liefde- und Bockfjord über das engere Arbeitsgebiet hinaus Gültigkeit besitzen. Lassen sich die Befunde auf andere arktische Regionen übertragen oder stellt das Gebiet aus klimatischen und/oder petrographischen und/oder landschaftsgenetischen Gründen einen Sonderfall dar? Ohne Zweifel sind gebietsspezifische Komponenten vorhanden, wie etwa die vulkanischen Ausgangssubstrate im Bockfjord oder die großklimatische Sonderstellung Nordwestspitzbergens, doch werden auch Gesetzmäßigkeiten erkennbar, die sicherlich auf andere polare Geosysteme übertragen werden können. Diese Frage kann jedoch letztendlich nur durch entsprechende Untersuchungen beantwortet werden.

8 FAZIT

Die Ergebnisse dieser Arbeit wurden am Ende der einzelnen Hauptkapitel (s. 4.7, 5.6, 6.5) sowie ausführlich als Synthese im vorangegangenen Abschnitt (s. Kapitel 7) zusammengefasst. Daher soll an dieser Stelle lediglich ein kurzes Fazit der Untersuchungen gezogen werden.

Die Ergebnisse belegen, daß auch in Nordspitzbergen noch Bodenbildungen auftreten, die das Resultat von Verwitterungsprozessen sind, die aus den Mittelbreiten bekannt sind. Es ist deshalb zulässig und sinnvoll diese Böden in allgemeine genetische Bodenklassifikationen einzubinden. In besonderem Maße sind jedoch die polaren Böden als dynamische Kompartimente eines sehr dynamischen Gesamtökosystems einzuordnen. Sie dürfen daher nicht nur als Ergebnis der gegenwärtigen Umweltbedingungen interpretiert werden. Die teilweise komplexe Entwicklung, im Zuge der postglazialen Substrat- und Landschaftsgenese, ist bei einer Analyse des Istzustandes der Bodenbildungen zu berücksichtigen. Aus den nachgewiesenen Verwitterungsmerkmalen kann nicht unmittelbar auf aktuell ablaufende pedogene Prozesse am jeweiligen Standort geschlossen werden. Das Arbeitsgebiet lieferte diesbezüglich geradezu modellhafte Rahmenbedingungen.

Die große Vielfalt und kleinräumige Differenzierung des Bodenmusters ist nur durch Systemveränderungen in der Vergangenheit zu erklären. Die Aufarbeitung des anstehenden Gesteins durch glaziale, periglaziale, fluvioglaziale und marine Formungsphasen war und ist entscheidend für die Differenzierung des Bodenmusters im Arbeitsgebiet. Kryogene Systeme können sich stabilisieren und in pedogene Systeme verwandeln. Umgekehrt können durch Reaktivierung kryogener Prozesse Bodenhorizonte wieder zerstört werden. Die "individuelle" Dynamik der Einzelstandorte verhindert selbst bei weitgehend übereinstimmenden Ausgangssubstraten exakte quantitative Bodenvergleiche.

Die Ergebnisse der Untersuchungen am Liefde- und Bockfjord zeigen, daß auch in hochpolaren Regionen der Geofaktor Boden bei standortökologischen Untersuchungen eine wichtige Schlüsselgröße darstellt. Die Vereinheitlichung der Böden im Rahmen globaler Zonierungen sowie die oft fehlende Differenzierung von Böden und periglazialen Sortierungsformen, führt zu falschen Vorstellungen von den tatsächlichen Eigenschaften und der Vielfalt polarer Pedosysteme. Eine bessere Kenntnis dieser Böden kann darüberhinaus wesentlich zum Verständnis der Böden in weiten Teilen der Mittelbreiten beitragen, die ebenfalls eine kaltzeitliche Vergangenheit erlebt haben.

Die gegenwärtig zu beobachtende Permafrostdegradierung in vielen Bodenprofilen des Arbeitsgebietes weist - in Zusammenhang mit den vegetationsgeographischen, klimatologischen, glaziologischen und geomorphologischen Befunden der anderen SPE-Arbeitsgruppen - auf klimatisch induzierte rezente Veränderungen des Geosystems hin.

SUMMARY

This study presents final results from researches on weathering and soil formation in the Liefde- and Bockfjord area (northwestern part of Svalbard). These investigations were part of the "Geoscientific Expedition to Spitsbergen 1990-1992" (SPE 90-92) of the German Working Group for Polar Research [coordinated by W.D.BLÜMEL and sponsored by the German Science Foundation (DFG), see BLÜMEL 1993].

The developement of landscape controlled and formed by marine, periglacial and glacial geomorphological processes, causes a different and complex composition of parent material in various relief positions (verified by grain size and heavy mineral analyses). Owing to this it affects soil formation. Soil developement is further influenced by the petrographical variety (Devonian sedimentary rocks, Kaledonian metamorphic rocks and Quaternary pyroclastic material) of working area. One result of field investigations (supported by the interpretation of aerial photographs) is a map of soil associations in the tundra covered areas of Germaniahalvøya (to about 300 m.a.s.l.; see supplements in this volume). Gelic Cambisols were only found on coarse textured and well drained locations with geomorphological stability since long time. These conditions exist on marine shoreline sediments and shallow moraine deposits over glacial formed solid rock. Soils and sediments with finer "loamy" texture are subjected to cryoturbation and ablution (the dominant recent denudation process on gentle slopes). The main steering factors for the efficiency of ablution are the availability of water and the preparation of fine grained material in the polar desert zone of upper slopes. At the tundra covered lower slopes of Germaniahalvöya the ablution causes a irregular supply/accumulation of fresh sediments at the surface. Typical soils in such periglacial affected positions are polygenetic (Cambi-) Gelic Regosols and Gelic Leptosols. Weak hydromorphic features occure just near the permafrost layer (sporadic Gleyi-gelic Regosols). Gelic Gleysols were only found in small areas of waterlogged depressions or under snow niches which are producing meltwater all over the summer.

Detailed investigations of weathering features in soils were the second main task of this study. The application of chemical, mineralogical and micromorphological analyses give new information about the degree of in situ-weathering on various parent materials. Chemical weathering features in polar soils are weak (see TEDROW 1977). Therefore the differentiation between lithogenic and pedogenic features in soils (e.g. iron oxides, clay minerals) is of great significance in view of the correct estimation of soil formation. Gelic Cambisols show clear features of decarbonation and a moderate brunification. Parent material, which is dominated by Devonian sedimentary rocks contains high parts of dithionit soluble lithogenic hematite. In such cases micromorphological analyses of thin sections are indispensable for a qualitative correct estimation of pedogenic mineral alteration. In soils with andic properties in the back of Bockfjord (Vitri-gelic Andosols of glass-rich pyroclastic material) the new formation of oxalate soluble Fe is stronger. The clay mineral spectrum of this soils is composed by allophanic components and lithogenic mica. In soils of dominant Devonian parent material the clay mineral composition of the Bw-horizons does not differ from the lithogene illite-chlorite spectrum of the unweathered sedimentary rocks. The good preservation of feldspar and mica minerals in soils is a further indication of weak silica weathering in this environment. Only in shallow acidified soils (sporadic with spodic properties) over Kaledonian basement an alteration of biotite resp. illite can be observed. Locations with recent periglacial activities show little influence of chemical in situ-weathering and soil formation.

The recent efficency of pedological processes can not be derived from the established weathering features. Effects of relictic soil forming phases ("soil history"),as the result of climatic changes in the past, has to take into consideration an estimation of actual weathering rates and soil formation. Under the recent cold arid conditions, the operation of chemical transformations in soils are reduced. Especially the low water availability in soils of deep thawed sites has to be considered as the result of permafrost degradation in present time.

LITERATUR

ADAMS, W.A.; EVANS, L.J. & ABDULLA, H.H. (1971): Quantitative pedological studies on soils derived from Silurian mudstones. - Journal of Soil Sci. **22:** 158-165.

ADAMS, A.E.; MACKENZIE, W.S. & GUILFORD, C. (1986): Atlas der Sediment-gesteine in Dünnschliffen. - 103 S., Stuttgart.

AG BODENKUNDE (1982): Bodenkundliche Kartieranleitung. - 3.Aufl.: 331 S., Hannover.

ALTEMÜLLER, H.J. (1962): Verbesserung der Einbettungs- und Schleiftechnik bei der Herstellung von Bodendünnschliffen mit Vestopal. - In: Z. Pflanzenern., Düngung, Bodenkde. **99:** 164-177.

AMUNDSEN, H.E.F.; GRIFFIN, W.L. & O'REILLY, S.Y. (1987): The lower crust and the upper mantle beneath northwestern Spitsbergen: evidence from xenoliths and geophysics. - Tectonophysics **139:** 169-185.

AOMINE, S. & NAGANORI, Y. (1955): Clay minerals of some well-drained volcanic ash soils in Japan. - Soil Sci. **79:** 349-358.

BARNHISEL, R.J. (1977): Chlorites and hydroxy interlayered vermiculite and smectite. - In: DIXON, J.B. & WEED, S.B. [Hrsg.]: Minerals in soil environments: S. 331-350, Madison.

BARSCH, D.; GUDE, M.; MÄUSBACHER, R.; SCHUKRAFT, G. & SCHULTE, A. (1992): Untersuchungen zur aktuellen fluvialen Dynamik im Bereich des Liefdefjorden in NW-Spitzbergen. - Stuttgarter Geogr. Studien **117:** 217-252.

BIBUS, E. (1975): Geomorphologische Untersuchungen zur Hang- und Talentwicklung im zentralen West-Spitzbergen. - Polarforschung **45:** 102-119.

BIBUS, E.; NAGEL, G. & SEMMEL, A. (1976): Periglaziale Reliefformung im zentralen Spitzbergen. - Catena **3:** 29-44.

BIRELL, K.S. & FIELDES M. (1952): Allophane in volcanic ash soils. - Soil Sci. **3:** 156-167.

BISDOM, E.B.A.; STOOPS, G.; DELVIGNE, J.; CURMI, P. & ALTEMÜLLER, H.-J. (1982): Micromorphology of weathering biotite and its secondary products. - Pedologie XXXII, **2:** 225-252.

BLANCK, E. (1919): Ein Beitrag zur Kenntnis arktischer Böden insbesondere Spitz-bergens. - Chemie der Erde **1:** 421-476.

BLANCK, E.; RIESER, A. & MORTENSEN, H. (1928): Die wissenschaftlichen Ergebnisse einer bodenkundlichen Forschungsreise nach Spitzbergen im Sommer 1926. - Chemie der Erde **3**: 588-698.

BLÜMEL, W.D.; EMMERMANN, R. & SMYKATZ-KLOOS, W. (1985): Vorkommen und Entstehung von tri-oktaedrischen Smektiten in den Basalten und Böden der König-Georg-Insel (S-Shetlands/West-Antarktis). - Polarforschung **55**: 33-48.

BLÜMEL, W.D. (1986): Beobachtungen zur Verwitterung an vulkanischen Festgesteinen von King-George-Island (S-Shetlands/W-Antarktis). - Z. Geomorph. N.F., Suppl.-Bd. **61**: 39-54.

BLÜMEL, W.D. & EITEL, B. (1989): Geoecological aspects of maritime-climatic and continental periglacial regions in Antarctica (S-Shetlands, Antarctic Peninsula and Victoria-Land). - Geoökodynamik **10**: 201-214.

BLÜMEL, W.D. [Hrsg.] (1992): Geowissenschaftliche Spitzbergen-Expedition 1990 und 1991 "Stofftransporte Land-Meer in polaren Geosystemen" - Zwischenbericht - Stuttgarter Geogr. Studien **117**: 416 S., Stuttgart.

BLÜMEL, W.D. (1993): Contributions to Polar Geomorpholgy by the German Spitsbergen expeditions 1990-1992. - Z. Geomorph. N.F., Suppl. Bd. **92**: 1-19.

BLÜMEL, W.D.; EBERLE, J. & WEBER, L. (1993): Verwitterung, Genese und Bodenverbreitung im Liefdefjord/Bockfjordgebiet (NW-Spitzbergen) - Untersuchungsmethoden und erste Ergebnisse. - Basler Beitr. zur Physiogeographie, Materialien zur Physiogeographie **15**: 65-70 u.171-180.

BLUM, W. (1976): Bildung sekundärer Al-(Fe) Chlorite. - Z. Pflanzenern., Bodenkde. **139**: 107-125.

BLUME, H.P. & SCHWERTMANN, U. (1969): Genetic evaluation of profile distribution of aluminium, iron and manganese oxides.- Soil Sci. Soc. Amer. proc. **33**: 438-445.

BLUME, H.P. & RÖPER, H.P. (1977): Der Mineralbestand als bodengenetischer Indikator. - Mitt. Dt. Bodenkundl. Ges. **25**: 797-824.

BLUME, H.P. (1988): The fate of iron during soil formation in humid-temperate environments. - In: STUCKI, J.W.; GOODMAN, B.A. & SCHWERTMANN, U. [Hrsg.] (1988): Iron in soils and clay minerals, S. 749-777, London.

BOCKHEIM, J.G. (1979): Relative age and origin of soils in wright valley, antarctica. - Soil Sci. **128**: 142-152.

BOCKHEIM, J.G. (1980a): Properties and classification of some desert soils in coarse-textured glacial drift in the arctic and antarctic. - Geoderma **24**: 45-69.

BOCKHEIM, J.G. (1980b): Solution and use of chronofunctions in studying soil developement. Geoderma **24:** 71-85.

BOCKHEIM, J.G. & UGOLINI; F.C. (1990): A review of pedogenic zonation in well-drained soils of the southern circumpolar region. - Quaternary Research **34:** 47-66.

BOENIGK, W. (1983): Schwermineralanalyse. - 158 S., Stuttgart.

BOLTER, E. (1961): Über Zersetzungsprodukte von Olivin-Feldspatbasalten. - Beiträge zur Mineralogie und Petrographie **8:** 111-140.

BORGGAARD, O.K. (1988): Phase identification by selective dissolution techniques. - In: STUCKI, J.W.; GOODMAN, B.A. & SCHWERTMANN, U. [Hrsg.] (1988): Iron in soils and clay minerals, S. 83-95, London.

BOULTON, G.S. (1979): Glacial history of the Spitsbergen archipelago and the problem of a Barents Shelf ice sheet. - Boreas **8:** 31-57.

BRINDLEY, G.W. & BROWN, G. (1980): Crystal structures of clay minerals and their X-Ray identification. - In: Mineralogical Society Monograph **5:** 495 S., London.

BRONGER, A. & KALK, E. (1976): Zur Feldspatverwitterung und ihrer Bedeutung für die Tonmineralbildung. - Z. Pflanzenern. Bodenkde. **139:** 37-55.

BRUNNER, K. & HELL, G. (1993): Kartographie der Spitzbergen-Expedition 1990. - Kartographische Nachrichten **43:** 71-73.

BÜDEL, J. (1960): Die Frostschutt-Zone Südost-Spitzbergens. - Colloquium Geographicum **6:** 105 S., Bonn.

BÜDEL, J. (1987)[Hrsg. A. WIRTHMANN]: Die Abtragungsprozesse in der exzessiven Talbildungszone Südost-Spitzbergens. - Ergebnisse der Stauferland Expedition 1959/60, **1:** 170 S., Wiesbaden .

BUNTING, B.T. & FEDOROFF, N. (1973): Micromorphological aspects of soil developement in the Canadian high arctic. - In: RUTHERFORD, G.K. [Hrsg.] (1973): Soil microscopy, S. 350-365, Kingston/Ontario.

CADY, J.G.; WILDING, L.P. & DREES, L.R. (1986): Petrographic microscope techniques. - In: KLUTE, A. [Hrsg.] (1986): Methods of soil analysis, 1, 2. Aufl.: S. 185-218.

CAILLEUX, A. & TAYLOR, G. (1954): Cryopédologie, étude des sols Gelés. - Expéditions polaires francaises **4:** 218 S., Paris.

CAMPBELL, J.B. & CLARIDGE, G.G.C. (1969): A Classification of frigic soils - the zonal soils of the antarctic continent. - Soil Sci. **107:** 75-85.

CAMPBELL, J.B. & CLARIDGE, G.G.C. (1977): The salts in antarctic soils, their distribution and relationship to soil processes. - Soil Sci. **123**: 377-384.

CAMPBELL, J.B. & CLARIDGE, G.G.C. (1987): Antarctica: soils, weathering processes and environment. - Developements in soil science **16**: 368 S.

CANADIAN DEPARTEMENT OF AGRICULTURE (1978): The Canadian system of soil classification. - Publ. 2646, Ottawa.

CLARIDGE, G.G.C. & CAMPBELL, J.B. (1982): A comparison between hot and cold desert soils and soil processes. - Catena Suppl.- Bd. **1**: 1-28.

CRANE, K.; ELDHOLM, O.; MYHRE, A.M. & SUNDVOR, E. (1982): Thermal implications of the evolution of the Spitsbergen transform fault. - Tectonophysics **89**: 1-32.

DACEY, P.W.; WAKERLEY, D.S. & LE ROUX, N.W. (1981): The Biodegradation of Rocks and minerals with particular reference to silicate minerals. - 43 S., Stevenage.

DAWSON, A.G. (1992): Ice age earth - late Quaternary geology and climate. - 293 S., London.

DELLÉ, A. (1986): Entwicklung und ökologische Eigenschaften von zwei Andosolen auf Island. Techn. Univ. Berlin, 110 S. (unveröff. Diplomarbeit).

DIONNE, J.C. (1992): Contribution hivernale d'un versant rocheux a la charge sédimentaire du couvert glaciel. - Revue de géomorphologie dynamique XLI, **2**: 33-46.

DÜMMLER, H. & SCHROEDER, D. (1965): Zur qualitativen und quantitativen Bestimmung von Dreischicht-Tonmineralen in Böden. - Z. Pflanzenern., Düngung, Bodenkde. **109**: 35-47.

EBERLE, J. & BLÜMEL, W.D. (1992): Substratgenese und Bodenentwicklung im Bereich devonischer Sedimentgesteine des Liefde- und Bockfjordes (NW-Spitzbergen). - Stuttgarter Geogr. Studien **117**: 193-205.

EBERLE, J. (1993): Die Bedeutung der Landschaftsgenese für Verwitterung und Bodenbildung in einem hocharktischen Geosystem (Liefdefjord/Nordwest-Spitzbergen). Berliner Geogr. Arbeiten **79**: 39-58.

EBERLE, J.; THANNHEISER, D. & WEBER, L. (1993a): Untersuchungen zur Bodenbildung und Vegetation auf basaltischen Ausgangssubstraten in einem hocharktischen Geoökosystem (Bockfjord/Nordwestspitzbergen). - Norden **9**: 1-29.

EBERLE, J.; JAHN, R.; PAPENFUß, K.-H. & BLÜMEL, W.D. (1993b): Verwitterung und Pedogenese auf basaltreichen Sedimenten unter hochpolaren Klimabedingungen in Nordwestspitzbergen.- Mitt. Dt. Bodenkundl. Ges. **72**: 1289-1292.

ELLIS, S. (1980): Soil-environmental relationships in the Okstindan Mountains, north Norway. - Norsk geogr, Tidsskr. **34:** 167-176.

ELVEBAKK, A. (1982): Geological preferences among Svalbard plants. - Inter-Nord **16:** 11-31.

ELVEBAKK, A. (1989): Biogeographical zones of Svalbard and Jan Mayen on the distribution patterns of thermophilous vascular plants - Diss., Universität Tromsö, 113 S.

ENGELHARDT, W. von (1961): Neuere Ergebnisse der Tonmineralienforschung. - Geol. Rdsch. **51:** 457-477.

ENGELHARDT, W. von (1973): Sediment-Petrologie, Teil 3: Die Bildung von Sedimenten u. Sedimentgesteinen. - 378 S., Stuttgart.

EVANS, L.J. & CHESWORTH, W. (1985): The weathering of Basalt in an arctic environment. - Catena Suppl.-Bd. **7:** 77-85.

FAO-UNESCO (1974): Map of the world, Vol. 1 (legend), 59 S., Paris.

FAO-UNESCO (1988): Soil map of the world; Revised Legend. - World Soil Research Report **60:** 119 S., Rome.

FERNANDEZ CALDAS, E. & YAALON, D.H. (1985): Volcanic soils. Catena Suppl.-Bd. **7:** 151 S., Cremlingen.

FEYLING-HANSSEN, R.W. (1965): Shoreline displacement in central Vest-Spitsbergen. - Norsk Polarinst., Meddelelser **93:** 1-5.

FIELDES, M. & CLARIDGE, G.G.C. (1975): Allophane. - In: GIESEKING, J.E. (Ed.) soil components, 2, inorganic components: S. 351-393.

FISCHER, W.R. (1976): Differenzierung oxalatlöslicher Eisenoxide. - Z. Pflanzenern. Bodenkde. **139:** 641-646.

FLOHN, H. (1985): Das Problem der Klimaänderungen in Vergangenheit und Zukunft. - Erträge der Forschung **220:** 228 S., Darmstadt.

FORMAN, S.L. & MILLER, G.H. (1984): Time-dependent soil morphologies and pedogenic processes on raised beaches, Bröggerhalvöya, Spitsbergen, Svalbard Archipelago. - Arctic and Alpine Research **16:** 381-394.

FRENZEL, B. & PÉCSI, M. & VELICHKO, A.A. (1992): Atlas of paleoclimates and paleoenvironments of the northern hemisphere. Late Pleistocene - Holocene. - 153 S., Stuttgart, Budapest.

FRENZEL, B. (1992): Das Klima der Nordhalbkugel zur Zeit des Inlandeisaufbaus zwischen etwa 35000 und 25000 vor heute. - Erdkunde **46:** 165-187.

FRIEND, P.F. & MOODY-STUART, M. (1972): Sedimentation of the Wood Bay formation (Devonian) of Spitsbergen: regional analysis of a late orogenic basin. - Norsk Polarinstitutt Skrifter **157**: 1-77.

FÜCHTBAUER, H.[Hrsg.](1988): Sedimente und Sedimentgesteine. - Sediment-Petrologie, Teil 2, 1141 S., Stuttgart.

FURRER, G. (1969): Vergleichende Beobachtungen am subnivalen Formenschatz in Ostspitzbergen und in den Schweizer Alpen. - Ergebnisse der Stauferland - Expedition 1967, **9:** 40 S., Wiesbaden.

FURRER, G.; STAPFER, A. & GLASER, U. (1991): Zur nacheiszeitlichen Geschichte des Liefdefjords (Spitzbergen). Ergebnisse der Geowissenschaftlichen Spitzbergenexpedition 1990. - Geographica Helvetica **46:** 147-155.

FURRER, G. (1992): Zur Gletschergeschichte des Liefdefjords. - Stuttgarter Geogr. Studien **117:** 267-278.

GEBHARDT, H. (1976): Bildung und Eigenschaften amorpher Tonbestandteile in Böden des gemäßigt-humiden Klimabereichs. - Z. Pflanzenern. Bodenkde. **139:** 73-89.

GERRARD, J. (1992): The nature and geomorphological relationships of earth hummocks (Thufa) in Iceland. - Z. Geomorph., N.F., Suppl.-Bd. **86:** 173-182.

GIMÉNEZ, F.A. & JARITZ, G. (1966): Amorphe und kristalline Bestandteile einiger typischer Bodenbildungen Skandinaviens. - Z. Pflanzenern., Düngung, Bodenkde. **114:** 27-46.

GJELSVIK, T. (1979): The Hecla Hoek ridge of the Devonian Graben between Liefdefjorden and Holtedahlfonna, Spitsbergen. - Norsk Polarinstitutt Skrifter **167:** 63-71.

GJELSVIK, T. & ILYES, R. (1991): Distribution of Late Silurian (?) und Early Devonian grey-green sandstones in the Liefdefjorden-Bockfjorden area, Spitsbergen. - Polar Research **9:** 77-87.

GLASER, U. (1968): Junge Landhebung im Umkreis des Storfjord (SO-Spitzbergen). - Würzburger Geogr. Arbeiten **22:** 1-22.

GORODKOV, B.N. (1939): Ob osobennostiakh pochvennogo pokrova arktiki [peculiarities of the arctic topsoil]. - Izv. Gosud. Geogr. Obshch. **71:** 1516-1532.

GORYACHKIN, S.V. & TARGULIAN, V.O. (1990): Climate-induced changes of the boreal and subpolar soils. - Developements in Soil Sci. **20:** 191-209.

GREENSMITH, J.T. (1989): Petrology of the Sedimentary Rocks. - 7. Aufl.: 262 S., London.

GROSJEAN, M.; MESSERLI, B. & SCHREIER, H. (1991): Seenhochstände, Bodenbildung und Vergletscherung im Altiplano Nordchiles: Ein interdisziplinärer Beitrag
zur Klimageschichte der Atacama. Erste Resultate. - Bamberger Geogr. Schriften
11: 99-108.

HARRIS, C. (1984): Geomorphological applications of soil micromorphology with parti-
cular reference to periglacial sediments and processes. - In: RICHARDS, K.S.;
AMETT, R.R. & ELLIS, S. [Hrsg.] (1984): Geomorphology and soils; S. 219-232,
London.

HEAL, O.W. & BLOCK, W. (1987): Soil biological processes in the North and South. -
Ecological Bulletins **38:** 47-57.

HEIM, D. (1990): Tone und Tonminerale, 157 S., Stuttgart.

HEINRICH, J. (1990): Boden- und vegetationsgeographische Beobachtungen zur rezenten
Morphodynamik in der Tundrenzone der Richardson Mountains, Yukon Territory,
NW-Kanada. - Geoökodynamik **XI:** 116-142.

HEQUETTE, A. (1989): Une transgression marine Holocene au Spitsberg nord-occidental
(Svalbard): Une origine eustatique ou glacio-isostatique? - Norois **142:** 199-204.

HERZ, K. & ANDREAS, G. (1966): Untersuchungen zur Morphologie der periglazialen
Auftauschicht im Kongsfjordgebiet (Westspitzbergen). - Petermanns Geogr. Mitt. **3:**
190-198.

HETIER, J.M.; YOSHINAGA, N. & WEBER, F. (1977): Formation of clay minerals in
Andosoils under temperate climate. - Clay minerals **12:** 299-305.

HETSCH, W. (1974): Feuchtebedingte Differenzierung holozäner Bodenbildung auf
vulkanischer Asche. - Mitt. Dt. Bodenkdl. Ges. **20:** 102-107.

HIGASHI, T. & IKEDA, H. (1974): Dissolution of allophane by acid oxalate solution. -
Clay Sci. **4:** 205-211.

HILL, D.E. & TEDROW, J.C.F. (1955): Arctic Brown soil. - Soil Sci. **80:** 265-275.

HJELLE, A. & LAURITZEN, Ö. (1982): Geological Map of Svalbard, 1:500000 Sheet
3G, Spitsbergen, Northern part. - Norsk Polarinstitutt Skrifter **154c:** 15 S., Oslo.

HOEL, A. & HOLTEDAHL, O. (1911): Les nappes de lave, les volcans et les sources
thermales dans les environs de la Baie Wood au Spitsberg. - Vid. Selsk. Skr. I Mat.
Nat. Kl. **8:** 37 S., Kristiania.

HOLMGREN, G.S. (1967): A rapid citrate-dithionite extractable iron procedure. - In: Soil
Sci. **31:** 210-211.

HUGENROTH, P.; MEYER, B. & SAKR, R. (1970): Mikromorphologie der "Allophan" Bildung in sauren Lockerbraunerden aus Basalt-Detritus-Löss-Mischsedimenten im Vogelsberg. - Göttinger bodenkundl. Ber. 14: 106-126.

IGNATENKO, I.V. (1971): Soils of the main types of tundra biocenoses in the western Taimyr. - Soviet Acad. Sci., S. 57-107, Leningrad.

IVANOVA, E.N. & ROZOV, N.N. (1962): Soil Geographical Zoning of the U.S.S.R. - Soviet Acad. Sci. Moscow. Published by D. DAVEY, 479 S., New York.

JACKSON, M.L.; CIM, C.H. & ZELAZNY, L.W. (1986): Oxides, Hydroxides and Aluminosilicates. - In: KLUTE, A. [Hrsg.]: Methods of soil analysis 1: 101-150, Madison.

JAHN, R.; STAHR, K. & GUDMUNDSSON, T. (1983): Bodenentwicklung aus tertiären bis holozänen Vulkaniten im semiariden Klima Lanzarotes (Kanarische Inseln). - Z. Geomorph. N.F., Suppl.-Bd. 48: 117-129.

JAHN, R. (1988): Böden Lanzarotes. Vorkommen, Genese und Eigenschaften von Böden aus Vulkaniten im semiariden Klima Lanzarotes (Kanarische Inseln). - Hohenheimer Arbeiten, 257 S., Stuttgart.

JAHN, R. (1991): Intensität u. Geschwindigkeit bodenbildender Prozesse in Böden aus Vulkaniten im semiariden Klima Lanzarotes. - Mitt. Dt. Bodenkundl. Ges. 66: 51-58.

JAKOBSEN, B.H. (1990): Soil formation as an indicator of relative age of glacial deposits in eastern Greenland. - Geografisk Tidsskrift 90: 20-35.

JAKOBSEN, B.H. (1991): Multiple processes in the formation of subarctic podzols in Greenland. - Soil Sci. 152: 414-426.

JASMUND, K. (1993): Bildung und Umbildung von Tonmineralen. - In: JASMUND, K. & LAGALY, G. [Hrsg.](1993): Tonminerale und Tone, S. 168-192, Darmstadt.

JONASSON, S. (1986): Influence of frostheaving on the soil chemistry and on the distribution of plant growth forms. - Geografiska Annaler 68A: 185-195.

JONES, A.A: (1986): X-ray Fluorescence Spectrometry. - In: KLUTE, A. [Hrsg.] (1986): Methods of soil analysis 2, 2. Aufl.: S. 85-121.

KAPOOR, B.S. (1972): Weathering of micaceaus clays in some Norwegian podzols. - Clay Minerals 9: 383-394.

KELLOGG, T.B. (1980): Paleoclimatology and paleooceanography of the Norwegian and Greenland seas: glacial-interglacial contrasts. - Boreas 9: 115-137.

KOSTER, E.A. & NIEUWENHUIJZEN, M.E. (1992): Permafrost response to climatic change. - Catena Suppl.-Bd. **22:** 37-58.

KRISTIANSEN, K.J. & SOLLID, J.L. (1987): Svalbard Jordartskart, 1: 1000000. - Nasjonalatlas for Norge, Geografisk Institutt Universitet Oslo.

KUNTZE, H.; ROESCHMANN, G. & SCHWERDTFEGER, G. (1988): Bodenkunde. - 568 S., Stuttgart.

LASCA, N.P. (1969): Surficial Geology of Skeldal, Mesters Vig district, Meddel. om Gronland **176 (3):** 27-28.

LEAMY, M.L. (1987): ICOMAND; Circular letter No 9. - New Zealand Soil Bureau, DSIR, 57 S.

LESER, H.; SEILER, W. (1986): Geoökologische Forschungen in Südspitzbergen. - Die Erde **117:** 1-21.

LESER, H.; BLÜMEL, W.D. & STÄBLEIN, G. [Hrsg.] (1988): Wissenschaftliches Programm der Geowissenschaftlichen Spitzbergen-Expedition 1990 (SPE 90) "Stofftransporte Land-Meer in polaren Geosystemen". - Materialien und Manuskripte, Univ. Bremen, Studiengang Geographie **15:** 49 S.

LESER, H.; DETTWILER, K. & DÖBELI, Ch. (1992): Geoökosystemforschung in der Elementarlandschaft des Kvikåa-Einzugsgebietes (Liefdefjorden, Nordwestspitzbergen). - Stuttgarter Geogr. Studien **117:** 105-122.

LIEDTKE, H.; (1980): Erläuterungen zur Geomorphologischen Karte 1:25000 der Bundesrepublik Deutschland, GMK 25, Blatt 5, Damme: S. 1-48, Berlin.

LIEDTKE, H. & GLATTHAAR, D. (1992): Abluation auf den Gesteinen des Siktefjellet am Liefdefjord (Spitzbergen). - Stuttgarter Geogr. Studien **117:** 303-314.

LOCKE, W.W. (1985): Weathering and soil developement on Baffin Island. - In: ANDREWS, J.T. [Hrsg.](1985): Quaternary environments. - S. 331-353.

LOVELAND, P.J. (1988): The assay for iron in soils and clay minerals. - In: STUCKI, J.W.; GOODMAN, B.A. & SCHWERTMANN, U. [Hrsg.] (1988): Iron in soils and clay minerals. - S. 99-140, London.

MANGE, M.A. & MAURER, H.F.W. (1991): Schwerminerale in Farbe. - 148 S., Stuttgart.

MANN, D.H.; SLETTEN, R.S. & UGOLINI, F.C. (1986): Soil developement at Kongsfjorden, Spitsbergen. - Polar Research **4:** 1-16.

MARTI, F. & HERZOG, K. (1989): Bericht über die biologischen Untersuchungen der SAC-Spitzbergenexpedition 1988. - Ms., 57 S., Zürich.

MATTHES, S. (1990): Mineralogie. - 3. Aufl., 448 S.; Berlin.

MECKELEIN, W. (1974): Aride Verwitterung in Polargebieten im Vergleich zum subtropischen Wüstengürtel. - Z. Geomorph., N.F., Suppl.-Bd. **20:** 178-188.

MEHRA, O.P. & JACKSON, M.L. (1960): Iron oxide removal from soils and clays by a dithionite-citrate system buffered with sodium bicarbonate buffer. - Clays Clay Miner. **7:** 317-327.

MEINARDUS, W. (1930): Arktische Böden. - In: BLANCK, E. [Hrsg.]: Handbuch der Bodenlehre, **3:** 27-96.

MELLOR, A. (1984): Soil chronosequences on neoglacial moraine ridges, Jostedalsbreen and Jotunheimen, southern Norway: a quantitative pedogenic approach. - In: RICHARDS, K.S.; AMETT, R.R. & ELLIS, S. [Hrsg.] (1984): Geomorphology and soils; S. 289-308, London.

MESSERLI, B.; GROSJEAN, M.; GRAF, K.; SCHOTTERER, U.; SCHREIER, H. & VUILLE, M. (1992): Die Veränderungen von Klima und Umwelt in der Region Atacama (Nordchile) seit der letzten Kaltzeit. - Erdkunde **46:** 257-272.

MEYER, B. & KALK, E. (1964): Verwitterungs-Mikromorphologie der Mineral-Spezies in mitteleuropäischen Holozän-Böden aus pleistozänen und holozänen Lockersedimenten. - In: JONGERIUS, A. [Hrsg.]: Soil micromorphology. - S. 109-130, Amsterdam, New York.

MIOTKE, F.D. & HODENBERG, R.v. (1980): Zur Salzsprengung und chemischen Verwitterung in den Darwin Mountains und den Dry Valleys, Victorialand, Antarktis. - Polarforschung **50:** 45-80.

MÖLLER, M. (1991): Neukartierung der Südseite des Liefdefjords im Maßstab 1:10000, NW-Spitzbergen/Svalbard. - 111 S., Münster (unveröff. Diplomarbeit).

MOORE, D.M. & REYNOLDS, R.C. (1989): X-Ray diffraction and the identification and analysis of clay minerals. - 334 S., Oxford, New York.

MORTENSEN, H. (1930): Einige Oberflächenformen in Chile und auf Spitzbergen im Rahmen einer vergleichenden Morphologie der Klimazonen. - Peterm. Mitt., Erg.-H. **209:** 47-156.

MÜCKENHAUSEN, E. (1985): Die Bodenkunde und ihre geologischen, geomorphologischen und petrologischen Grundlagen. - 3. Aufl.: 579 S., Frankfurt.

MÜLLER, G. & RAITH, M. (1981): Methoden der Dünnschliffmikroskopie. - Clausthaler tektonische Hefte **14:** 152 S.

MULLER, S.W. (1947): Permafrost or permanently frozen ground and related engineering problems. - 231 S., Ann Arbor.

MUNSELL COLOR COMPANY (1975): Munsell soil color charts. - Baltimore.

MURASCOV, L.G. & MOKIN, J.I. (1979): Stratigraphic subdivision of the Devonian deposits of Spitsbergen. - North Polarinstitutt Skrifter 167: 249-261, Oslo.

NAGEL, G. (1979): Untersuchungen zum Wasserkreislauf in Periglazialgebieten. - Trierer Geogr. Studien 11: 157-178.

NIEDERBUDDE, E.A. (1976): Umwandlungen von Dreischichtsilikaten unter K-Abgabe u. K-Aufnahme. - Z. Pflanzenern. Bodenkde. 139: 57-71.

NORSK POLARINSTITUTT (1991): Research in Svalbard 1991, a yearly bulletin based on contributions from scientists working in the Svalbard region. - o.S., Oslo.

ÖSTERHOLM, H. (1986): Studies of lake sediments and deglaciation on Prins Oscars Land, Nordaustlandet, Svalbard. - Geografiska Annaler 68 A: 329-334.

PARFITT, R.L. & HENMI, T. (1980): Structure of some allophanes from New Zealand. - Clays and Clay Minerals 28: 285-294.

PARFITT, R.L. & HENMI, T. (1982): Comparison of an Oxalate-extraction method and an infrared spectroscopic method for determining allophane in soil clays. - Soil Sci. Plant Nutr. 28: 183-190.

PARFITT, R.L.; RUSSELL, M. & ORBELL, G.E. (1983): Weathering sequence of soils from volcanic ash involving allophane and halloysite, New Zealand. - Geoderma 29: 41-57.

PARFITT, R.L. & WILSON, A.D. (1985): Estimation of Allophane and Halloysite in three sequences of volcanic soils, New Zealand. - Catena Suppl.-Bd. 7: 1-8.

PASTOR, J. & BOCKHEIM, J.G. (1980): Soil developement on moraines of Taylor glacier, lower Taylor valley, Antarctica. - Soil Sci. Soc. Amer. Proc. 44: 341-348.

PETÄJÄ-RONKAINEN, A.; PEURANIEMI, V. & AARIO, R. (1992): On podzolization in glaciofluvial material in northern Finland. - Annales Academiae scientiarum Fennicae, Serie A (III), 156: 19 S.

PICHLER, H. & SCMITT-RIEGRAF, C. (1987): Gesteinsbildende Minerale im Dünnschliff - 230 S., Stuttgart.

PIEPJOHN, K.; HARLING, U.; KLEE, S.; MÖLLER, M. & THIEDIG, F. (1992): Geologische Neukartierung der Germaniahalvöya, Haakon VII Land, NW-Spitzbergen, Svalbard. - Stuttgarter Geogr. Studien 117: 37-54.

PING, C.L.; SHOJI, S.; ITO, T.; TAKAHASHI, T. & MOORE, J.P (1989): Characteristics and classification of volcanic-ash-derived soils in Alaska. - Soil Sci. 148: 8-28.

POSER, H. (1931): Beiträge zur Kenntnis der arktischen Bodenformen. - Geol. Rdsch. **22:** 200-231.

PRESTVIK, T. (1977): Cenozoic plateau lavas of Spitsbergen - a geochemical study. - Norsk Polarinstitutt Arbok, S. 129-143.

QUANTIN, P.; DABIN, B.; BOULEAU, A.; LULLI, L. & BIDINI, D. (1985): Characteristics and genesis of two andosols in central Italy. - Catena Suppl. Bd. **7:** 107-117.

RADOSLOVICH, E.W. (1975): Feldspar minerals. - In: GIESEKING, J.E. [Hrsg.]: Soil components **2:** 433-448, Berlin/New York.

RAUP, H.M. (1969a): The relation of the vascular flora to some factors of site in Mesters Vig district, northeast Greenland. - Meddel. om Gronland **176 (5):** 80 S.

RAUP, H.M. (1969b): Observation on the relation of vegetation to mass-wasting processes in the Mesters Vig district, northeast Greenland. - Meddel. om Gronland **176 (6):** 216 S.

REICHENBACH, H. Graf v. & RICH, C.I. (1975): Fine-grained micas in soils. - In: GIESEKING, J.E. [Hrsg.]: Soil components **2:** 59-95, Berlin/New York.

REMPFLER, A. (1989): Boden und Schnee als Speicher im Wasser- und Nährstoffhaushalt hocharktischer Geosysteme (Raum Ny-Ålesund, Bröggerhalvöya, Nordwestspitzbergen). - Basler Beitr. zur Physiogeographie, Materialien zur Physiogeographie **11:** 106 S.

RICKERT, D.A. & TEDROW, J.C.F. (1967): Pedologic investigations on some aeolian deposits of northern Alaska. - Soil Sci. **104:** 250-262.

RIEGER, S. (1974): Arctic Soils. - In: IVES, J.D. & BARRY, R.G. [Hrsg.]: Arctic and Alpine Environments. - S. 749-769, London.

RÖNNING, O.I. (1969): Features of the ecology of some arctic Svalbard (Spitsbergen) plant communities. - Arctic and Alpine Research **1:** 29-44.

SALVIGSEN, O. & NYDAL, R. (1981): The Weichselian glaciation in Svalbard before 15000 B.P. - Boreas **10:** 433-446.

SALVIGSEN, O. & ÖSTERHOLM, A.C. (1982): Radicarbon dated raised beaches and glacial history of the northern coast of Spitsbergen, Svalbard. - Polar Research **1:** 97-115.

SCHARPENSEEL, H.W.; SCHOMAKER, M. & AYOUB, A. (1990): Soils on a warmer earth. - Developements in Soil sci. **20:** 274 S., New York.

SCHEFFER, F. & SCHACHTSCHABEL, P. (1984): Lehrbuch der Bodenkunde. - 11. Aufl.: 442 S., Stuttgart.

SCHEFFER, F. & SCHACHTSCHABEL, P. (1992): Lehrbuch der Bodenkunde. - 13. Aufl.: 491 S., Stuttgart.

SCHERER, D. (1992): Klimaökologie und Fernerkundung: Erste Ergebnisse der Meßkampagnen 1990/1991. - Stuttgarter Geogr. Studien 117: 89-104.

SCHERER, D.; PARLOW, E.; RITTER, N. & SIEGRIST, F. (1993): Klimaökologie und Fernerkundung. - Basler Beitr. zur Physiogeographie, Materialien zur Physiogeographie 15: 51-58 u. 121-151.

SCHLICHTING, E. & BLUME, H.P. (1966): Bodenkundliches Praktikum. - 209 S., Hamburg, Berlin.

SCHLICHTING, E. (1968): Genetische und effektive Klassifikation von Böden. - Z. Pflanzenern., Bodenkde. 123: 220-231.

SCHRÖDER, D. & LAMP, J. (1976): Prinzipien der Aufstellung von Bodenklassifikationssystemen. - Z. Pflanzenern., Bodenkde. 139: 617-630.

SCHUNKE, E. (1977): Die Periglazialerscheinungen Islands in Abhängigkeit von Klima und Substrat. - Abh. d. Akad. d. Wiss. in Göttingen, 273 S.

SCHWERTMANN, U. (1959): Die fraktionierte Extraktion der freien Eisenoxide in Böden, ihre mineralogischen Formen und ihre Entstehungsweisen. - Z. Pflanzenern., Düngung, Bodenkde. 84: 194-204.

SCHWERTMANN, U. (1964): Differenzierung der Eisenoxide des Bodens durch Extraktion mit Ammoniumoxalat-Lösung. - In: Z. Pflanzenern. Düng. Bodenkde. 105: 194-202.

SCHWERTMANN, U. (1976): Die Verwitterung mafischer Chlorite. - In: Z. Pflanzern. Bodenkde. 139: 27-36.

SCHWERTMANN, U. & MURAD, E. (1983): Effect of pH on the formation of goethite and hematite from ferrihydrite. - Clays Clay Miner. 31: 277-284.

SCHWERTMANN, U. (1985): The effect of pedogenic environments on iron oxide minerals. - Advances in soil science 1: 172-200.

SCHWERTMANN, U. (1988): Occurence and formation of iron oxides in various pedo-environments. - In: STUCKI, J.W.; GOODMAN, B.A. & SCHWERTMANN, U. [Hrsg.] (1988): Iron in soils and clay minerals. - S. 267-308, London.

SCHWERTMANN, U. (1990): Eisenoxidfarben, Eisenoxidmineralogie und Bodengenese. - Mitt. Dt. Bodenkundl. Ges. 62: 141-142.

SEMMEL, A. (1969): Verwitterungs- und Abtragungserscheinungen in rezenten Periglazialgebieten (Lappland und Spitzbergen). - Würzburger Geogr. Arb. 26: 79 S.

SHOJI, S. & FUJIWARA, Y. (1984): Active aluminium and iron in the humus horizons of andosols from northeastern Japan: Their forms, properties and significance in clay weathering. - Soil Sci. **137:** 216-225.

SHOJI, S.; TAKAHASHI, T.; ITO, T. & PING, C.L. (1988): Properties and classification of selected volcanic ash soils Kenai peninsula, Alaska. - Soil Sci. **145:** 395-413.

SIMONSON, R.W. & RIEGER, S. (1967): Soils of the Andept suborder in Alaska. - Soil Sci. Soc. Amer. Proc. **31:** 692-699.

SKJELKVÅLE, B.L.; AMUNDSEN, H.E.F.; O'REILLY, S.Y.; GRIFFIN, W.L. & GLELSVIK, W.L. (1989): A primitive alkali basaltic stratovolcano and associated eruptive centres, northwestern Spitsbergen: Volcanology and tectonic significance. - J. of Volcanology and Geothermal Research **37:** 1-19.

SMITH, J. (1956): Some moving soils in Spitsbergen. - J. of Soil Sci. **7:** 10-21.

SMITH, J. (1957): A mineralogical study of weathering and soil formation from olivine basalt in northern Ireland. - J. of Soil Sci. **8:** 225-239.

STÄBLEIN, G. (1977a): Arktische Böden West-Grönlands: Pedovarianz in Abhängigkeit vom geoökologischen Milieu. -Polarforschung **47:** 11-25.

STÄBLEIN, G. (1977b): Rezente Morphodynamik und Vorzeitreliefinfluenz bei der Hang- und Talentwicklung in Westgrönland. - Z. Geomorph., N.F., Suppl.-Bd. **28:** 181-199.

STÄBLEIN, G. (1978): Extent and regional differentiation of glacio-isostatic shoreline variation in Spitsbergen. - Polarforschung **48:** 170-180.

STÄBLEIN, G. (1983): Formung von Hängen, Halden und Wänden. Beobachtungen im Bereich der Antarktischen Halbinsel. - Abh. d. Akad. d. Wiss. in Göttingen, Mathematisch-Physikalische Klasse, 3. Folge, **35:** 160-170.

STÄBLEIN, G. (1987): Periglaziale Mesoreliefformen und morphoklimatische Bedingungen im südlichen Jameson-Land, Ostgrönland. - Abh. d. Akad. d. Wiss. in Göttingen; Mathem.- Physik. Kl., 3. Folge, **37:** 114 S.

STÄBLEIN, G. & HOCHSCHILD, V. (1992): Ergebnisse der fernerkundungsgestützten geomorphologischen Kartierung am Liefdefjord / Nordwest-Spitzbergen - Ergebnisse der Spitzbergenexpeditionen SPE 90 -. Stuttgarter Geogr. Studien **117:** 339-354.

STÄBLEIN, G. (1992): Zur quartären Klima- und Permafrostentwicklung am Liefde-fjorden. - Stuttgarter Geogr. Studien **117:** 355-368.

STAHR, K. (1990): Stoffverlagerung in Böden und Landschaften. - Hohenheimer Arbeiten, Gedächtnis-Kolloquium Ernst Schlichting, S. 58-68.

STANJEK, H. (1990): Al-Substitution und Kristallitgröße als Parameter zur Unterscheidung von "lithogenen" und "pedogenen" Hämatiten. - Mitt. Dt. Bodenkundl. Ges. **62:** 151-152.

STEFFENSEN, E.L. (1982): The climate at Norwegian arctic stations. - Klima **5:** 17-31.

SWINDALE, L.D. (1975): The Crystallography of minerals of the Kaolin group. - In: GIESEKING, J.E. [Hrsg.], Soil Components **2:** 121-154, Heidelberg, New York.

SZUPRYCZYNSKI, J. (1978): Die pleistozänen und holozänen Vereisungen auf Spitzbergen. - In: Beitr. zur Quartär und Landschaftsforschung (Festschr. f. J. FINK): S. 565-578.

TARNOCAI, C. & VALENTINE, K.W.G. (1989): Relict soil properties of the arctic and subarctic regions of Canada. - Catena Suppl.- Bd. **16:** 9-39.

TEDROW, J.C.F. & HILL, D.E. (1955): Arctic brown soil. - Soil Sci. **80:** 265-275.

TEDROW, J.C.F.; DREW, J.V.; HILL, D.E. & DOUGLAS, L.A. (1958): Major genetic soils of the arctic slope of Alaska. - J. of Soil Sci. **9:** 33-45.

TEDROW, J.C.F. & HILL, D.E. (1961): Weathering and soil formation in the arctic environment. - Americ. J. of Sci. **259:** 84-101.

TEDROW, J.C.F. & DOUGLAS, L.A. (1964): Soil investigations on Banks Island. - Soil Sci. **98:** 63-65.

TEDROW, J.C.F. & UGOLINI. F.C. (1966): Antarctic soils. - In: TEDROW, J.C.F. [Hrsg.]: Antarctic soils and soil forming processes. - Antarctic Research Series **8:** 161-177.

TEDROW, J.C.F. (1968): Pedogenic gradients of the polar regions. - J. of Soil Sci. **19:** 197-204.

TEDROW, J.C.F. & THOMPSON, C.C. (1969): Chemical composition of polar soils. - Biuletyn Peryglacjalni **18:** 167-181.

TEDROW, J.C.F. (1974): Soils of the high arctic landscapes. - In: SMILEY, T.L. & ZUMBERGE, J.H. [Hrsg.]: Polar deserts and modern man, S. 63-69, Tucson.

TEDROW, J.C.F. (1977): Soils of the Polar landscapes. - 638 S., New Brunswick/New Jersey.

THANNHEISER, D. (1976): Ufer- und Sumpfvegetation auf dem westlichen Kanadischen Arktis-Archipel und Spitzbergen. - Polarforschung **46:** 71-82.

THANNHEISER, D. (1989): Eine landschaftsökologische Detailstudie des Bereichs der Prä-Dorset-Station Umingmak (Banks Island, Kanada). - Polarforschung **59:** 61-78.

THANNHEISER, D. (1992): Vegetationskartierungen auf der Germaniahalbinsel. - Stuttgarter Geogr. Studien **117:** 141-160.

THANNHEISER, D. & MÖLLER, I. (1992): Vegetationsgeographische Literaturliste von Svalbard (einschließlich Björnöya und Jan Mayen). - Hamburger vegetationsgeogr. Mitt. **6:** 89-114.

THIEDIG, F. & PIEPJOHN, K. (1990): Geologisch-tektonische Entwicklung des kaledonischen Basements und der postkaledonischen Old Red-Sedimente in NW-Spitzbergen (Liefdefjorden). - Bericht an die Deutsche Forschungsgemeinschaft - (unveröff.).

TRIBUTH, H. (1976): Die Umwandlung der glimmerartigen Schichtsilikate zu aufweitbaren Dreischicht-Tonmineralen. - Z. Pflanzenern. Bodenkde. 13 : 7-25.

TRIBUTH, H. (1990): Die Tonmineralentwicklung in Abhängigkeit von der Bodengenese. - Mitt. Dt. Bodenkundl. Ges. **62:** 153-156.

TRÖGER, W.E. (1969): Optische Bestimmung der gesteinsbildenden Mineral., Teil 2. - 2. Aufl., 822 S., Stuttgart.

UGOLINI, F.C. & TEDROW, J.C. (1963): Soils of the Brooks Range, Alaska: 3. Rendzina of the Arctic. - Soil Sci. **96:** 121-127.

UGOLINI, F.C. (1966): Soils of the Mesters Vig district, Northeast Greenland. - Meddelelser om Gronland **176(1):** 22 S.

UGOLINI, F.C.; REANIER, R.E.; RAU, G.H. & HEDGES, J.I. (1981): Pedological, isotopic and geochemical investigations of the soils at the boreal forest and alpine tundra transition in northern Alaska. - Soil Sci. **131:** 359-374.

UGOLINI, F.C. (1986a): Pedogenetic zonation in the well drained soils of the arctic regions. - Quaternary Research **26:** 100-120.

UGOLINI, F.C. (1986b): Processes and rates of weathering in cold and polar desert environments. - In: COLMAN, S.M. & DETHIER, D.P. [Hrsg.](1986): Rates of chemical weathering of rocks and minerals. - S. 193-235; New York.

UGOLINI, F.C.; STONER, M.G. & MARRETT, D.J. (1987): Arctic pedogenesis: 1. evidence for contemporary podzolization. - Soil Sci. **144:** 90-98.

UGOLINI, F.C. & SLETTEN, R.S. (1988): Genesis of arctic brown Soils (Pergelic Cryochrept) in Svalbard. - 5. Int. Conf. Permafrost, Trondheim 1988, S.478-483.

USDA (1975): Soil Taxonomy. A basic system of soil classification for making and interpreting soil surveys. - Agriculturual Handbook, **436:** 754 S., United States Departement of Agriculture, Washington.

USDA (1992): Keys to soil taxonomy. 5th edition. - Soil Management Support Services, technical Monograph, **6**: 541 S. Blacksburgh, Virginia.

VAN VLIET-LANÖE, B. & HEQUETTE, A. (1987): Activité eolienne et sables limoneux sur les versants exposes au nordest de la peninsule du Brogger, Spitzberg du nord-ouest (Svalbard). - In: PECSI, M. & FRENCH, H.M. [Hrsg.](1987): Loess and periglacial phenomena. - Akadémial Klado, S. 103-123, Budapest.

VAN VLIET-LANÖE, B. (1990): Les cryosols référentiel pédologique française - 3eme version. - In: Comité national français des geographie. Notes et comptes-rendus du groupe de travail "regionalisation du periglaciaire". - S. 9-25.

WADA, K. (1985): The distinctive properties of Andosols. - Advances in Soil Sci. **2**: 174-229.

WALLÉN, C.C.(1986): Impact of present century climate fluctuations in the northern hemisphere. - Geografiska Annaler **68A**: 245-278

WALKER, B.D. & PETERS, T.W. (1977): Soils of Truelove lowland and plateau. - In: BLISS, L.B. (1977) [Hrsg.]: Truelove lowland, Devon island, Canada: A high arctic ecosystem. - S. 31-62, Edmonton.

WALKER, G.F. (1975): Vermiculites. - In: GIESEKING, J.H. [Hrsg.]: Soil Components, **2**: S. 155-189, Heidelberg, New York.

WASHBURN, A.L. (1969): Weathering, frost action and patterned ground in the Mesters Vig district, northeast Greenland. - Meddel. om Gronland **176** (4): 296 S.

WEBER, L. & BLÜMEL, W.D. (1992): Methodische Probleme bei bodenchemischen Untersuchungen an Böden aus dem Liefdefjord/ Bockfjord-Gebiet (NW-Spitzbergen). - Stuttgarter Geogr. Studien **117**: 207-216.

WEISE, O.R. (1983): Das Periglazial, Geomorphologie und Klima der gletscherfreien, kalten Regionen. - 199 S., Berlin, Stuttgart.

WILKINSON, T.J. & BUNTING, B.T. (1975): Overland transport of sediment by rill water in periglacial environment in the Canadian high arctic. - Geografiska Annaler **57A**: 105-116.

WILLIAMS, L.D. & BRADLEY, R.S. (1985): Paleoclimatology of the Baffin Bay Region. - In: ANDREWS, J.T. [Hrsg.] (1985): Quaternary environments, S. 741-772.

WILLIAMS, P.J. & SMITH, M.W. (1989): The frozen earth: Fundamentals of Geocryology. - 306 S., Cambridge.

WIRTHMANN, A. (1964): Die Landformen der Edge-Insel in Südost-Spitzbergen. - Ergebnisse der Stauferland - Expedition 1959/60, **2**: 66 S., Wiesbaden.

WÜTHRICH, C. (1989): Bodenfauna in der arktischen Umwelt des Kongsfjords (Spitzbergen). - Basler Beitr. zur Physiogeographie **12:** 133 S.

ZAREI, M.; JAHN, R. & STAHR, K. (1985): Tonmineralneu- und -umbildung in einer Chronosequenz von Böden aus Vulkaniten im semiariden Klima Lanzarotes (Spanien). - In: Mitt. Dt. Bodenkdl. Ges. **43:** 943-948.

ZAREI, M.; JAHN, R. & STAHR, K. (1987): Mikromorphologie der Verwitterung und Mineralneubildung aus jungen vulkanischen Aschen Lanzarotes. - Mitt. Dt. Bodenkdl. Ges. **55:** 1025-1030.

ZAREI, M. (1989): Verwitterung und Mineralneubildung in Böden aus Vulkaniten auf Lanzarote (Kanarische Inseln). - 255 S., Berlin.

* * *

KARTEN UND LUFTBILDER

Topographische Karten:

Svalbard 1:500000 Blad 3, Norsk Polarinstitutt Oslo 1982.
Svalbard 1:100000 Blad B4 (Reinsdyrflya), Norsk Polarinstitutt Oslo 1965.
Svalbard 1:100000 Blad B5 (Woodfjorden), Norsk Polarinstitutt Oslo 1974.
Germaniahalvöya, Haakon VII Land 1:40000, vergrößerte und umgezeichnete Arbeits-
karte der Karte 1:100000 Blad B5 (Woodfjorden), Norsk Polarinstitutt Oslo 1974.
SPE'90 Basislager Liefdefjorden Blatt Nord 1:5000, Institut für Photogrammetrie und
Kartographie Fachhochschule Karlsruhe 1990.

Thematische Karten:

Geological Map 1:1000000, Svalbard and Jan Mayen, Norsk Polarinstitutt Oslo 1988.
Geological Map 1:500000 Blad 3G, Spitsbergen, northern part, Norsk Polarinstitutt
Oslo 1982.
Geologische Karte Germaniahalvöya, Haakon VII Land 1:50000, Lehrstuhl für Karto-
graphie und Topographie Universität der Bundeswehr München 1992.
Map of Surficial Materials 1:1000000, Svalbard, Norsk Polarinstitutt Oslo 1987.

Orthophotokarten:

Orthophotokarte Svalbard 1:25000 Blatt 1 (Lerneroyane)
Orthophotokarte Svalbard 1:25000 Blatt 2 (Roosfjella)
Orthophotokarte Svalbard 1:25000 Blatt 3 (Schivefjellet)
Orthophotokarte Svalbard 1:25000 Blatt 4 (Bockfjorden)

Arbeitskarten auf der Grundlage von Luftbildern des Norsk Polarinstitutts (Bildflug
1966). Herausgegeben im Rahmen der Deutschen Spitzbergenexpedition 1990 der
Deutschen Forschungsgemeinschaft (DFG).

Photogrammetrische Auswertung u. Druck: Studiengang Kartographie Fachhochschule
Karlsruhe 1989.

Kartographie: Universität der Bundeswehr München 1990.

Luftbilder:

Luftbilder des Arbeitsgebietes (Bildflug 1966) im Maßstab ca. 1:50000, Norsk
Polarinstitutt Oslo.

Luftbildvergrößerungen (Bildflug 1966) im Maßstab ca. 1:5000, Fachhochschule
Karlsruhe.

ANHANG

Nachfolgende Tabellen beinhalten die Daten aller untersuchten Profile. Die Profile sind bezüglich ihrer Nummerierung folgenden Gebieten zuzuordnen (vgl. Abb. 1 u. 2):

Profil bzw.
Proben Nr.

1/n.x   Profile auf der Nordseite der Germaniahalvöya im Bereich devonischer Sediment-gesteine (Gebiet A östl. Basislager).

2/n.x   Profile im Bereich des kristallinen Basements im hinteren Liefdefjord (Gebiet B und westlicher Teil des Gebietes A).

4/n.x   Profile im Bereich devonischer Sedimentgesteine der Südseite der Germania-halvöya (Roosflya, Gebiet A).

5/n.x   Profile im Bereich devonischer Sedimentgesteine der Kronprinshögda (Gebiet D).

6/n.x   Profile im Bereich vulkanischer Ausgangssubstrate im hinteren Bockfjord (Gebiet C).

7/n.x   Profile im Bereich devonischer Sedimentgesteine der Reinsdyrflya (Gebiet E).

Die Tabellen sind wie folgt gegliedert:

Tab. A1.1 bis A1.6: Horizontabfolge, Korngrößenanalysen, Bodentyp.

Tab. A2.1 bis A2.6: Horizontabfolge, Farbe, chemische Kennwerte.

Schwermineralanalysen und die Bestimmung der Gesamtgehalte erfolgten an einer Auswahl der in den Tabellen A1.n und A2.n aufgeführten Proben:

Tab. A3.1 bis A3.3: Schwermineralanalysen der Feinsandfraktion.

Tab. A4:   Gesamtchemismus ausgewählter Proben, Titan-Zirkon-Verhältnis.

Hinweise zur Messmethodik sind Kapitel 3.3 zu entnehmen.

Tab. A1.1: Korngrößenanalysen der Profile 1/1 bis 1/22 (Untersuchungsgebiet A, östlich des Basislagers).

Profil, Proben- nummer	Tiefe (cm)	Hori- zont	Skelett (Gew.%)	gS	mS	fS	Σ S	gU	mU	fU	Σ U	Σ T	Boden- art	Bodentyp AG Bodenkunde (FAO 1988)
1/1.5	40	Cv	54	19,7	10,5	9,7	39,9	21,2	12,8	10,8	44,8	15,3	Ls2	Wood Bay-Frost- schutt
1/2	30	Cv	50	46,0	7,2	8,4	29,6	23,8	17,9	9,7	51,4	19,0	Ut4	Wood Bay-Frost- schutt
1/3.1	3	Of												Lockersyrosem
1/3.2	>45	Cv	59	13,6	6,5	9,5	29,6	22,2	18,3	9,5	55,0	20,4	Ls2	(Gelic Leptosol)
1/4.1	2	AiOf												Regosol
1/4.2	30	BvCv	34	7,9	6,3	12,3	26,5	22,4	18,9	10,8	52,1	21,4	Ut4	(Gelic Regosol)
1/4.3	40	Cv	42	17,2	3,5	9,1	29,8	23,2	18,0	11,1	52,3	17,9	Ut4	
1/5.1	2	Of												Lockersyrosem
1/5.2	>60	Cv	66	18,1	12,6	17,3	48,0	16,8	12,6	7,5	36,9	15,1	Sl4	(Gelic Leptosol)
1/7.6	10	Cv	83	47,3	6,5	5,6	59,4	13,8	11,5	5,8	31,1	9,5	Sl3	Wood Bay-Frost-
1/7.7	20	Cv	52	27,0	9,6	6,1	42,7	14,7	21,0	11,0	46,7	10,6	Slu	schutt
1/9.1	4	OfAh	41	21,6	12,0	18,0	51,6	14,3	16,1	8,9	39,3	9,1	Sl3	Regosol schwach
1/9.2	15	BvCv	61	29,9	16,4	11,9	58,2	13,4	12,2	6,0	31,6	10,2	Sl3	vergleyt (Gleyi-
1/9.3	45	Cv	69	23,6	12,2	11,7	47,5	15,0	14,8	8,7	38,5	14,0	Sl4	gelic Regosol)
1/9.4	47	fAhCv	63	27,1	3,9	2,9	33,9	8,4	9,3	8,8	26,5	39,6	Lts	
1/9.5	>50	GroCv	68	22,3	14,1	22,1	58,5	11,7	10,1	6,3	28,1	13,4	Sl4	
1/13.1	8	Cv1	18											Red Bay-Frost-
1/13.2	>25	Cv2	54	17,2	20,9	25,8	63,9	12,8	7,1	6,6	26,5	9,6	Sl3	schutt
1/14.1	3	OfAh	17											Regosol
1/14.2	25	BvCv	29	6,8	10,8	35,7	53,3	19,2	5,7	7,5	32,4	14,3	Sl4	(Gelic Regosol)
1/14.3	58	Cv1	42	12,6	13,9	26,4	52,9	15,4	12,1	7,7	35,2	11,9	Sl3	
1/14.4	80	Cv2	57	13,0	16,0	21,7	50,7	21,6	6,0	7,6	35,3	14,0	Sl4	
1/14.5	100	fAh?Cv	26	8,7	9,7	22,0	40,4	13,1	21,8	11,1	46,0	13,6	Slu	
	>100	DFB												
1/15.1	2	AiCv	44	8,6	11,1	26,1	45,8	22,8	15,8	6,4	45,0	9,2	Slu	Lockersyrosem
1/15.2	>60	Cv	46	10,7	15,1	27,8	53,6	17,3	11,9	6,5	35,7	10,7	Sl3	(Gelic Leptosol)
1/16.1	1	AhOf	-											Ablual überform-
1/16.2	3	BvCv	7	10,6	18,8	36,3	65,6	13,2	7,9	5,0	26,1	8,3	Sl3	te Regosol-
1/16.3	5	IIAhBv	3	3,9	22,2	32,5	58,6	16,7	10,3	7,7	34,7	6,7	Su3	Braunerde
1/16.4	12	IIICAh	5	0,3	6,1	45,4	51,8	21,4	13,2	6,4	41,0	7,2	Su4	(Gelic Cambisol)
1/16.5	30	IVAhBv	71	23,1	3,6	7,9	34,6	24,8	10,0	10,2	45,0	20,4	Ls2	
1/16.6	>50	Cv	61	63,8	19,7	3,9	87,4	4,6	1,9	1,5	8,0	4,6	S	
1/17	20	Cv	51	28,8	17,7	27,2	73,7	8,2	9,3	3,5	21,0	5,3	Sl2	Red Bay-Frost- schutt
1/19.1	2	AhOf	18											Braunerde-
1/19.2	30	BvCv	44	9,4	8,7	16,1	34,2	14,1	15,2	16,0	45,3	20,5	Ls2	Regosol (Cambi-
1/19.3	>100	Cv	54	8,8	8,5	17,8	35,1	15,4	13,0	11,0	39,4	25,5	Lt2	gelic Regosol)
1/20.1	3	OfAh	20	12,8	19,6	29,5	61,9	8,1	13,6	4,9	26,6	11,5	Sl3	Regosol-
1/20.2	15	CvBv	47	15,2	20,9	30,8	66,9	11,5	6,6	5,4	23,5	9,6	Sl3	Braunerde
1/20.3	>50	II?Cv	71	35,0	20,4	15,3	70,7	6,7	5,1	5,0	16,8	12,5	Sl3	(Gelic Cambisol)
1/22.1	2	Of	2											Regosol
1/22.2	7	AhCv	4	3,3	12,0	41,2	56,5	15,4	14,0	4,0	33,4	10,1	Sl3	(Gelic Regosol)
1/22.3	>45	IICv	73	36,3	18,4	17,1	71,8	8,3	7,4	3,9	19,6	8,6	Sl3	

Tab. A1.2: Korngrößenanalysen der Profile 1/36 bis 1/44 (Untersuchungsgebiet A, östl. Basislager) und Profile 4/1 bis 4/8 (Untersuchungsgebiet A, Roosflya).

Profil, Proben-nummer	Tiefe (cm)	Hori-zont	Skelett (Gew.%)	gS	mS	fS	Σ S	gU	mU	fU	Σ U	Σ T	Boden-art	Bodentyp AG Bodenkunde (FAO 1988)
1/36.1	15	AhBv	22											Braunerde-
1/36.2	30	BvCv	30	16,0	9,5	16,5	41,9	13,2	16,6	10,3	40,1	18,0	Ls2	Regosol (Cambi-
1/36.3	>30	Cv	35	15,8	11,4	11,9	39,2	15,9	17,1	9,7	42,7	18,2	Ls2	gelic Regosol)
1/37.1	3	AiCv	0	2,3	5,1	26,6	34,0	22,8	20,6	8,1	51,5	14,5	Uls	Lockersyrosem
1/37.2	14	IICv1	60	23,0	7,4	27,6	58,0	3,8	14,9	9,8	28,5	13,5	Sl4	(Gelic Regosol/
1/37.3	>14	Cv2	71	31,8	15,7	12,9	60,4	10,3	13,0	7,3	30,6	9,0	Sl3	Gelic Leptosol)
1/38.1	4	Ah	39	12,9	10,4	12,5	35,9	25,8	16,1	6,5	48,3	15,8	Ls2	Braunerde
1/38.2	15	Bv	47	30,9	21,7	10,6	63,3	14,7	10,2	3,5	28,4	8,3	Sl3	(Gelic Cambisol)
1/38.3	32	BvCv	75	28,5	37,3	9,7	75,5	10,8	5,8	2,6	19,2	5,3	Sl2	
1/38.4	>32	Cv	70	45,4	28,2	8,9	82,4	2,3	3,9	4,1	10,4	7,2	Sl2	
1/39.2	13	BvAh	46	15,0	9,1	11,1	35,2	9,5	8,1	6,7	24,3	40,5	Lts	Braunerde-
1/39.3	18	BvCv	35	20,3	18,1	25,6	64,0	11,2	7,3	3,9	22,4	13,6	Sl4	Regosol (Cambi-
1/39.4	>40	Cv	48	16,4	16,2	20,9	53,5	15,3	12,8	7,7	35,8	10,7	Sl3	gelic Regosol)
1/40.2	10	Ah	60	20,7	25,8	23,2	69,7	9,5	3,0	5,9	18,4	11,9	Sl3	Regosol
1/40.3	>30	Cv	22	12,7	16,3	23,3	52,2	13,8	8,6	12,4	34,8	13,0	Sl4	(Gelic Regosol)
1/41.2	13	Ah	68	35,3	19,9	17,8	73,0	11,5	5,2	3,3	20,0	7,0	Sl2	Braunerde
1/41.3	20	Bv	46	23,1	22,7	18,5	64,2	11,4	5,5	8,6	25,5	10,3	Sl3	(Gelic Cambisol)
1/41.4	>40	Cv	23	15,5	17,3	16,9	49,6	17,0	7,6	13,9	38,5	11,9	Sl3	
1/44.1	10	AhGor	5	4,3	8,5	29,4	42,2	25,6	15,9	6,5	48,0	9,8	Sls	Regosol-Gley
1/44.2	>50	CvGor	35	6,5	8,4	21,0	35,9	21,4	16,5	9,0	46,9	17,2	Ls2	(Gelic Gleysol)
4/1.1	3	OfAh	19	18,1	5,5	5,5	29,1	17,3	16,9	9,1	43,3	27,6	Lt2	Regosol-
4/1.2	10	CvBv	68	46,0	17,6	9,0	72,6	10,7	9,7	2,0	22,4	5,0	Sl2	Braunerde (Gelic
4/1.3	>50	Cv	53	41,8	31,5	6,4	79,7	5,0	4,2	4,1	13,3	7,0	Sl2	Cambisol)
4/2.1	3	OfAh	5	5,6	5,5	6,5	17,6	16,4	18,5	18,3	53,2	29,2	Lu	Braunerde
4/2.2	12	BvAh	47	44,4	20,2	5,9	70,5	7,1	4,9	3,8	15,8	13,7	Sl4	(Gelic Cambisol)
4/2.3	50	CvBv	37	48,7	36,2	4,8	89,7	2,9	1,9	0,8	5,7	4,6	S	
4/2.4	>100	Cv	54	58,7	24,0	4,4	87,1	3,9	1,3	1,4	7,6	5,3	Sl2	
4/3.1	6	AhOf	3	sehr viel organisches Material									Regosol (Gelic
4/3.2	35	Cv1	48	10,3	12,2	17,5	40,0	17,6	14,8	8,8	41,2	18,8	Ls2	Regosol)
4/3.3	>60	Cv2	36	10,2	10,8	14,9	35,9	26,2	6,5	10,9	43,6	20,5	Ls2	
4/4.1	4	AhOf	36	sehr viel organisches Material									Braunerde-
4/4.2	30	BvCv	36	13,1	15,9	17,8	46,8	18,6	10,7	9,1	38,4	14,8	Sl4	Regosol (Cambi-
4/4.3	55	Cv	37	15,5	14,2	14,6	44,3	17,4	15,1	9,5	42,0	13,7	Slu	gelic Regosol)
4/4.4	>70	fAhCv	58	13,9	7,9	9,6	31,4	16,4	15,0	12,4	43,8	24,8	Slu	
4/5.1	9	OfAh	11	19,1	50,6	7,6	77,3	7,0	4,3	3,5	14,8	7,9	Sl2	Braunerde
4/5.2	20	Bv	14	18,1	61,0	5,2	84,3	5,4	3,5	1,8	10,7	5,0	Su2	(Gelic Cambisol)
4/5.3	45	Cv1	38	43,5	43,7	2,9	90,1	2,4	2,1	1,1	5,6	4,3	S	
4/5.4	>100	Cv2	53	36,1	50,1	3,0	89,2	1,6	3,0	1,7	6,3	4,5	S	
4/6.1	8	OfAh	39	48,2	10,7	3,7	62,6	9,2	5,9	12,9	28,0	9,4	Sl3	Braunerde-
4/6.2	45	BvCv	63	43,8	24,7	5,6	74,1	7,6	6,3	3,3	17,2	8,7	Sl3	Regosol (Cambi-
4/6.3	>65	Cv	65	52,7	26,8	4,4	83,9	4,1	3,6	2,5	10,2	5,9	Sl2	gelic Regosol)
4/7.1	7	OfAh	24	38,6	17,2	5,2	61,0	11,7	9,0	5,1	25,8	13,2	Sl4	Braunerde-
4/7.2	50	BvCv	52	66,1	21,6	1,7	89,4	1,8	2,9	1,8	6,5	4,1	S	Regosol (Cambi-
4/7.3	>90	Cv	46	60,2	26,8	3,5	90,5	3,8	2,4	0,8	7,0	2,5	S	gelic Regosol)
4/8.1	12	OfAh	62	44,7	19,6	9,3	73,6	8,4	6,4	3,7	18,5	7,9	Sl2	Braunerde
4/8.2	30	Bv	61	43,6	20,0	13,8	77,4	6,4	6,1	3,6	16,1	6,5	Sl2	(Gelic Cambisol)
4/8.3	50	BvCv	63	47,8	27,7	4,5	80,0	4,9	4,2	2,7	11,8	8,2	Sl3	
4/8.4	>80	Cv	70	55,1	16,7	4,2	76,0	5,2	4,3	2,0	11,5	12,5	St2	

Tab. A1.3: Korngrößenanalysen der Profile 5/2 bis 5/5 (Untersuchungsgebiet D) und Profile 7/3 bis 7/16 (Untersuchungsgebiet E)

Profil, Proben-nummer	Tiefe (cm)	Hori-zont	Skelett (Gew.%)	gS	mS	fS	Σ S	gU	mU	fU	Σ U	Σ T	Boden-art	Bodentyp AG Bodenkunde (FAO 1988)
				Fraktionen des Feinbodens (Sieb- und Pipettanalyse) (%)										
5/2.1	20	Cv	46	38,8	11,0	8,2	58,0	16,1	10,5	5,1	31,7	10,3	Sl3	Sedimentauf-
5/2.2	35	IICv	84	62,6	13,9	7,8	84,3	6,8	3,2	2,0	12,0	3,7	Su2	schluß Naess-
5/2.3	100	IIICv1	2	1,1	45,0	40,1	86,2	6,9	2,9	1,8	11,6	2,2	Su2	pynten
5/2.4	200	Cv2	28	7,1	49,8	26,7	83,6	6,9	4,4	1,6	12,9	3,5	Su2	
5/2.5	350	Cv3	3	1,6	31,9	53,0	86,5	7,0	2,6	1,7	11,3	2,2	Su2	
5/2.6	>350	IVCn		Wood Bay - Siltstein										
5/4.1	5	AhBv	37	13,9	4,6	4,8	23,3	22,2	7,3	9,6	39,1	37,6	Lt3	Braunerde
5/4.2	25	Bv	45	11,8	5,1	4,3	21,2	17,9	14,7	8,8	41,4	37,4	Lt3	(Gelic Cambisol)
5/4.3	40	IICvBv	61	13,8	30,6	9,0	53,4	13,4	11,3	6,6	31,3	15,2	Sl4	
5/4.4	>100	Cv	70	86,3	7,0	0,4	93,7	-	-	-	-	-	S	
5/5.1	20	AhCv	-	20,6	7,8	8,3	36,7	12,2	14,5	10,4	37,1	26,2	Lt2	Lockersyrosem
5/5.2	>60	IICv	-	58,5	14,2	2,3	75,0	5,4	3,6	4,8	13,8	11,2	Sl3	(Gelic Leptosol)
7/3.1	5	AhBv	32	10,7	11,9	13,8	36,4	20,7	17,8	8,8	47,3	16,3	Ls2	Braunerde
7/3.2	25	Bv	31	11,9	10,5	13,8	36,2	18,3	17,0	10,2	45,0	18,4	Ls2	(Gelic Cambisol)
7/3.3	>45	II?Cv	36	8,6	7,9	9,4	25,9	15,5	14,8	10,8	41,2	32,9	Lt2	
7/9.1	6	AhOf	28	22,8	18,9	7,6	49,2	10,9	12,8	9,9	33,6	17,2	Ls3	Braunerde
7/9.2	10	BvAh	44	25,8	33,3	10,1	69,2	4,9	7,1	7,2	19,2	11,6	Sl3	(Gelic Cambisol)
7/9.3	30	IICvBv	63	45,5	36,7	8,4	90,6	2,7	0,0	2,9	5,6	3,8	S	
7/9.4	50	BvCv	56	35,0	40,6	16,0	91,5	1,6	2,7	1,2	5,5	3,0	S	
7/9.5	>80	Cv	41	34,3	49,9	9,8	94,0	0,0	1,6	3,3	4,9	1,0	S	
7/10.1	6	AhOf	-	-	-	-	-	-	-	-	-	-	-	Regosol-Gley
7/10.2	25	AhGor	71	44,3	31,4	4,3	80,0	1,1	6,8	2,1	10,1	10,0	Sl3	(Gleyi-gelic
7/10.3	35	GorCv	57	32,0	24,3	7,7	63,9	7,4	9,1	6,7	23,1	13,0	Sl4	Regosol)
7/10.4	>35	IICn	-	Wood Bay-Sandstein										
7/11.1	8	OfAh	-	29,0	19,5	6,0	54,5	9,3	11,2	8,5	29,0	16,5	Sl4	Regosol
7/11.2	20	Cv1	50	59,7	16,1	2,1	77,9	3,3	5,8	5,0	14,2	7,9	Sl2	(Gelic Regosol)
7/11.3	>50	Cv2	72	74,9	10,9	1,0	86,8	3,2	4,2	2,1	9,6	3,6	S	
7/12.1	4	Of	-											Braunerde-
7/12.2	12	BvAh	50	55,6	24,3	3,9	83,8	2,3	5,0	3,2	10,5	5,7	Sl2	Regosol (Cambi-
7/12.3	30	BvCv	65	35,3	39,3	6,3	80,8	3,7	4,4	2,9	11,1	8,1	Sl3	gelic Regosol)
7/12.4	>50	Cv	91	65,4	19,5	2,1	87,0	1,7	2,3	3,2	7,3	5,7	Sl2	
7/13.1	15	OfAh	39	19,2	23,8	17,7	60,7	12,6	8,4	5,4	26,4	12,9	Sl4	Braunerde-
7/13.2	22	BvAh	25	15,7	14,3	17,3	47,5	15,3	11,8	7,9	35,0	17,8	Ls3	Regosol (Cambi-
7/13.3	>35	Cv	61	12,9	10,7	14,3	38,0	15,4	14,4	9,8	39,6	7,7	Ls3	gelic Regosol)
7/14.1	4	OfAh	27	-	-	-	-	-	-	-	-	-	-	Braunerde-Ranker
7/14.2	20	BvAh	54	31,2	15,4	7,7	54,3	16,9	12,3	5,5	34,7	11,0	Sl3	(Cambi-umbri
7/14.3	>20	IICn	-	Wood Bay-Siltstein										gelic Leptosol)
7/15	>50	Cv	38	15,7	12,3	10,3	38,4	17,8	17,9	10,2	46,0	15,6	Ls2	Lagunensediment
7/16.1	1	Of	-											Lockersyrosem
7/16.2	>50	Cv	61	9,3	11,6	10,7	31,6	13,3	14,8	4,0	32,1	36,3	Lt3	(Gelic Leptosol)

Tab. A1.4: Korngrößenanalysen der Profile 2/6 bis 2/14 (Untersuchungsgebiet A, westlich des Basislagers).

Profil, Proben- nummer	Tiefe (cm)	Hori- zont	Skelett (Gew.%)	Fraktionen des Feinbodens (Sieb- und Pipettanalyse) (%)									Boden- art	Bodentyp AG Bodenkunde (FAO 1988)
				gS	mS	fS	Σ S	gU	mU	fU	Σ U	Σ T		
2/6.1	1	OAh	14	28,6	26,3	9,5	64,4	6,6	8,1	6,2	20,9	14,7	Sl4	Podsolige Braun-
2/6.2	4	Aeh	13	26,4	47,2	16,5	90,1	1,5	2,0	2,3	5,8	4,1	S	erde (Gelic
2/6.3	45	Bvh	3	17,0	43,5	21,6	82,1	3,9	4,4	3,0	11,3	6,6	Sl3	Cambisol)
2/6.4	65	BvCv	4	6,7	50,5	29,5	86,7	5,6	1,4	1,5	8,5	4,8	S	
2/6.5	>70	IICv	9	7,0	14,5	14,5	36,0	17,3	15,8	8,9	42,0	22,0	Ls2	
2/8.1	10	AhBv	23	27,6	10,8	6,7	45,1	3,9	9,4	11,0	24,3	30,6	Lts	Braunerde
2/8.2	15	fAh?Bv	17	28,0	10,6	7,0	45,6	0,7	13,7	9,8	24,2	30,2	Lts	(Gelic Cambisol)
2/8.3	>40	IICvBv	76	49,4	17,3	11,8	78,5	7,2	4,5	3,2	14,9	6,6	Sl2	
2/11.1	3	Ah	27	11,2	9,5	12,4	33,1	17,1	17,4	9,3	43,8	23,1	Ls2	Braunerde-
2/11.2	20	BvCv	81	30,6	18,5	19,5	68,6	12,2	7,6	3,8	23,6	7,8	Sl2	Regosol (Cambi-
2/11.3	>25	Cv	71	15,5	19,4	21,0	55,9	15,1	10,1	6,4	31,6	12,5	Sl4	gelic Regosol)
2/12.0	1	Of												Regorendzina
2/12.1	10	BvAh	33	12,1	18,3	23,1	53,5	16,1	11,6	7,1	34,8	11,7	Sl3	(Calci-gelic
2/12.2	30	AhCv	40	17,5	18,9	23,5	59,9	17,1	9,5	4,6	31,2	8,9	Sl3	Regosol)
2/12.3	>30	IICn		Marmor										
2/14.1	3	OfAh	55	37,1	19,9	12,8	69,8	9,0	5,6	4,6	19,2	11,0	Sl3	Braunerde
2/14.2	15	Bv	26	21,0	25,9	18,4	65,3	10,0	6,7	5,4	22,1	12,6	Sl4	(Gelic Cambisol)
2/14.3	>30	BvCv	10	19,3	49,7	15,6	84,6	5,0	3,4	1,5	9,9	5,5	Sl2	

Tab. A1.5: Korngrößenanalysen der Profile 2/15 bis 2/46 (Untersuchungsgebiet B, Lernerinseln)

Profil, Proben- nummer	Tiefe (cm)	Hori- zont	Skelett (Gew.%)	Fraktionen des Feinbodens (Sieb- und Pipettanalyse) (%)									Boden- art	Bodentyp AG Bodenkunde (FAO 1988)
				gS	mS	fS	Σ S	gU	mU	fU	Σ U	Σ T		
2/15	10	AhBv	9	12,8	14,8	21,2	48,8	21,5	14,4	5,6	41,5	9,7	Slu	Braunerde-Ranker (Cambi-umbri
	>10	IICn		Glimmerschiefer									Gneis	gelic Leptosol)
2/16	<50	AiCv	11	12,8	18,4	23,6	54,8	19,9	11,8	4,6	36,3	8,9	Sl3	Lockersyrosem (Gelic Regosol)
2/24.1	10	OAhCv	80											Syrosem-Rendzina
2/24.2	25	IICv	41	1,3	3,6	14,8	19,7	28,5	20,0	11,0	59,5	20,8	Ut4	(Rendzi-gelic
2/24.3	>25	IIICn		Marmor										Leptosol)
2/25.1	20	CvAh	44	34,0	30,8	13,9	78,7	9,1	5,7	2,4	17,2	4,1	Su2	Braunerde-Rego-
2/25.2	30	BvCv	43	31,3	49,5	10,2	91,0	4,7	1,2	1,7	7,6	1,4	S	sol (Cambi-gelic
2/25.3	60	Cv	39	26,5	33,4	27,9	87,8	7,5	2,4	1,0	10,9	1,3	Su2	Regosol)
2/25.4	>60	IICn		Marmor										
2/26	30	Cv	2	0,2	0,2	0,9	1,3	6,4	29,9	22,6	58,9	39,8	Ltu	Moräne (unverwittert)
2/27.1	10	Cv	15	20,6	25,2	22,7	68,5	13,6	9,4	3,6	26,6	4,9	Su3	Moräne und
2/27.2	10	Cv	25	13,7	23,1	24,6	61,4	18,4	13,6	4,0	36,0	2,6	Su3	Frostschutt
2/27.3	12	Cv	49	67,1	27,5	3,0	97,6				1,3	1,1	S	(unverwittert)
2/40.1	2	OfAh												Regosol (Gelic
2/40.2	25	BvCv	4	7,3	13,2	21,5	42,0	21,3	17,6	9,2	48,1	9,9	Slu	Regosol)
2/40.3	>45	GorCv	18	5,9	16,8	23,7	49,4	17,1	15,7	10,2	42,9	10,7	Slu	
2/41.1	7	OfAeh	15	13,3	14,0	21,5	48,8	20,7	13,0	5,4	39,1	12,1	Sl4	Ranker, podsol.
2/41.2	<7	IICn		Glimmerschiefer										(Umbri-gelic Leptosol)
2/42.1	2	OfOh												
2/42.2	6	Aeh	20	20,6	21,2	21,6	63,4	12,3	6,8	4,2	23,3	13,3	Sl4	Schwach podsol.
2/42.3	30	Bv	16	12,6	15,3	22,9	50,8	21,3	13,8	5,3	40,4	8,8	Slu	Braunerde (Gelic
2/42.4	>30	IICn		Glimmerschiefer										Cambisol lithic phase)
2/44.1	2	Of												Braunerde-Ranker
2/44.2	12	AhBv	24	8,4	16,5	23,9	48,8	21,5	13,0	6,0	40,5	10,7	Slu	(Cambi-umbri
2/44.3	>12	IICn		Glimmerschiefer										gelic Leptosol)
2/45.1	10	OAeh	15	28,8	8,5	17,2	54,5	20,2	11,7	4,1	36,0	9,5	Sl3	Podsolige Braun-
2/45.2	18	Bsv	62	25,7	19,4	16,5	61,6	11,7	8,8	6,7	27,2	11,2	Sl3	erde (Cambi-
2/45.3	>18	IICn		Glimmerschiefer										gelic Podzol lithic phase)
2/46.1	2	OfOh	4											Podsol. Braun-
2/46.2	5	OhAeh	32	31,2	21,0	17,6	69,8	11,1	7,4	3,4	21,9	8,3	Sl3	erde-Ranker
2/46.3	10	BsvCv	7	7,2	12,5	21,8	41,5	24,7	18,0	7,0	49,7	8,8	Slu	(Cambi-umbri
2/46.4	>10	IICn		Glimmerschiefer										gelic Leptosol)

Tab. A1.6: Korngrößenanalysen der Profile 6/1 bis 6/16 (Untersuchungsgebiet C; Horizont- und Bodentypenbezeichnung nach FAO 1988).

Profil/ Proben- nummer	Tiefe (cm)	Hori- zont (FAO)	Skelett (Gew.%)	gS	mS	fS	Σ S	gU	mU	fU	Σ U	Σ T	Boden- art	Bodentyp AG Bodenkunde (FAO 1988)
6/1.1	4	AhO	8											Vitri-gelic
6/1.2	20	BwAh	41	54,4	22,2	5,4	82,0	4,7	3,7	3,2	11,6	6,4	Sl2	Andosol
6/1.3	>40	CwBw	49	83,8	11,9	0,7	96,4	0,5	0,2	1,3	2,0	1,6	S	
6/2.1	10	OAh	19	27,3	20,3	12,3	59,9	12,3	7,8	6,8	26,9	13,2	Sl4	Gelic Andosol
6/2.2	30	BwAh	21	54,3	24,7	4,5	83,5	1,0	3,4	4,2	8,6	7,8	Sl2	bzw.
6/2.3	45	Bw1	39	54,1	24,1	4,4	82,6	5,7	4,4	2,5	12,6	4,9	Su2	Vitri-gelic
6/2.4	55	Bw2	15	19,5	47,6	11,8	78,9	3,0	4,2	4,7	11,9	9,1	Sl3	Andosol
6/2.5	120	Cw	10	40,8	46,9	10,0	97,7	0,1	0,5	0,2	0,8	1,5	S	
	>120	Ci												
6/3.1	10	AhO	22	42,8	16,9	6,9	66,6	18,2	8,1	1,9	28,2	5,2	Su3	Andi-gelic
6/3.2	25	CwAh	56	64,0	16,0	3,9	83,9	2,8	3,1	3,3	9,2	6,9	Sl2	Regosol
6/3.3	60	Cw	49	76,3	18,0	4,8	99,1	-	-	-	0,3	0,6	S	
	>60	Ci												
6/4.1	15	AhBw	20	32,5	45,4	6,8	84,7	3,6	1,3	4,2	9,1	6,1	Sl2	Andi-gelic
6/4.2	22	CwBw	18	10,0	74,8	7,8	92,6	1,0	1,0	1,4	3,4	3,8	S	Regosol
6/4.3	55	Cw	11	51,9	43,6	2,3	97,8	0,5	0,1	0,4	1,0	1,1	S	
6/6.1	5	OAh	8	23,5	28,9	19,4	71,8	7,5	4,9	3,7	16,1	12,1	Sl4	Gelic Andosol
6/6.2	14	AhBw	14	29,1	18,2	5,8	53,2	11,4	12,0	10,1	33,5	13,3	Sl4	
6/6.3	24	BwAh1	51	56,9	14,8	3,6	75,3	3,3	7,5	6,1	16,9	7,8	Sl2	
6/6.4	60	BwAh2	54	47,8	16,1	5,1	69,0	3,9	7,4	8,1	19,4	11,6	Sl3	
6/6.5	75	BwCw	61	30,0	35,9	10,0	75,9	1,6	5,2	6,7	13,5	10,6	Sl3	
6/6.6	>200	2Cw	57	24,9	40,9	14,4	80,2	2,3	3,2	3,3	8,8	11,0	Sl3	
6/9.1	24	AhBw	22	6,2	47,3	15,2	68,7	7,4	4,5	6,4	18,3	12,9	Sl4	Vitri-gelic
6/9.2	34	CwBw	19	30,8	46,5	10,8	88,1	1,5	1,1	3,2	5,8	6,1	Sl2	Andosol
6/9.3	45	2Cw	25	58,0	31,0	5,1	94,1	1,7	0,7	0,0	2,4	3,5	S	
	>45	Ci												
6/10.1	18	AhBw	29	26,4	22,7	12,1	61,2	14,9	7,3	4,1	26,3	12,5	Sl4	Andi-gelic
6/10.2	30	CwBw	41	56,5	23,2	4,3	84,0	2,7	3,0	4,2	9,9	6,1	Sl2	Regosol
6/10.3	>40	Cw	2	55,7	33,9	5,9	95,5	1,9	0,5	0,6	3,0	1,5	S	
6/11.1	5	CwA	2	53,6	21,3	8,9	83,8	3,9	3,2	4,5	11,6	4,6	Su2	Andi-gelic
6/11.2	16	CwBw	2	51,6	19,2	10,0	80,8	8,3	3,4	0,8	12,5	6,6	Sl2	Regosol
6/11.3	>45	Cw	56	53,0	32,6	8,4	94,0	2,9	1,5	0,1	4,5	1,4	S	(degradiert)
6/12.1	7	H	-	fast nur organisches Material									Andi-histi Gelic
6/12.2	18	AH	12	20,2	10,6	10,7	41,5	18,3	15,7	9,6	43,6	14,9	Slu	Gleysol
6/12.3	25	Bwg	45	30,4	26,4	14,3	71,1	6,8	6,3	7,0	20,1	8,7	Sl3	
	>25	Ci												
6/13.1	4	OAh	15	17,1	13,7	13,9	44,7	22,8	12,4	5,7	40,9	14,5	Slu	Vitri-gelic
6/13.2	19	AhBw	26	40,9	31,2	8,1	80,2	4,6	4,1	3,8	12,6	7,2	Sl2	Andosol
6/13.3	33	CwBw	<1	20,1	37,1	25,3	82,5	4,6	2,2	1,7	8,5	9,0	Sl3	
6/13.4	>50	Cw	<1	17,6	45,4	25,0	88,0	1,8	2,2	2,7	6,7	5,3	Sl2	
6/14.1	3	OA	-	fast nur organisches Material									Andi-gelic
6/14.2	19	CwBw	51	41,0	33,0	17,5	91,5	2,6	1,5	0,9	5,0	3,2	S	Leptosol
6/14.3	>40	Cw	33	32,9	28,5	19,6	81,0	11,3	4,1	2,4	17,8	1,2	Su2	
6/15	20	C	26	15,2	7,7	5,5	28,4	5,3	12,8	13,3	31,6	40,0	Lt3	Wattsediment des Bockfjord
6/16.1	4	OA	55	58,3	25,0	6,1	89,4	2,3	2,1	2,5	6,8	3,8	S	Andi-gelic
6/16.2	>35	CwBw	42	42,5	35,2	12,1	89,8	2,1	1,6	2,4	6,1	3,9	S	Leptosol

Tab. A2.1: Chemische Kennwerte der Profile 1/1 bis 1/22 (Untersuchungsgebiet A, östlich des Basislagers s. Abb. 1).

Profil Proben nummer	Tiefe (cm)	Hori- zont	Farbe (Munsell) trocken	pH-Wert CaCl$_2$	pH-Wert H$_2$O	CaCO3 (%)	Fe(o) (%)	Fe(d) (%)	C(t) (%)	N(t) (%)	C/N
1/1.5	40	Cv	2,5YR4/6	7,1	-	0,7	0,05	1,76	-	-	-
1/2	30	Cv	2,5YR4/6	7,4	-	1,0	-	-	-	-	-
1/3.1	3	Of	5YR3/3	6,8	-	-	-	-	-	-	-
1/3.2	>45	Cv	5YR3/6	7,2	-	0,8	-	-	-	-	-
1/4.1	2	AiOf	5YR4/3	6,2	-	-	-	-	-	-	-
1/4.2	30	BvCv	5YR4/8	6,3	-	-	0,09	1,34	-	-	-
1/4.3	40	Cv	2,5YR5/6	7,1	-	0,7	0,05	1,64	-	-	-
1/5.1	2	Of	5YR3/4	6,8	-	-	-	-	-	-	-
1/5.2	>60	Cv	5YR5/4	7,2	-	1,4	-	-	0,65	0,07	9
1/7.6	10	Cv	2,5YR4/6	7,8	-	5,7	0,01	1,65	-	-	-
1/7.7	20	Cv	2,5YR4/6	7,3	-	1,9	0,02	1,83	-	-	-
1/9.1	4	OfAh	2,5Y5/3	6,0	-	-	0,15	1,12	-	-	-
1/9.2	15	BvCv	5Y5/3	7,1	-	-	0,08	0,87	-	-	-
1/9.3	45	Cv	5Y5/3	7,1	-	-	0,09	0,96	-	-	-
1/9.4	47	fAhCv	2,5Y4/2	7,0	-	-	0,02	1,45	-	-	-
1/9.5	>50	GorCv	2,5Y5/2	7,2	-	-	0,07	0,81	-	-	-
1/13.1	8	Cv1	10YR6/4	7,0	-	0,5	0,11	1,88	-	-	-
1/13.2	>25	Cv2	10YR6/4	6,8	-	0,4	0,10	1,93	-	-	-
1/14.1	3	OfAh	10YR5/3	6,1	6,5	-	0,11	0,83	20,30	1,25	16
1/14.2	25	BvCv	10YR6/4	6,0	6,7	0,3	0,19	2,05	0,55	0,07	8
1/14.3	58	Cv1	10YR5/6	6,5	7,3	0,4	0,13	2,03	0,37	0,05	7
1/14.4	80	Cv2	10YR6/4	6,7	7,6	0,1	0,14	2,01	0,40	0,05	8
1/14.5	100	fAh?Cv	10YR6/3	6,5	7,0	0,3	0,24	1,99	2,72	0,24	11
	>100	DFB									
1/15.1	20	AiCv	10YR6/4	6,5	-	0,1	0,12	1,96	-	-	-
1/15.2	>60	Cv	10YR6/4	6,6	-	0,0	0,06	1,97	-	-	-
1/16.1	1	AhOf	2,5Y3/3	6,1	6,6	-	0,22	1,52	-	-	-
1/16.2	3	BvCv	2,5Y5/4	5,9	6,4	-	0,25	1,64	-	-	-
1/16.3	5	IIAhBv	2,5Y4/2	5,7	6,3	-	0,33	1,48	-	-	-
1/16.4	12	IIICvAh	2,5Y4/6	5,5	6,0	-	0,36	1,58	-	-	-
1/16.5	30	IVAhBv	7,5YR5/4	6,4	6,9	-	0,39	1,58	-	-	-
1/16.6	>59	Cv	7,5YR4/6	7,3	8,1	0,1	0,05	1,05	-	-	-
1/17	20	Cv	2,5Y7/4	7,0	-	0,1	0,05	1,62	-	-	-
1/19.1	2	AhOf	10YR3/2	6,1	6,1	-	0,16	0,91	-	-	-
1/19.2	30	BvCv	10YR6/6	6,0	6,7	-	0,19	2,37	-	-	-
1/19.3	>100	Cv	10YR6/4	6,5	7,3	-	0,16	2,16	-	-	-
1/20.1	3	OfAh	10YR3/4	5,6	6,0	-	0,32	1,94	-	-	-
1/20.2	15	CvBv	10YR6/4	6,4	7,0	-	0,21	2,29	-	-	-
1/20.3	>50	II?Cv	10YR6/4	6,6	-	-	0,21	2,26	-	-	-
1/22.1	2	Of	10YR4/3	5,7	6,0	-	-	-	7,71	0,67	12
1/22.2	7	AhCv	10YR5/3	5,8	6,4	-	-	-	1,88	0,19	10
1/22.3	>45	Cv	10YR6/4	7,0	-	-	-	-	0,35	0,04	9

Tab. A2.2: Chemische Kennwerte der Profile 1/36 bis 1/44 (Gebiet A) und Profile 4/1 bis 4/8 (Gebiet A, Roosflya s. Abb. 1).

Profil Proben nummer	Tiefe (cm)	Hori-zont	Farbe (Munsell) trocken	pH-Wert CaCl₂	pH-Wert H₂O	CaCO3 (%)	Fe(o) (%)	Fe(d) (%)	C(t) (%)	N(t) (%)	C/N
1/36.1	15	AhBv	5YR4/4	6,5	6,8	-	0,10	1,50	4,39	0,35	13
1/36.2	30	BvCv	5YR5/4	6,5	7,1	-	0,07	1,44	0,71	0,08	9
1/36.3	>30	Cv	5YR5/4	6,8	7,4	0,1	0,07	1,48	1,06	0,11	10
1/37.1	3	AiCv	2,5YR4/3	6,6	6,7	-	0,13	1,49	-	-	-
1/37.2	14	IICv1	2,5YR4/3	6,4	6,6	-	0,17	1,48	-	-	-
1/37.3	>14	Cv2	2,5YR4/4	6,5	6,9	-	0,21	1,10	-	-	-
1/38.1	4	Ah	5YR3/2	5,8	6,5	-	0,24	1,35	8,93	0,70	13
1/38.2	15	Bv	5YR4/3	6,0	6,9	-	0,17	1,53	2,60	0,18	14
1/38.3	32	BvCv	5YR4/4	6,3	7,3	-	0,08	1,20	0,88	0,07	13
1/38.4	>32	Cv	5YR4/6	6,5	7,5	0,1	0,06	1,22	0,29	0,04	7
1/39.1	5	OhOf	-	-	-	-	-	-	7,41	-	-
1/39.2	13	BvAh	2,5Y4/3	5,6	6,0	-	0,49	1,84	1,27	-	-
1/39.3	18	BvCv	2,5Y5/3	5,7	6,4	-	0,21	1,28	0,33	-	-
1/39.4	>40	Cv	2,5Y6/3	6,1	6,8	0,1	0,10	1,25	-	-	-
1/40.2	10	Ah	2,5Y5/3	6,1		-	-	-	-	-	-
1/40.3	>30	Cv	2,5Y6/3	5,9		-	-	-	-	-	-
1/41.2	13	Ah	2,5Y4/3	5,7	6,1	-	0,21	0,72	-	-	-
1/41.3	20	Bv	2,5Y5/3	6,0	6,7	-	0,25	1,00	-	-	-
1/41.4	>40	Cv	2,5Y6/3	5,8	6,6	0,2	0,19	0,98	-	-	-
1/44.1	10	AhGor	10YR5/3	6,2	6,5	-	-	-	1,11	0,10	11
1/44.2	>50	CvGor	10YR6/4	6,3	7,0	0,2	-	-	0,40	0,06	7
4/1.1	3	OfAh	5YR3/2	6,7	-	-	0,17	1,41	-	-	-
4/1.2	10	CvBv	5YR4/4	6,8	-	-	0,15	1,35	-	-	-
4/1.3	>50	BvCv	5YR3/6	7,1	-	1,2	0,13	1,29	-	-	-
4/2.1	3	OfAh	5YR3/3	6,3	-	-	0,17	1,02	-	-	-
4/2.2	12	BvAh	5YR4/3	6,5	-	-	0,20	1,25	-	-	-
4/2.3	50	CvBv	5YR4/4	6,6	-	-	0,11	1,10	-	-	-
4/2.4	>100	Cv	5YR5/4	7,0	-	0,4	0,08	1,04	-	-	-
4/3.1	6	AhOf	5YR3/4	6,8	-	-	0,15	0,75	-	-	-
4/3.2	35	Cv1	5YR5/3	7,7	-	7,2	0,08	1,01	-	-	-
4/3.3	>60	Cv2	5YR6/3	7,8	-	9,3	0,07	1,00	-	-	-
4/4.1	4	AhOf	5YR3/3	6,0	-	-	-	-	-	-	-
4/4.2	30	BvCv	5YR3/6	7,2	-	0,8	0,12	1,52	-	-	-
4/4.3	55	Cv	5YR4/4	7,1	-	0,4	0,14	1,59	-	-	-
4/4.4	>70	fAhCv	5YR3/4	7,4	-	3,2	0,07	1,95	-	-	-
4/5.1	9	OfAh	5YR3/2	6,5	-	-	0,15	1,31	-	-	-
4/5.2	20	Bv	5YR3/3	6,7	-	-	0,12	1,43	-	-	-
4/5.3	45	Cv1	5YR4/6	7,4	-	3,9	0,08	0,86	-	-	-
4/5.4	>100	Cv2	5YR4/6	7,6	-	9,3	0,07	0,78	-	-	-
4/6.1	8	OfAh	5YR2/3	6,2	-	-	0,12	1,18	-	-	-
4/6.2	45	BvCv	5YR4/4	6,8	-	-	0,08	1,43	-	-	-
4/6.3	>65	Cv	5YR5/3	7,5	-	1,4	0,06	1,20	-	-	-
4/7.1	7	OfAh	5YR3/3	6,4	-	-	0,19	1,52	-	-	-
4/7.2	50	BvCv	5YR4/4	7,3	-	1,9	0,05	1,46	-	-	-
4/7.3	>90	Cv	5YR5/4	7,8	-	13,2	0,03	0,91	-	-	-
4/8.1	12	OfAh	5YR3/3	6,3	-	-	0,18	1,20	-	-	-
4/8.2	30	Bv	5YR4/4	6,2	-	-	0,13	1,31	-	-	-
4/8.3	50	BvCv	5YR4/4	7,1	-	1,3	0,08	0,91	-	-	-
4/8.4	>80	Cv	5YR5/4	7,7	-	9,8	0,04	0,78	-	-	-

Tab. A2.3: Chemische Kennwerte der Profile 5/2 bis 5/5 (Untersuchungsgebiet D) und Profile 7/3 bis 7/16 (Untersuchungsgebiet E).

Profil Proben nummer	Tiefe (cm)	Hori- zont	Farbe (Munsell) trocken	pH-Wert $CaCl_2$	CaCO3 (%)	Fe(o) (%)	Fe(d) (%)
5/2.1	20	Cv	5YR5/4	8,0	8,9	0,17	0,67
5/2.2	35	IICv	7,5YR5/3	7,9	3,9	-	-
5/2.3	100	IIICv1	7,5YR6/3	7,9	6,3	0,38	0,35
5/2.4	200	Cv2	7,5YR5/3	7,8	5,1	-	-
5/2.5	350	Cv3	7,5YR5/3	7,9	8,9	-	-
5/2.6	>350	IVCn	Wood Bay - Siltstein				
5/4.1	5	AhBv	5YR3/3	6,6	-	0,13	1,77
5/4.2	25	Bv	5YR3/4	6,6	0,1	0,16	1,73
5/4.3	40	IICvBv	2,5YR3/4	6,8	0,2	0,15	1,76
5/4.4	>100	Cv	2,5YR4/4	7,6	14,2	0,05	1,15
5/5.1	20	AhCv	2,5YR3/3	7,2	0,3	0,10	1,93
5/5.2	>60	IICv	2,5YR4/4	7,3	0,4	0,05	1,68
7/3.1	5	AhBv	5YR3/2	5,2	-	0,17	1,16
7/3.2	25	Bv	5YR4/4	5,5	-	0,15	1,23
7/3.3	>45	II?Cv	2,5YR5/4	6,7	0,4	0,09	1,87
7/9.1	6	AhOf	5YR2/2	5,5	-	-	-
7/9.2	10	BvAh	5YR3/2	5,7	-	0,20	1,29
7/9.3	30	IICvBv	5YR4/3	6,1	-	0,12	1,06
7/9.4	50	BvCv	5YR4/4	7,2	0,3	0,09	0,89
7/9.5	>80	Cv	2,5YR5/4	7,7	5,8	0,05	0,65
7/10.1	6	AhOf	5YR2/2	6,0	-	0,17	0,59
7/10.2	25	AhGor	5YR3/2	6,5	-	0,12	1,03
7/10.3	35	GorCv	2,5Y5/3	7,5	2,5	0,10	1,13
7/10.4	>35	IICn	-	-	-	-	-
7/11.1	8	OfAh	2,5YR4/3	5,6	-	-	-
7/11.2	20	Cv1	2,5YR4/4	7,0	1,0	-	-
7/11.3	>50	Cv2	2,5YR4/4	7,6	5,8	-	-
7/12.1	4	Of	5YR2/2	5,8	-	-	-
7/12.2	12	BvAh	5YR3/3	6,5	-	-	-
7/12.3	30	BvCv	5YR4/4	7,2	0,7	-	-
7/12.4	>50	Cv	5YR5/4	7,3	0,3	-	-
7/13.1	15	OfAh	5YR3/3	5,7	-	-	-
7/13.2	22	BvAh	5YR3/4	6,1	-	-	-
7/13.3	>35	Cv	5YR5/3	6,7	0,6	-	-
7/14.1	4	OfAh	5YR3/2	5,8	-	-	-
7/14.2	20	BvAh	5YR3/3	6,2	-	-	-
7/14.3	>20	IICn	Wood Bay (anstehend)				
7/15	>50	Cv	2,5YR5/3	8,0	8,3	-	-
7/16.1	1	Of	5YR2/2	-	-	-	-
7/16.2	>50	Cv	5YR5/3	7,2	0,5	-	-

Tab. A2.4: Chemische Kennwerte der Profile 2/6 bis 2/14 (Untersuchungsgebiet A, Kristallin westlich des Basislagers).

Profil Proben nummer	Tiefe (cm)	Hori- zont	Farbe (Munsell) trocken	pH-Wert CaCl$_2$	pH-Wert H$_2$O	CaCO3 (%)	Fe(o) (%)	Fe(d) (%)
2/6.1	1	OAh	10YR3/2	5,3	5,7	-	-	-
2/6.2	4	Aeh	10YR5/2	5,2	5,9	-	0,06	0,29
2/6.3	45	Bvh	10YR3/2	5,1	5,6	-	0,19	0,53
2/6.4	65	BvCv	2,5Y6/2	5,4	6,3	-	0,05	0,26
2/6.5	>70	IICv	2,5Y7/2	7,6	-	2,1	0,11	0,61
2/8.1	10	AhBv	2,5Y4/4	5,0	5,6	-	0,64	1,97
2/8.2	15	fAh?Bv	2,5Y4/3	4,8	5,4	-	0,57	1,70
2/8.3	>40	IICvBv	2,5Y5/4	4,7	5,6	-	0,33	0,74
2/11.1	3	Ah	10YR3/3	6,4	-	-	-	-
2/11.2	20	BvCv	10YR5/4	7,2	-	0,6	-	-
2/11.3	>25	Cv	2,5Y5/3	7,2	-	4,1	-	-
2/12.0	1	Of	2,5Y3/2	-	-	-	-	-
2/12.1	10	BvAh	2,5Y4/3	6,8	-	0,1	-	-
2/12.2	30	AhCv	2,5Y5/4	7,3	-	1,0	-	-
2/12.3	>30	IICn	Marmor					
2/14.1	3	OfAh	10YR3/2	5,8	5,8	-	0,32	1,15
2/14.2	15	Bv	10YR4/4	5,7	6,4	-	0,49	2,01
2/14.3	>30	BvCv	10YR5/4	5,8	6,4	-	0,12	0,45

Tab. A2.5: Chemische Kennwerte der Profile 2/15 bis 2/46 (Untersuchungsgebiet B, Lernerinseln).

Profil Proben nummer	Tiefe (cm)	Hori-zont	Farbe (Munsell) trocken	pH-Wert CaCl$_2$	pH-Wert H$_2$O	CaCO3 (Gew.%)	Fe(o) (%)	Fe(d) (%)	C(t) (%)	N(t) (%)	C/N
2/15	10	AhBv	10YR5/4	3,8	4,3	-	0,34	0,93	-	-	-
	>10	IICn	Glimmerschiefer								
2/16	<50	AiCv	10YR7/2	7,7	-	2,3	0,04	0,31	-	-	-
2/24.1	10	AhCv	10YR2/1	7,3	-	73,6	0,06	0,35	-	-	-
2/24.2	25	IICv	10YR5/2	7,2	-	72,3	0,13	0,36	-	-	-
2/24.3	>25	IIICn	Marmor								
2/25.1	20	CvAh	10YR4/2	6,9	-	0,1	0,11	0,40	-	-	-
2/25.2	30	BvCv	10YR5/3	7,5	-	0,8	0,07	0,27	-	-	-
2/25.3	60	Cv	10YR6/2	7,6	-	2,2	0,05	0,17	-	-	-
2/25.4	>60	IICn	Marmor								
2/26	30	Cv	10YR7/1	7,9	-	4,1	-	-	0,77	0,04	19
2/27.1	10	Cv	10YR7/1	8,0	-	3,1	-	-	-	-	-
2/27.2	10	Cv	10YR7/1	8,4	-	3,2	0,08	0,14	-	-	-
2/27.3	12	Cv	10YR8/1	7,3	-	3,0	0,02	0,08	-	-	-
2/40.1	2	OAh	10YR4/2	-	-	-	-	-	-	-	-
2/40.2	25	BvCv	10YR5/2	5,9	6,6	-	0,09	0,47	-	-	-
2/40.3	>45	GorCv	10YR6/2	7,2	8,0	1,0	0,07	0,43	-	-	-
2/41.1	7	OfAeh	10YR3/2	3,8	4,3	-	-	-	-	-	-
2/41.2	<7	IICn	Glimmerschiefer								
2/42.1	2	OfOh	10YR2/1	-	-	-	-	-	-	-	-
2/42.2	6	Aeh	10YR3/2	5,9	6,2	-	0,24	0,53	5,49	0,36	15
2/42.3	30	Bv	10YR5/3	5,7	6,5	-	0,19	0,54	1,34	0,10	13
2/42.4	>30	IICn	Glimmerschiefer								
2/44.1	2	Of	10YR2/2	-	-	-	-	-	-	-	-
2/44.2	12	AhBv	10YR4/3	4,5	5,4	-	-	-	-	-	-
2/44.3	>12	IICn	Glimmerschiefer								
2/45.1	10	OAeh	10YR2/2	4,0	4,6	-	0,89	1,51	15,38	0,71	22
2/45.2	18	Bsv	10YR4/4	4,0	4,8	-	0,60	1,50	2,66	0,14	19
2/45.3	>18	IICn	Glimmerschiefer								
2/46.1	2	OfOh	10YR2/1	5,1	5,5	-	-	-	-	-	-
2/46.2	5	OhAeh	10YR2/1	5,1	5,5	-	0,43	0,67	-	-	-
2/46.3	10	BsvCv	10YR5/3	4,6	5,3	-	0,33	0,65	-	-	-
2/46.4	>10	IICn	Glimmerschiefer								

Tab. A2.6: Chemische Kennwerte der Bodenprofile 6/1 bis 6/16 (Untersuchungsgebiet C, Sverrefjell).

Profil/ Proben- nummer	Tiefe (cm)	Hori- zont (FAO)	Farbe (Munsell) trocken	pH-Wert CaCl₂	pH-Wert H₂O	CaCO₃ (Gew.%)	Fe(o) (%)	Fe(d) (%)	Fe (o/d)	Al(o) (%)	Al(d) (%)	Al (o/d)	Al(o) +0,5 Fe(o)	Ct (%)	Nt (%)	C/N
6/1.1	4	AhO	10YR3/2	6,1	6,3	-	0,78	1,11	0,70	0,98	0,50	1,96	1,37	-	-	-
6/1.2	20	BwAh	10YR3/4	6,6	7,0	-	1,31	1,34	0,98	1,78	0,51	3,49	2,44	-	-	-
6/1.3	>40	CwBw	10YR5/4	6,6	7,7	-	0,95	0,88	1,08	1,01	0,39	2,59	1,49	-	-	-
6/2.1	10	OAh	7,5YR3/2	5,9	6,5	-	0,88	1,06	0,83	1,04	0,44	2,36	1,48	10,22	0,73	14
6/2.2	30	BwAh	7,5YR4/3	6,4	7,4	-	1,05	1,23	0,85	1,49	0,43	3,47	2,02	4,22	0,29	15
6/2.3	45	Bw1	7,5YR4/6	6,5	7,5	-	1,05	1,12	0,94	1,32	0,46	2,87	1,85	3,31	0,26	13
6/2.4	55	Bw2	7,5YR4/4	6,6	7,5	-	1,04	1,33	0,78	1,19	0,47	2,53	1,71	2,23	0,16	14
6/2.5	120	Cw	10YR4/1	6,7	7,5	-	0,66	0,50	1,32	0,76	0,23	3,30	1,09	-	-	-
	>120	Ci														
6/3.1	10	Ah	10YR3/2	6,4	6,8	-	0,59	0,78	0,76	0,63	0,23	2,74	0,93	4,20	0,31	14
6/3.2	25	CwAh	10YR3/3	6,9	7,4	0,8	0,99	1,05	0,94	0,88	0,21	4,19	1,38	3,21	0,25	13
6/3.3	60	Cw	10YR2/1	7,0	7,5	0,2	0,60	0,56	1,07	0,38	0,09	4,22	0,68	0,19	0,01	19
	>60	Ci														
6/4.1	15	AhBw	10YR3/4	6,3	-	-	1,01	1,13	0,76	-	-	-	-	-	-	-
6/4.2	22	CwBw	10YR4/3	6,4	-	-	0,62	0,66	0,94	-	-	-	-	-	-	-
6/4.3	55	Cw	10YR4/4	6,7	-	0,2	0,26	0,28	0,93	-	-	-	-	-	-	-
6/6.1	5	OAh	10YR3/2	-	-	-	-	-	-	-	-	-	-	6,92	0,47	15
6/6.2	14	AhBw	10YR5/4	6,2	7,0	-	0,82	1,00	0,82	1,54	0,61	2,52	1,95	7,85	0,62	13
6/6.3	24	BwAh1	10YR4/4	6,4	7,0	-	1,33	1,60	0,83	1,74	0,70	2,45	2,41	3,83	0,32	12
6/6.4	60	BwAh2	10YR5/6	6,3	6,8	-	1,64	1,95	0,84	2,39	0,84	2,85	3,21	8,06	0,51	16
6/6.5	75	BwCw	10YR5/4	6,4	6,8	-	1,42	1,58	0,90	2,34	0,80	2,93	3,05	2,68	0,22	12
6/6.6	>200	2Cw	2,5Y4/3	6,4	7,8	-	0,43	0,56	0,77	1,86	0,63	2,95	2,08	-	-	-
6/9.1	24	AhBw	7,5YR3/3	7,1	-	0,6	1,30	1,72	0,76	-	-	-	-	-	-	-
6/9.2	34	CwBw	10YR4/4	7,2	-	0,4	0,88	0,90	0,98	-	-	-	-	-	-	-
6/9.3	45	2Cw	10YR4/2	7,2	-	0,2	0,33	0,38	0,87	-	-	-	-	-	-	-
	>45	Ci														
6/10.1	18	AhBw	7,5YR3/2	6,6	-	-	0,96	1,25	0,77	-	-	-	-	-	-	-
6/10.2	30	CwBw	10YR3/4	6,7	-	-	1,20	1,53	0,78	-	-	-	-	-	-	-
6/10.3	>40	Cw	2,5Y4/3	6,6	-	-	0,41	0,59	0,69	-	-	-	-	-	-	-
6/11.1	5	CwA	2,5Y5/4	6,7	-	-	1,21	1,49	0,81	-	-	-	-	-	-	-
6/11.2	16	CwBw	2,5Y4/6	6,6	-	0,4	0,77	0,89	0,87	-	-	-	-	-	-	-
6/11.3	>45	Cw	2,5Y5/3	6,7	-	0,3	0,36	0,39	0,92	-	-	-	-	-	-	-
6/12.1	7	H	10YR2/2	6,7	-	-	-	-	-	-	-	-	-	26,04	1,17	22
6/12.2	18	AH	10YR2/3	6,0	6,5	-	0,47	0,59	0,80	-	-	-	-	16,29	1,44	11
6/12.3	25	Bwg	10YR4/3	5,6	6,3	-	1,06	1,49	0,71	-	-	-	-	4,97	0,35	14
	>25	Ci														
6/13.1	4	OAh	7,5YR3/2	6,1	-	-	0,42	0,67	0,63	-	-	-	-	-	-	-
6/13.2	19	AhBw	10YR3/4	6,1	-	-	0,91	1,11	0,82	-	-	-	-	-	-	-
6/13.3	33	CwBw	10YR4/4	6,3	-	-	0,55	0,78	0,71	-	-	-	-	-	-	-
6/13.4	>50	Cw	10YR5/4	6,6	-	-	0,38	0,63	0,60	-	-	-	-	-	-	-
6/14.1	3	OA	2,5Y2/1	-	-	-	-	-	-	-	-	-	-	-	-	-
6/14.2	19	CwBw	2,5Y3/2	6,3	-	-	0,63	0,64	0,98	-	-	-	-	-	-	-
6/14.3	>40	Cw	2,5Y4/2	6,4	-	0,2	0,47	0,33	1,42	-	-	-	-	-	-	-
6/15	20	C	10YR6/2	7,8	-	1,4	-	-	-	-	-	-	-	-	-	-
6/16.1	4	OA	10YR3/3	5,9	-	-	0,47	0,59	0,80	-	-	-	-	-	-	-
6/16.2	>35	CwBw	10YR4/4	6,3	-	-	1,06	1,49	0,73	-	-	-	-	-	-	-

Tab. A3.1: Schwermineralspektrum der Feinsandfraktion in Bodenhorizonten im Bereich devonischer Sedimentgesteine. Arbeitsgebiet A (1/5 - 1/38 und 4/3 - 4/8), Arbeitsgebiet D (5/4 und 5/5), Arbeitsgebiet E (7/3 und 7/9).

Profil-Nr. Horizont ()	RTZ-Gruppe Zr	Tu	Ru	Σ	Sil	And	Ep	Kpx	Hbl	Gr	Sonst.	Σ	Ol	Sp	Tiau	Opy	Sonst.	Σ	Opak (%)
1/5.2 (Cv)	9	23	2	34	3	5	15	7	17	16	3	66							38
1/7.6 (Cv)	+	+			fast keine Schwerminerale, viele polykristalline Quarze und Alterit														>60
1/7.7 (Cv)	+	+			fast keine Schwerminerale, viele polykristalline Quarze und Alterit														>60
1/13.2 (Cv)	+	+	+			+	+	wenig Schwerminerale, vorw. Quarze, Muskovit und Alterit											>40
1/14.2(BvCv)	+	+	+			+	+		+	wenig Schwerminerale, Quarz, Muskovit, Alterit									>40
1/14.4 (Cv)	30	28	20	78	1	5	9	1	4	1	1	22							45
1/15.1(AiCv)	12	47	22	81	1	4	8	3		2	1	19							42
1/15.2 (Cv)	15	57	13	85		2	9	2	1	1		15							54
1/16.2(BvCv)	5	14	2	21	5	10	7	11	18	26	2	79							19
1/16.6 (Cv)	5	12		17	8	5	8	10	30	18	4	83							22
1/38.2 (Bv)	2	16	5	23	12	21	4	11	17	12		77							17
1/38.4 (Cv)	6	17	1	24	10	17	6	8	14	19	2	76							18
4/3.2 (Cv1)	6	4	2	12		1	11	10	40	18	5	85				3		3	19
4/3.3 (Cv2)	4	1	1	6	2	4	9	14	33	25	5	92				2		2	15
4/5.2 (Bv)	2	4	2	8	2	6	2	13	37	15	2	77	1		8	6		15	15
4/5.3 (Cv1)	2	8		10	10	11	9	32	9	8		79	2		8	1		11	12
4/5.3 (Cv2)	2	2		4		5	9	11	26	11	4	66		1	22	7		30	10
4/8.3 (BvCv)	2	5	1	8	1	3	6	15	31	16	5	77			3	12		15	14
5/4.2 (Bv)	2	2	1	5			1	8	31	11	1	52	1		38	4		43	20
5/4.3(IIBvC)		2		2	1		6	23	3		1	34	2	1	59	2		64	18
5/4.4 (Cv)		1		1			10	20	2			32	2		62	3		67	12
5/5.1 (AhCv)	1			1		1	10	55	9		2	77	1	1	16	4		22	31
5/5.2 (IICv)	1	1		2			1	10	39	6		56	3		36	3		42	22
7/3.1 (AhBv)	2	2		4	4	1	5	6	13	64	1	94				2		2	21
7/3.2 (Bv)	2	2	1	5	3	2	7	7	12	61	1	93				2		2	17
7/3.3(II?Cv)	2	2		4	2	1	5	8	19	58	2	95			1			1	19
7/9.2 (BvAh)		4		4	4	11	8	6	34	29	4	96							20
7/9.3 (IIBv)		1	1	2	4	6	6	5	26	50	1	98							17
7/9.5 (Cv)	1	1	1	3	3	4	6	9	20	53	2	97							21

Transparente Schwerminerale (Angaben in Kornprozent) — RTZ-Gruppe · Minerale der Metamorphite/Migmatite · Minerale Vulkanite Bockfjord · Opak (%)

Tab. A3.2 : Schwerminerale der Feinsandfraktion ausgewählter Bodenhorizonte aus dem Bereich des kristallinen Basements (Arbeitsgebiete A und B)

Profil-Nr. Horizont ()	Transparente Schwerminerale (Angaben in Kornprozent)																	Opak (%)
	RTZ-Gruppe				Minerale der Metamorphite/Migmatite								Minerale Vulkanite Bockfjord					
	Zr	Tu	Ru	Σ	Sil	And	Ep	Kpx	Hbl	Gr	Sonst.	Σ	Ol	Sp	Tiau	Opy	Sonst. Σ	
2/14.3(BvCv)	8	19	4	31	5	8	4	12	10	26	4	69						25
2/27.1 (Cv)	8	5	3	16	14	7	7	9	4	36	7	84						20
2/27.2 (Cv)	6	4		10	18	7	10	8	4	41	2	90						26
2/42.3 (Bv)	6	7	1	14	15	8	5	6	10	33	9	86						8
2/45.2 (Bsv)	2	30	3	35	11	14	7	4	7	17	5	65						20
2/46.2(OAeh)	2	26	1	29	16	7	7	5	15	18	3	71						26
2/46.3 (Bsv Cv)	4	21	2	27	14	8	6	8	13	21	3	73						21

Tab. A3.3: Schwermineralspektrum der Feinsandfraktion in Bodenhorizonten am Sverrefjell (Gebiet C).

Profil-Nr. Horizont ()	Transparente Schwerminerale (Angaben in Kornprozent)																	Opak (%)	** Bas. Glas (%)
	RTZ-Gruppe				Minerale der Metamorphite/Migmatite								Minerale Vulkanite Bockfjord						
	Zr	Tu	Ru	Σ	Sil	And	Ep	Kpx*	Hbl	Gr	Sonst.	Σ	Ol	Sp	Tiau	Opy	Sonst. Σ		
6/1.1 (AhO)	1		1	2			3	13	27	4	5	52	6	4	22	14	46	3	41
6/1.2 (BwAh)	1			1			2	21	21	9	2	55	9	9	10	16	44	9	57
6/1.3 (CwBw)								19	32	10	4	65	15	7	1	12	35	4	58
6/2.2 (BwAh)							3	17	26	10	5	61	3	7	9	20	39	5	66
6/2.3 (Bw1)	2			2			1	15	25	8	1	50	8	9	15	16	48	5	69
6/2.5 (Cw)	1			1			2	20	20	13	4	59	14	8	1	17	40	3	57
6/3.1 (AhO)	2	1		3				13	37	17	4	71	3	10	3	10	26	3	12
6/3.2 (CwAh)	3			3				23	21	16	2	62	9	11	1	14	35	7	35
6/3.3 (Cw)	1	1		2			2	28	10	6	5	51	15	12		20	47	5	88
6/6.2 (AhBw)	2			2	1		3	15	22	9	2	52	6	8	16	16	46	6	40
6/6.3(BwAh1)	1			1			2	16	26	7	9	60	2	6	20	11	39	5	53
6/6.4(BwAh2)	2			2			1	18	29	4	3	55	2	9	21	11	43	6	59
6/6.5 (BwCw)	1			1			2	27	29	8	3	70	4	10	2	14	30	5	62
6/6.6 (2Cw)	3			3				12	39	25	6	82	5	2		8	15	5	20
6/14.3 (Cw)								17	5	6	1	29	12	13	2	44	71	7	86

* In der Klinopyroxengruppe sind sowohl Vertreter der kaledonischen Metamorphite, als auch der quartären Sverre-Vulkanite zusammengefasst (meist diopsitischer Pyroxen). Lediglich der basaltische Titanaugit wurde separat ausgezählt.

** Anteil vulkanischer Gläser der Gesamt-Feinsandfraktion in Kornprozent.

Tab. A.4: Gesamtchemismus (RFA) ausgewählter Proben des Arbeitsgebietes.

Proben nummer	Horizont bzw. Ausgangsmaterial	SiO_2 (%)	Al_2O_3 (%)	TiO_2 (%)	ZrO_2 (%)	P_2O_5 (%)	MgO (%)	Fe_2O_3 (%)	MnO (%)	CaO (%)	K_2O (%)	Na_2O (%)	Σ (%)	Ti/Zr
1/7.7	Cv (Wood Bay)	57,20	15,91	0,87	0,033	0,09	4,80	7,16	0,07	4,56	2,39	0,66	93,8	21
1/13.2	Cv (Red Bay)	67,41	12,44	0,60	0,031	0,15	1,54	5,41	0,11	2,16	2,54	0,46	92,8	16
1/16.2	BvCv	61,93	15,01	0,80	0,040	0,18	1,51	6,06	0,09	1,15	3,05	0,39	90,2	16
1/16.5	IVAhBv	54,76	14,12	0,81	0,032	0,38	1,76	6,28	0,09	2,56	2,74	0,45	84,0	21
1/16.6	Cv	64,84	14,84	0,73	0,028	0,17	3,00	6,06	0,15	0,77	2,59	0,85	94,0	21
4.2.3	CvBv	66,58	15,48	0,70	0,026	0,17	3,09	5,73	0,12	0,95	2,62	1,05	96,5	22
4/5.2	Bv	65,59	15,91	0,70	0,024	0,16	3,15	6,18	0,10	0,92	2,82	1,04	96,6	23
4/5.3	Cv1	63,67	13,42	0,58	0,024	0,14	2,71	5,16	0,08	3,72	2,54	1,08	93,1	20
5/4.2	Bv	55,49	16,65	0,78	0,030	0,23	3,65	7,42	0,11	1,82	3,13	0,54	89,8	21
5/4.3	CvBv	58,36	16,58	0,78	0,028	0,23	3,59	7,09	0,11	1,39	2,98	0,69	91,8	23
5/5.1	AhCv	56,97	18,35	0,82	0,026	0,19	4,12	7,76	0,12	1,34	3,30	0,54	93,5	25
5/5.2	IICv	61,14	17,60	0,83	0,026	0,17	4,02	7,45	0,13	0,92	3,20	0,73	96,2	26
7/3.1	AhBv	63,41	15,01	0,85	0,036	0,15	2,77	6,26	0,08	0,67	2,71	0,88	92,8	19
7/3.2	Bv	65,06	14,67	0,83	0,036	0,15	2,66	6,29	0,08	0,71	2,64	0,90	94,0	19
7/3.3	IICv	61,16	17,77	0,86	0,030	0,15	3,44	7,45	0,09	0,66	3,29	0,68	95,6	23
7/9.2	BvAh	61,50	16,37	0,79	0,023	0,18	3,62	7,04	0,09	0,64	3,11	0,72	94,1	28
7/9.5	Cv	60,35	14,14	0,62	0,020	0,13	3,52	6,16	0,07	5,99	2,83	0,72	94,5	25
2/45.2	Bsv	62,30	17,24	0,95	0,033	0,25	2,61	8,25	0,08	0,48	2,65	0,72	95,6	24
6/2.3	Bw1	43,78	13,42	2,25	0,030	0,58	5,81	10,52	0,13	5,70	1,63	1,94	85,8	61
6/2.5	Cw	43,19	11,36	2,01	0,031	0,47	5,40	9,92	0,13	6,19	1,90	2,66	83,2	53
6/3.2	CwAh	42,18	11,91	2,14	0,033	0,56	4,23	9,07	0,13	6,16	1,74	2,43	80,6	53
6/6.2	AhBw	38,97	13,65	2,47	0,031	0,75	5,16	9,95	0,14	5,32	1,49	1,77	79,7	64
6/6.3	BwAh1	38,35	14,46	2,49	0,030	0,87	5,21	10,24	0,15	5,17	1,44	1,62	80,0	67
6/6.5	2Cw	50,23	11,83	1,54	0,032	0,35	4,35	7,26	0,11	4,47	2,21	2,23	84,6	38
o.Nr.	Olivinbasalt Sverrefjell	40,42	8,77	1,67	0,021	0,47	15,07	9,85	0,14	6,05	1,36	2,63	86,5	65

Stuttgarter Geographische Studien

Veröffentlichungen des Geographischen Institutes der Universität Stuttgart

Bd. 95 Wolfgang Meckelein (Editor): *Desertification In Extremely Arid Environments.* (Spezial Issue on the Occasion of the 24th International Geographical Congress Japan 1980.) 203 p., 53 Fig., 16 Tab. 1980. DM 36,–

Bd. 96 Helga Besler: *Die Dünen-Namib: Entstehung und Dynamik eines Ergs.* 241 S., 17 Karten, 11 Abb., 31 Diagr., 8 Luftbilder, 12 Tab. 1981. DM 83,40

Bd. 97 Reiner Vogg: *Bodenressourcen arider Gebiete.* Untersuchungen zur potentiellen Fruchtbarkeit von Wüstenböden in der mittleren Sahara. 224 S. 1981. Vergriffen

Bd. 98 Reinhold Grotz: *Industrialisierung und Stadtentwicklung im ländlichen Südostaustralien.* 299 S., 17 Karten, 23 Abb., 70 Tab. 1982. DM 83,–

Bd. 99 Heinrich Pachner: *Hüttenviertel und Hochhausquartiere als Typen neuer Siedlungszellen der venezolanischen Stadt.* Sozialgeographische Studien zur Urbanisierung in Lateinamerika als Entwicklungsprozeß von der Marginalität zur Urbanität. 317 S., 8 Karten, 27 Abb., 17 Photos, 23 Tab. 1982. DM 58,50

Bd. 100 Wolfgang Meckelein und Christoph Borcherdt (Herausgeber): *Geographie in Stuttgart.* Aus Geschichte und gegenwärtiger Forschung. 320 S., 1989. DM 39,–

Bd. 101 Hella Dietsche: *Geschäftszentren in Stuttgart:* Regelhaftigkeit und Individualität großstädtischer Geschäftszentren. 124 S., 12 Abb., 21 Tab. 1984. DM 32,–

Bd. 102 Detlef May: *Untersuchungen zur geoökologischen Situation der nördlichen Nefzaoua-Oasen (Tunesien).* 223 S., 14 Karten, 14 Photos, 68 Abb., 53 Tab. 1984. DM 38,–

Bd. 103 Christoph Borcherdt (Herausgeber): *Geographische Untersuchungen in Venezuela (II).* 238 S., 14 Abb., 2 Bilder, 5 Tab. 1985. DM 32,–

Bd. 104 Christoph Borcherdt und Stefan Kuballa: *Der „Landverbrauch" – seine Erfassung und Bewertung,* dargestellt an einem Beispiel aus dem Nordwesten des Stuttgarter Verdichtungsraumes. 196 S., 15 Abb., 2 Karten. 1985. DM 30,–

Bd. 105 Wolfgang Meckelein und Horst Mensching (Editors): *Resource Management in Drylands.* Results of the Pre-Congress Symposium at Stuttgart August 23.–25., 1984, on occasion oft the 25th International Geographical Congress 1984. 168 S., 30 Fig., 17 Tab. 1985. DM 24,–

Bd. 106 Reiner Vogg (Herausgeber): *Forschungen in Sahara und Sahel I.* Erste Ergebnisse der Stuttgarter Geowissenschaftlichen Sahara-Expedition 1984. 260 S., 103 Fig., 16 Photos, 22 Tab. 1987. DM 56,–

Bd. 107 Peter Gresser: *Stadt- und Dorferneuerung im ländlichen Raum.* Eine Untersuchung der Wirkung von Städtebaufördermitteln in den oberschwäbischen Orten Bad Schussenried, Ochsenhausen, Erolzheim und Ingoldingen. 259 S., 17 Karten, 8 Pläne, 59 Abb., 11 Tab. 1987. DM 39,–

Bd. 108 Susanne Häsler: *Leben im ländlichen Raum.* Wahrnehmungsgeographische Untersuchungen im Südlichen Neckarland. 225 S., 14 Abb., 46 Tab. 1988. DM 36,–

Bd. 109 Michael Vogt: *Verbrauchermärkte, SB-Warenhäuser und Einkaufszentren als neue Elemente im Standortgefüge des Einzelhandels im Großraum Stuttgart.* 180 S., 9 Karten, 8 Abb., 40 Tab. 1988. DM 32,–

Bd. 110 Klaus Kulinat und Heinrich Pachner (Herausgeber): *Beiträge zur Landeskunde Süddeutschlands.* Festschrift für Christoph Borcherdt. 371 S., 38 Karten, 23 Abb., 28 Tab. 1989. DM 44,–

Bd. 111 Bernhard Eitel: *Morphogenese im südlichen Kraichgau unter besonderer Berücksichtigung tertiärer und pleistozäner Decksedimente.* Ein Beitrag zur Landschaftsgeschichte Südwestdeutschlands. 205 S., 24 Abb., 5 Karten, 18 Tab., 29 Photographien. 1989. DM 34,–

Bd. 112 Günther Scherelis: *Untersuchungen zur profildifferenzierten Variabilität der Schwermetalle Cr, Mn, Fe, Ni, Cu, Zn und Pb in rezenten und fossilen Parabraunerden Baden-Württembergs.* 220 S., 43 Tabellen, 42 Abbildungen. 1989. DM 33,–

Geographisches Institut der Universität Stuttgart, D-70176 Stuttgart, Silcherstraße 9

Bd. 113 Liane Weber: *Versauerungsgrad von Löss-Parabraunerden an ausgewählten Waldstandorten im Kraichgau.* 168 S., 36 Abb., 32 Tab. 1990. DM 26,–

Bd. 114 Klaus-Dieter Hupke: *Das Gletscherskigebiet Rettenbach-Tiefenbachferner (Sölden im Ötztal/Tirol).* Ein Beitrag zur Wirksamkeit kapitalintensiver touristischer Einrichtungen im peripheren Raum. 196 S., 27 Abb. 1990. DM 27,–

Bd. 115 Harald Köhler: *Verhalten von Firmenangehörigen bei Betriebsverlagerungen.* Beispiele aus dem Mittleren Neckarraum. 356 S., 32 Abb., 37 Tab. 1990. DM 38,–

Bd. 116 Wolf Dieter Blümel (Hrsg.): *Forschungen in Sahara und Sahel II.* 132 S., 1991. DM 25,–

Bd. 117 Wolf Dieter Blümel (Hrsg.): *Geowissenschaftliche Spitzbergen-Expedition 1990 und 1991 „Stofftransporte Land-Meer in polaren Geosystemen"* – Zwischenbericht –. 416 S., 1992. DM 49,–

Bd. 118 Christoph Borcherdt (Hrsg.): *Beiträge zur Landeskunde Venezuelas III.* 217 S., 1992. DM 33,–

Bd. 119 Thomas Ade: *Die Agrarreformen als Strategie zur Entwicklung des ländlichen Raumes in Venezuela.* Wirtschafts- und sozialgeographische Untersuchungen am Beispiel der Estados Cojedes und Trujillo. 380 S., 65 Abb., 9 Tab., 1992. DM 42,–

Bd. 120 Tim Philippi: *Ortsentwicklung in Namibia.* Prozesse, Bestimmungsfaktoren, Perspektiven. 212 S., 23 Abb., 30 Tab., 1993. DM 36,–

Bd. 121 Joachim Eberle: *Untersuchungen zur Verwitterung, Pedogenese und Bodenverbreitung in einem hochpolaren Geosystem (Liefdefjord und Bockfjord/Nordwestspitzbergen).* 226 S., 42 Abb., 31 Tab., 33 Photographien, 3 Kartenbeilagen, 1994. DM 49,–